"十二五"职业教育国家规划教材

经全国职业教育教材审定委员会审定

全国高职高专教育土建类专业教学指导委员会规划推荐教材

# 工程造价综合实训

## （第二版）

袁建新　编著

中国建筑工业出版社

图书在版编目(CIP)数据

工程造价综合实训/袁建新编著. —2版. —北京：中国建筑工
业出版社，2014.5
"十二五"职业教育国家规划教材. 经全国职业教育教材审定
委员会审定.
全国高职高专教育土建类专业教学指导委员会规划推荐教材
ISBN 978-7-112-16418-9

Ⅰ. ①工… Ⅱ. ①袁… Ⅲ. ①建筑造价管理-高等学校-教
材 Ⅳ. ①TU723.3

中国版本图书馆 CIP 数据核字(2014)第 028216 号

本教材主要包括工程造价职业能力分析、工程造价工作内容分析、工程造价
综合实训指导、工程造价综合实训项目等内容。提供了小别墅工程（砖混结构）、
中学食堂工程（框架结构）、厂房工程（排架结构）施工图。涵盖了砖混结构、框
架结构、排架结构工程的建筑工程预算编制、装饰工程预算编制、安装工程预算
编制、建筑工程量清单编制、装饰装修工程量清单编制、安装工程量清单编制、
建筑工程清单报价编制、装饰装修工程清单报价编制、安装工程清单报价编制和
工程结算编制等内容的实训。

本书可作为工程造价专业在校生进行职业能力训练的实训教材，也可作为工
程造价工作岗位掌握基本技能和提高专业能力的重要实训资料。

本书配套资源请进入 http://book.cabplink.com/zydown.jsp 页面，搜索图
书名称找到对应资源点击下载。(注：配套资源需免费注册网站用户并登录后才能
完成下载，资源包解压密码为本书征订号：25137)

责任编辑：张　晶
责任设计：董建平
责任校对：姜小莲　刘梦然

"十二五"职业教育国家规划教材
经全国职业教育教材审定委员会审定
全国高职高专教育土建类专业教学指导委员会规划推荐教材
## 工程造价综合实训
（第二版）
袁建新　编著

\*

中国建筑工业出版社出版、发行（北京西郊百万庄）
各地新华书店、建筑书店经销
北京红光制版公司制版
北京盈盛恒通印刷有限公司印刷

\*

开本：787×1092毫米　1/16　印张：18¼　字数：395千字
2015年8月第二版　　2018年10月第六次印刷
定价：**33.00元**（附网络下载）
ISBN 978-7-112-16418-9
(25137)

# 教材编审委员会名单

主　任：吴　泽

副主任：陈锡宝　范文昭　张怡朋

秘　书：袁建新

委　员：(按姓氏笔画排序)

马　江　王林生　甘太仕　刘　宇　刘建军　汤万龙

吴　泽　张怡朋　李永光　陈锡宝　范文昭　胡六星

郝志群　倪　荣　夏清东　袁建新

# 修订版序言

工程造价综合实训

　　住房和城乡建设部高职高专教育土建类专业教学指导委员会工程管理类专业分委员会（以下简称工程管理类分指委），是受教育部、住房和城乡建设部委托聘任和管理的专家机构。其主要工作职责是在教育部、住房和城乡建设部、全国高职高专教育土建类专业教学指导委员会的领导下，按照培养高端技能型人才的要求，研究和开发高职高专工程管理类专业的人才培养方案，制定工程管理类的工程造价专业、建筑经济管理专业、建筑工程管理专业的教育教学标准，持续开发"工学结合"及理论与实践紧密结合的特色教材。

　　高职高专工程管理类的工程造价、建筑经济管理、建筑工程管理等专业教材自2001年开发以来，经过"专业评估"、"示范性建设"、"骨干院校建设"等标志性的专业建设历程和普通高等教育"十一五"国家级规划教材、教育部普通高等教育精品教材的建设经历，已经形成了有特色的教材体系。

　　通过完成住建部课题"工程管理类学生学习效果评价系统"和"工程造价工作内容转换为学习内容研究"任务，为该系列"工学结合"教材的编写提供了方法和理论依据。使工程管理类专业的教材在培养高素质人才的过程中更加具有针对性和实用性。形成了"教材的理论知识新颖、实践训练科学、理论与实践结合完美"的特色。

　　本轮教材的编写体现了"工程管理类专业教学基本要求"的内容，根据2013年版的《建设工程工程量清单计价规范》内容改写了与清单计价和合同管理等方面的内容。根据"计标［2013］44号"的要求，改写了建筑安装工程费用项目组成的内容。总之，本轮教材的编写，继承了管理类分指委一贯坚持的"给学生最新的理论知识、指导学生按最新的方法完成实践任务"的指导思想，让该系列教材为我国的高职工程管理类专业的人才培养贡献我们的智慧和力量。

住房和城乡建设部高职高专教育土建类专业教学指导委员会

工程管理类专业分委员会

**2013 年 5 月**

# 序 言

工程造价综合实训

　　全国高职高专教育土建类专业教学指导委员会工程管理类专业指导分委员会（原名高等学校土建学科教学指导委员会高等职业教育专业委员会管理类专业指导小组）是建设部受教育部委托，由建设部聘任和管理的专家机构，其主要工作任务是，研究如何适应建设事业发展的需要设置高等职业教育专业，明确建设类高等职业教育人才的培养标准和规格，构建理论与实践紧密结合的教学内容体系，构筑"校企合作、产学结合"的人才培养模式，为我国建设事业的健康发展提供智力支持。

　　在建设部人事教育司和全国高职高专教育土建类专业教学指导委员会的领导下，2002年以来，全国高职高专教育土建类专业教学指导委员会工程管理类专业指导分委员会的工作取得了多项成果，编制了工程管理类高职高专教育指导性专业目录；在重点专业的专业定位、人才培养方案、教学内容体系、主干课程内容等方面取得了共识；制定了"工程造价"、"建筑工程管理"、"建筑经济管理"、"物业管理"等专业的教育标准、人才培养方案、主干课程教学大纲；制定了教材编审原则；启动了建设类高等职业教育建筑管理类专业人才培养模式的研究工作。

　　全国高职高专教育土建类专业教学指导委员会工程管理类专业指导分委员会指导的专业有工程造价、建筑工程管理、建筑经济管理、房地产经营与估价、物业管理及物业设施管理等6个专业。为了满足上述专业的教学需要，我们在调查研究的基础上制定了这些专业的教育标准和培养方案，根据培养方案认真组织了教学与实践经验较丰富的教授和专家编制了主干课程的教学大纲，然后根据教学大纲编审了本套教材。

本套教材是在高等职业教育有关改革精神指导下，以社会需求为导向，以培养实用为主、技能为本的应用型人才为出发点，根据目前各专业毕业生的岗位走向、生源状况等实际情况，由理论知识扎实、实践能力强的双师型教师和专家编写的。因此，本套教材体现了高等职业教育适应性、实用性强的特点，具有内容新、通俗易懂、紧密结合工程实践和工程管理实际、符合高职学生学习规律的特色。我们希望通过这套教材的使用，进一步提高教学质量，更好地为社会培养具有解决工作中实际问题的有用人才打下基础，也为今后推出更多更好的具有高职教育特色的教材探索一条新的路子，使我国的高职教育办的更加规范和有效。

全国高职高专教育土建类专业教学指导委员会

工程管理类专业指导分委员会

# 修订版前言

工程造价综合实训

　　《工程造价综合实训》第二版根据《建设工程工程量清单计价规范》GB 50500—2013、《房屋建筑与装饰工程工程量计算规范》GB 50854—2013、《通用安装工程工程量计算规范》GB 50856—2013 进行了全面的修订，反映了当前最新的工程量清单计价的内容。

　　第二版根据 2013 清单计价（计量）规范的内容，全面修订了教材"工作内容分析"、"综合实训指导"、"综合实训项目"的有关内容，使教材更加切合工程造价工作实际的内容和要求。本教材既提出了实训的方法，又提出了实训的具体要求，是工学结合将工程造价工作内容转换为学习内容的实践成果。

　　第二版由四川建筑职业技术学院袁建新主编。四川建筑职业技术学院秦利萍编写了第四章的内容，其余由袁建新编写。

　　本书由山西建筑职业技术学院教授、国家注册造价工程师田恒久主审。同时得到了建筑工业出版社的大力支持。为此一并表示感谢。

　　由于新课程还需进一步改进，书中也难免出现不准确的地方，敬请广大师生和读者批评指正。

2015 年 1 月

# 前　言

工程造价综合实训

工程造价综合实训是一门全新的课程。本课程是工程造价专业在各专业课程学习完后，再次将这些课程中的动手能力综合在一起训练的实践课程。

该实践课程的实施过程是，在停课 10 周时间内根据同一套施工图和有关条件，完成工程量清单编制；完成建筑工程预算、建筑装饰工程预算、水电安装工程预算编制，完成建筑工程、建筑装饰工程、水电安装工程工程量清单报价编制的全部工作。

工程造价综合实训的主要目标是，满足工程造价专业培养和训练动手能力的要求，使学生在学校学习期间达到完成工程造价工作岗位主要实践工作的基本目标。

本教材是学生毕业前，模拟工程造价工作岗位的工作过程，起到为参加工作前所进行的必要的岗前培训的作用。

工程造价综合实训是一本综合性强、实践内容全面、效果明显的教材。我们根据多年的工程造价实践和高职教育的经验，结合工程造价专业的教学特点，编写了该教材。

本书的主要特色是，与实践相结合的学习能力培养。即在老师的指导下，使学生通过完成工程造价综合实训的各项内容，在学习方法和动手能力两个方面都得到培养和锻炼，充分体现了高职教育培养学生的特点。

本书由四川建筑职业技术学院袁建新教授（造价工程师）编著，由山西建筑职业技术学院田恒久副教授（造价工程师）主审，主审对改进工程造价实训效果提出了很好的意见和建议，为此表示衷心的感谢。

由于是新构建课程，还需不断改进，难免会出现一些问题。不足之处敬请广大读者批评指正。

2011 年 7 月

# 目　录

工程造价综合实训

**4 综合实训项目/78**

# 1 职业能力分析

## 1.1 编制施工图预算的能力

编制施工图预算的能力包括：确定分部分项工程项目、计算定额工程量、计算直接工程费、计算单位工程预算造价。

### ■ 1.1.1 确定分部分项工程项目

分部分项工程项目的确定能力表现在：

1. 能根据施工图的设计内容，从预算定额中找到相对应的分部分项工程项目。

2. 能根据施工图的设计内容和预算定额中工程内容的说明，明确该分部分项工程项目所包含的施工内容。

3. 能根据预算定额中材料栏中的材料消耗量，确定该分部分项工程项目所包含的施工内容。

### ■ 1.1.2 计算定额工程量

计算定额工程量的能力表现在：

1. 具有识读施工图的能力：能看懂施工图，通过识读施工图能在脑子里构建出一个完整的建筑物。

2. 具有使用预算定额的能力：了解定额项目的划分，能正确套用分部分项工程项目相对应的定额。

3. 具有熟悉理解工程量计算规则的能力：熟悉工程量计算规则，能正确理解运用工程量计算规则计算定额工程量。

4. 熟练掌握常用项目的计算规则和计算方法。

## ■ 1.1.3  计算分部分项工程及单价措施项目费

计算分部分项工程及单价措施项目费的能力表现在：

1. 了解定额的构成和应用方法，会应用预算定额基价和材料用量的能力：能正确应用分项工程项目的预算定额基价、定额人工费、定额机械费和定额材料用量。

2. 工、料、机分析与汇总的能力：能正确计算分部分项工程和单价措施项目的工、料、机耗用量，按调整材料价差和现场材料供应管理的要求汇总单位工程材料用量。

3. 调整材料价差的能力：能根据有关调整材料价差的文件和规定，依据汇总的材料用量和定额材料费，分别进行单项材料价差的调整和综合材料价差的调整计算。

4. 分部分项工程费及单价措施项目费汇总能力：将分项工程的定额人工费、材料费、机械费，汇总为分部工程的定额人工费、材料费、机械费，再汇总为单位工程的定额人工费、材料费、机械费。

## ■ 1.1.4  计算单位工程预算造价

计算单位工程预算造价的能力表现在：

1. 确定单位工程预算造价费用项目的能力：能根据费用定额和施工合同，确定应计算的单位工程预算造价费用项目。

2. 确定单位工程预算造价费用计算的取费基础和费率的能力：能根据费用定额和施工条件，确定应计算的费用项目的取费基础和费率标准。

3. 计算单位工程预算造价的能力：能根据费用定额的计算程序和确定的费用项目的取费基础和费率标准，计算单位工程预算造价。

# 1.2  编制工程量清单的能力

编制工程量清单的能力包括：能确定工程量清单项目、会计算清单工程量。

## ■ 1.2.1  能确定工程量清单项目

能确定工程量清单项目的能力表现在：

1. 明确工程量清单的内容：工程量清单的内容由分部分项工程量清单、措施项目清单、其他项目清单、规费项目清单、税金项目清单所组成。

2. 熟悉确定工程量清单项目的依据：

(1) 建设工程工程量清单计价规范；

(2) 国家或省级、行业建设主管部门颁发的计价依据和办法；

(3) 建设工程设计文件；

（4）与建设工程项目有关的标准、规范、技术资料；

（5）招标文件及其补充通知、答疑纪要；

（6）施工现场情况、工程特点及常规施工方案；

（7）其他相关资料。

3. 确定工程量清单项目的能力：

（1）能根据施工图设计的具体内容，从建设工程工程量清单计价规范的附录中找到对应的分部分项工程项目。

（2）能根据施工图设计的具体内容和建设工程工程量清单计价规范、房屋建筑与装饰工程工程量计算规范、通用安装工程工程量计算规范的规定，确定分部分项工程项目所包含的全部内容。

（3）能根据施工图设计的具体内容和房屋建筑与装饰工程工程量计算规范、通用安装工程工程量计算规范的规定，按工程特征的要求，准确和完整地描述工程特征。

（4）能根据招标文件要求列出单价措施项目和总价措施项目的清单项目、其他项目的清单项目、规费的清单项目、税金的清单项目。

## 1.2.2　会计算清单工程量

会计算清单工程量的能力表现在：

1. 识读施工图的能力：能看懂施工图，通过识读施工图能在脑子里构建出一个完整的建筑物。

2. 正确列出清单项目编码、项目特征的能力：根据施工图和建设工程工程量清单计价规范正确列出清单工程量的项目编码，正确描述清单项目特征。

3. 正确计算清单工程量。

正确理解房屋建筑与装饰工程工程量计算规范和通用安装工程工程量计算规范中的计算规则，正确运用工程量计算规则计算清单工程量。

# 1.3　编制工程量清单报价的能力

编制工程量清单报价的能力包括：能正确编制综合单价、能计算分部分项工程量清单项目费、能计算单价措施项目和总价措施项目清单费、能计算其他项目清单费、能计算规费项目清单费、能计算税金项目清单费、能计算单位工程工程量清单报价。

## 1.3.1　能正确编制综合单价

能正确编制综合单价的能力表现在：

1. 能根据清单工程量、房屋建筑与装饰工程工程量计算规范和通用安装工程工程量计算规范、施工图、选用的消耗量定额计算定额工程量。

2. 能根据劳务市场行情和施工企业生产力水平确定人工单价。

3. 能根据建筑材料市场行情和材料价格趋势确定材料单价。

4. 能根据建筑机械租赁市场价格行情确定机械台班单价。

5. 能根据本企业管理水平和投标策略确定管理费率。

6. 能根据本企业管理水平和投标策略确定利润率。

7. 能根据清单工程量主项和附项套用清单计价定额或消耗量定额。

8. 能计算清单工程量主项和附项的人工费、材料费、机械费、管理费、利润。

9. 能分析清单工程量主项和附项的材料消耗量。

10. 能根据招标人发布的工程量清单的"材料暂估价",计算综合单价。

11. 能根据以上数据资料正确计算出综合单价。

## 1.3.2　能计算分部分项工程量清单项目及单价措施项目费

能计算分部分项工程量清单项目费的能力表现在:

1. 会填写"分部分项工程和单价措施清单与计价表"上的全部内容。

2. 能根据清单工程量和综合单价计算分部分项工程和单价措施清单项目费。

## 1.3.3　能计算总价措施项目清单费

1. 能计算总价措施项目清单费的能力表现在:

(1) 能根据有关文件规定确定"安全文明施工费"的计算基础和费率。

(2) 能根据有关文件规定计算"夜间施工费"、"二次搬运费"、"冬雨期施工费"等措施项目清单费。

(3) 能计算"总价措施项目清单与计价表"的全部内容。

2. 能计算单价措施项目费

能根据"现浇构件模板及支架"、"脚手架"等措施项目清单和清单计价定额或消耗量定额确定综合单价,计算出总价措施项目费。

## 1.3.4　能计算其他项目清单费

能计算其他项目清单费的能力表现在:

1. 能根据招标人发布的工程量清单的"暂列金额"数额,计入"投标总价"的"暂列金额明细表"和"其他项目清单与计价汇总表"内。

2. 能根据招标人发布的工程量清单的"专业工程暂估价",计入"投标总价"的"其他项目清单与计价汇总表"内。

3. 能根据招标人发布的工程量清单中额外的"暂定工程量",自主确定计日工单价。

4. 能根据"暂定工程量"和自主确定的计日工单价填写"计日工表"。

5. 能根据招标文件、工程分包情况和收取总承包服务费的要求填写"总承包服务费计价表"。

6. 能根据上述内容汇总和计算"其他项目清单与计价汇总表"。

## 1.3.5 能计算规费项目和税金项目清单费

能计算规费项目和税金项目清单费的能力表现在：

1. 能根据行业建设主管部门颁发的文件确定"工程排污费"、"社会保障费"、"住房公积金"等规费的计算基础和费率。

2. 能根据确定的规费计算基础和费率计算各项规费。

3. 能根据税法、行业建设主管部门颁发的文件确定"营业税"、"城市建设维护税"、"教育费附加"的计算基础和税率。

4. 能根据确定的"营业税"、"城市建设维护税"、"教育费附加"的计算基础和税率计算各项税金。

5. 能根据上述内容汇总和计算"规费、税金项目清单与计价表"。

## 1.3.6 能计算单位工程工程量清单报价

能计算单位工程工程量清单报价的能力表现在：

1. 能将分部分项工程量清单费、单价措施项目清单费、总价措施项目清单费、其他项目清单费、规费项目清单费、税金项目清单费汇总到"单位工程投标报价汇总表"内。

2. 能根据工程概况、投标报价范围和工程量清单报价编制依据及投标人具体情况写出投标报价"总说明"。

3. 能根据投标总价和有关信息填写"投标报价"封面。

# 1.4 编制工程结算的能力

编制工程结算的能力包括：会收集整理工程结算资料、根据不同的计价方式调整编制工程结算。

## 1.4.1 会收集整理工程结算资料

会收集整理工程结算资料的能力表现在：

1. 能根据工程变更资料分类整理出设计变更、分部分项工程量变更等数据资料。

2. 能根据签证资料整理出人工、材料、机械台班价格变更等数据资料。

3. 能根据施工合同、补充合同、工程备忘录整理出改变施工措施后调整费用等的数据资料。

## 1.4.2 以工程量清单报价为基础编制工程结算

1. 清楚工程量清单报价书和工程施工合同。

2. 能根据施工合同、工程量清单报价书和确认的工程量变更数据资料调整工程量，并计算出新的分部分项工程项目合价。

3. 能根据施工合同、工程量清单报价书和确认的工料机单价，调整综合单价，并计算出新的综合单价。

4. 能根据施工合同、工程量清单报价书和确认增加的施工措施项目重新计算措施项目费。

5. 能根据施工合同和行业建设主管部门颁发的有关文件，计算单位工程结算造价。

6. 依据施工合同、工程变更、工程签证资料及有关规定进行工程结算的谈判。

7. 能根据已完成工程结算的资料，整理积累工程造价指标数据资料。

## 1.4.3 以施工图预算为基础编制工程结算

1. 能根据施工合同、工程签证资料调整分部分项工程量。

2. 能根据施工合同、工程签证资料和有关文件规定调整人工、材料、机械台班单价，并重新计算直接工程费。

3. 能根据新增加的已完工分项工程项目编制施工图预算，经甲乙双方认可后，成为工程结算的组成部分。

4. 能根据施工合同、结算工程签证资料、预算定额和行业建设主管部门颁发的文件进行谈判。

5. 能根据谈判结果，全面准确地调整工程结算总价。

6. 能根据已完成的工程结算资料，整理积累工程造价指标数据资料。

# 2 工作内容分析

## 2.1 工程造价编制程序

### 2.1.1 掌握建筑工程预算编制程序（图 2-1）

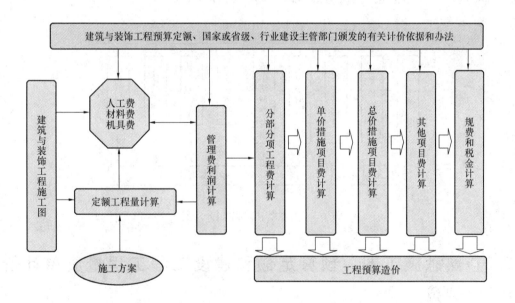

图 2-1 按 44 号文规定建筑装饰工程预算编制程序示意图

## ■ 2.1.2 掌握工程量清单报价编制程序（图2-2）

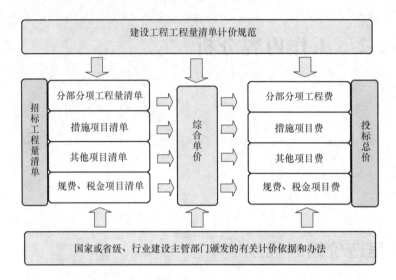

图 2-2 工程量清单报价编制示意图

## ■ 2.1.3 掌握工程结算编制程序（图2-3）

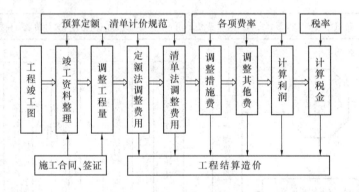

图 2-3 工程结算编制程序示意图

# 2.2 熟悉施工图、预算定额和建设工程工程量清单计价规范

## ■ 2.2.1 识图

1. 识读建筑工程施工图

（1）通过识读建筑平面、立面、剖面施工图，熟悉建筑物的外形轮廓，掌握建筑物长、宽、高、层高、总高、开间、进深的尺寸。

（2）通过建筑平面、立面、详图施工图，识读建筑物的内部构造，掌握门窗位置及高宽尺寸，了解各房间的功能，楼梯间、过道、垃圾道、踢脚线、屋面女儿墙等细部尺寸。

（3）通过基础平面图和详图，掌握基础的构造和尺寸，初步确定挖土方案。

（4）通过结构平面图，掌握柱、梁、板的构造尺寸，了解构件内钢筋的布置和尺寸。

2. 识读装饰工程施工图

（1）通过识读装饰工程施工图，掌握地面、楼面装饰使用的材料和计算尺寸。

（2）通过识读装饰工程立面图，掌握墙面、门窗装饰使用的材料和计算尺寸。

（3）通过识读顶棚装饰工程施工图，掌握顶棚装饰使用的材料和装饰尺寸。

3. 识读安装工程施工图

（1）通过识读电照平面施工图，掌握灯具、开关、插座等安装的位置和数量，了解明敷或暗敷方式及管线型号和规格。

（2）通过识读电照系统图，掌握配电箱安装位置和进户线及配线线路的接线方式。

（3）通过识读给排水平面施工图，掌握洗脸盆、浴盆、淋浴器、大便器、地漏等设备的安装位置和数量。

（4）通过识读给排水系统图，掌握给排水管道的材质、管径、连接方式和安装位置。

## 2.2.2 熟悉预算定额

1. 预算定额的套用

（1）根据分项工程项目找到对应的预算定额项目，将基价、人工费单价、机械费单价和人工、材料消耗量填入"直接工程费计算与工料分析表"。

（2）根据施工图、预算定额的总说明和分部说明及工程内容说明，判断套用定额项目的准确性。

2. 预算定额的换算

（1）使用定额附录中混凝土配合比表的数据，换算与混凝土有关的定额基价和材料用量。

（2）使用定额附录中砂浆配合比表的数据，换算与砂浆有关的定额基价和材料用量。

（3）按预算定额的说明，进行有关定额项目的乘系数的换算和增减费用的换算。

3. 预算定额的补充

（1）根据现场测定的定额数据资料，补充由于新工艺、新材料出现缺项的定额

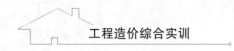

项目。

(2) 将补充定额项目上报工程造价主管部门备案。

## 2.2.3 熟悉建设工程工程量清单计价规范

1. 主要内容

《建设工程工程量清单计价规范》GB 50500—2013 主要包括了工程量清单、招标控制价、投标报价、工程价款结算等工程造价文件的编制。

2013 年颁发的工程量计算规范包括 9 个专业工程，他们是：《房屋建筑与装饰工程工程量计算规范》GB 50854—2013、《仿古建筑工程》GB 50855—2013、《通用安装工程工程量计算规范》GB 50856—2013、《市政工程工程量计算规范》GB 50857—2013、《园林绿化工程工程量计算规范》GB 50858—2013、《矿山工程工程量计算规范》GB 50859—2013、《构筑物工程工程量计算规范》GB 50860—2013、《城市轨道交通工程工程量计算规范》GB 50861—2013、《爆破工程工程量计算规范》GB 50862—2013。

工程量清单及清单报价应由分部分项工程量清单、措施项目清单、其他项目清单、规费项目清单、税金项目清单组成。

2. 编制工程量清单的依据

(1)《建设工程工程量清单计价规范》、房屋与装饰工程工程量计算规范、通用安装工程工程量计算规范；

(2) 国家或省级、行业建设主管部门颁发的计价依据和办法；

(3) 建设工程设计文件；

(4) 与建设工程项目有关的标准、规范、技术资料；

(5) 招标文件及其补充通知、答疑纪要；

(6) 施工现场情况、工程特点及常规施工方案；

(7) 其他相关资料。

3. 分部分项工程量清单要求

分部分项工程量清单应包括项目编码、项目名称、项目特征、计量单位和工程量。分部分项工程量清单应根据附录规定的项目编码、项目名称、项目特征、计量单位和工程量计算规则进行编制。分部分项工程量清单的项目编码，应采用 12 位阿拉伯数字表示。1 至 9 位应按附录的规定设置，10 至 12 位应根据拟建工程的工程量清单项目名称设置，同一招标工程的项目编码不得有重码。分部分项工程量清单的项目名称应按附录的项目名称结合拟建工程的实际确定。分部分项工程量清单中所列工程量应按附录中规定的工程量计算规则计算。分部分项工程量清单的计量单位应按附录中规定的计量单位确定。分部分项工程量清单项目特征应按附录中规定的项目特征，结合拟建工程项目的实际予以描述。

4. 措施项目清单要求

总价措施项目清单应根据拟建工程的实际情况列项。可参照措施项目一览表（表2-1）选择列项，单价措施项目可按工程量计算规范规定的项目选择列项。

措施项目一览表　　　　　　　　　　　　　　　　　　表2-1

| 序　号 | 项　目　名　称 |
|---|---|
| 1 | 安全文明施工（含环境保护、文明施工、安全施工、临时设施） |
| 2 | 夜间施工 |
| 3 | 二次搬运 |
| 4 | 冬雨期施工 |
| 5 | 大型机械设备进出场及安拆 |
| 6 | 施工排水 |
| 7 | 施工降水 |
| 8 | 地上、地下设施。建筑物的临时保护设施 |
| 9 | 已完工程及设备保护 |

单价措施项目应采用分部分项工程量清单的方式编制，列出项目编码、项目名称、项目特征、计量单位和工程量计算规则。

5. 其他项目清单要求

其他项目清单宜按照下列内容列项：

（1）暂列金额；

（2）暂估价：包括材料暂估价、专业工程暂估价；

（3）计日工；

（4）总承包服务费。

6. 规费项目清单

规费项目清单应按照下列内容列项：

（1）工程排污费；

（2）工程定额测定费；

（3）社会保障费：包括养老保险费、失业保险费、医疗保险费、生育保险费、工伤保险费；

（4）住房公积金；

（5）危险作业意外伤害保险。

7. 税金项目清单

税金项目清单应包括下列内容：

（1）营业税；

（2）城市维护建设税；

（3）教育费附加。

## 2.3 计算定额工程量

### 2.3.1 划分分项工程项目

划分分项工程项目，也称列项。

列项是施工图预算编制的着手点，是依据施工图纸及预算定额列制出分项工程项目名称，确定工程量计算范围的过程，在此基础上进行一系列的预算编制工作。

列项属于经验和熟练方面的工作，对图纸、定额和施工过程越熟悉，列出的项目就越准确、越完整。

### 2.3.2 基数计算

基数是指在工程量计算过程中，许多项目的计算，反复、多次用到的一些基本数据。

1. 基数的名称及作用

工程量计算基数主要有：外墙中心线（$L_中$）、内墙净长线（$L_内$）、外墙外边线（$L_外$）、建筑底层面积（$S_底$），简称"三线一面"，其作用如表 2-2 所示。

用"三线一面"基数计算工程量　　　　　　　　　表 2-2

| 基数名称 | 代号 | 可 用 以 计 算 |
|---|---|---|
| 外墙中心线 | $L_中$ | 1. 外墙地槽长；2. 外墙基础垫层长；3. 外墙基础长；4. 外墙墙体长；5. 外墙地圈梁、圈梁长；6. 外墙防潮层长；7. 女儿墙压顶长 |
| 内墙净长线 | $L_内$ | 1. 内墙地槽长（$L_内$ 一修正值）；2. 内墙基础垫层长（$L_内$ 一修正值）；3. 内墙基础长；4. 内墙地圈梁、圈梁长；5. 内墙防潮层；6. 内墙墙体长 |
| 外墙外边线 | $L_外$ | 1. 平整场地；2. 外墙装饰脚手架；3. 外墙抹灰、装饰；4. 挑檐长；5. 排水坡长；6. 明沟（暗沟）长 |
| 建筑底层面积 | $S_底$ | 1. 平整场地；2. 室内回填土；3. 室内地坪垫层、面层；4. 楼面垫层、面层；5. 顶棚面层；6. 屋面找平层、防水层、面层等 |

2. 根据工程具体情况确定基数个数

假如建筑物的各层平面布置完全一样，墙厚只有一种，那么，只确定 $L_中$、$L_内$、$L_外$、$S_底$ 四个数据就可以了，如果某一建筑物的各层平面布置不同，墙体厚度有两种以上，那么，就要根据具体情况来确定该工程实际需要的基数个数。

例如：每层的内隔墙平面布置不同，$L_内$ 就要分为 $L_{内1}$、$L_{内2}$、$L_{内3}$……；墙体的厚度有两种以上，$L_中$ 就要分为 $L_{中1}$——240、$L_{中2}$——370、$L_{中3}$——120……；$L_内$ 就要分为 $L_{内1}$——240、$L_{内2}$——370、$L_{内3}$——120……等，因此要注意，每个基数的个数要根

据施工图的具体情况来确定，至于基数代号的下标用什么符号来表达，可以自己确定，以直观、简单为原则就行。

### 2.3.3 门窗明细表的填写、计算

1. 填写、计算门窗明细表的目的

一是可在此表中完成门窗工程量的计算，所计算出来的门窗面积可直接用于定额直接工程费的计算；二是将所计算出的各类门窗面积分配到各自所在的墙体部位上（指内、外墙，不同厚度墙体等），便于在计算墙体工程量和墙面抹灰、装饰工程量时，确定按定额规定所应扣除的门窗面积。

2. 填写、计算门窗明细表的方法

按表格内容填写并计算，应注意：

（1）各类门窗应分别按门窗代号的顺序填写；

（2）框、扇断面按施工图节点大样图尺寸分别计算框、扇断面积，如需计算毛料断面，应加刨光损耗，一面刨光加 3mm，两面刨光加 5mm，计算框、扇断面的目的，是套用定额的需要；

（3）每樘面积＝洞口尺寸的宽×高；

（4）面积小计＝每樘面积×樘数；

（5）将各类门窗面积分别分配到所在部位的墙体上；

（6）门窗面积要按类型分别合计，最后要总计，总计数要和所在部位分配的总数相等。

### 2.3.4 钢筋混凝土圈、过、挑梁明细表的填写、计算

填写、计算的目的同门窗明细表，按表格内容要求填写、计算。

### 2.3.5 建筑工程量计算

工程量计算是施工图预算编制的重要环节，一份单位工程施工图预算是否正确，主要取决于两个因素，一是工程量，二是定额基价，因为定额直接工程费是这两个因素相乘后的总和。

工程量计算应严格执行工程量计算规则，在理解计算规则的基础上，列出算式，计算出结果。因此在计算工程量时，一定要认真学习和理解计算规则，掌握常用项目的计算规则，有利于提高计算速度和计算的准确性。

计算结果，以吨为计算单位的可保留小数点后三位，土方以立方米为单位可保留整数，其余项目工程量均可保留小数点后两位。

1. 土石方工程工程量计算

土方工程量计算主要包括平整场地、挖土、回填土和运土四部分内容。

工程量计算时应考虑的几个问题：

① 基础开挖是否需要加宽工作面，是否需要放坡或支挡土板；

② 工作面大小，视基础材料而定，可查表或依据施工方案而定；

③ 是否放坡，根据挖土深度而定，放坡系数，视挖土方法而定，放坡起点深度为1.5m，如支挡土板，每边增加宽度100mm；可查表或依据施工方案而定；

④ 挖土深度视基础底标高和室外设计标高确定。

2. 桩基工程量计算

桩基工程量计算主要包括打钢筋混凝土预制桩，钢板桩，静力压桩，打、钻灌注混凝土桩，砂石桩，灰土桩等内容。

（1）工程量计算时应注意的问题：

预制钢筋混凝土桩应分别计算打桩、接桩、送桩三个项目的工程量。

（2）计算方法：

打桩——按设计桩长（不扣桩尖虚体积）乘桩截面面积，以立方米计算。

接桩——⎡电焊接桩，按设计接头以个计算。
　　　　⎣硫磺胶泥接桩，按桩断面积以平方米计算。

送桩——按桩截面面积乘以送桩长度（即打桩架底至桩顶面高度或自桩顶面至自然地坪面另加0.5m）计算。

3. 砖石工程工程量计算

砌筑工程主要包括基础、墙、柱、零星砌砖等项目内容。

工程量计算时应注意思考的几个问题：

① 墙体计算时，长、宽、高的确定，定额是如何规定的？

为什么长度的确定：外墙按外墙中心线长计算，内墙按内墙净长线计算？1/2 砖墙按 115mm，1.5 砖墙按 365mm 分别计算墙厚（宽）？墙体高度的确定，平屋面算至什么地方，坡屋面又如何确定高度？

② 计算实砌墙身时，应扣除什么内容，不扣除什么内容，定额为什么这样规定？

③ 基础与墙、柱的划分界限，以什么标高为界，以上为墙、柱，以下为基础？

④ 注意零星砌砖项目的适用范围。

4. 脚手架工程工程量计算

为了简化脚手架工程量的计算，其计算方法有两种：一是综合脚手架，二是单项脚手架。

综合脚手架工程量可按建筑面积确定。

单项脚手架工程量须按脚手架计算规则另行计算。

具体采用哪种方法，应按本地区预算定额的规定计算。

5. 混凝土工程工程量计算

混凝土及钢筋混凝土工程一般包括模板、混凝土、钢筋等主要内容。

工程量计算时应注意的问题：

① 模板工程量的计算，按模板与混凝土的接触面积计算。

② 混凝土工程量的计算，除另有规定外，均按图示尺寸以立方米计算，应注意预制构件的混凝土制作工程量计算应增加构件施工损耗。

③ 钢筋工程量的计算，按理论重量以吨计算，重点解决不同形状下的钢筋长度的计算，应明确有关混凝土保护层厚度、弯钩长、弯起钢筋增加长、箍筋长度的计算等规定（在钢筋计算表中完成，按表格要求填写计算）。

6. 构件运输及安装工程量计算

构件运输及安装工程主要包括预制混凝土构件运输、安装、金属结构件运输、安装及木门窗运输等内容。

（1）工程量计算时应注意的问题：

① 构件运输应按类别的划分，分类计算工程量。

② 预制混凝土构件除屋架、桁架、托架及长度 9m 以上的梁、板、柱不计算构件施工损耗外，其余构件均需分别计算预混凝土构件的制作、运输、安装损耗量。

（2）计算方法：

① 预制混凝土构件运输＝图算量×（1＋损耗率）

$$或＝图算量$$

式中　　　　图算量＝单件体积×件数

损耗率＝运输堆放损耗率＋安装损耗率

② 预制混凝土构件安装＝图算量×（1＋损耗率）

$$或＝图算量$$

式中　　　　图算量＝单件体积×件数

损耗率＝安装损耗率

说明：采用哪种方法计算，各种损耗率为多少，应注意预算定额的规定。

③ 金属结构构件运输安装＝按图示尺寸以吨计算

④ 木门窗运输＝门窗洞口面积

7. 门窗及木结构工程工程量计算

门窗及木结构工程，主要包括各类木门、窗制作和安装、铝合金门、窗安装、卷闸门安装、钢门窗安装以及木屋架、屋面木基层、木楼梯等内容。

工程量的计算方法：

（1）各种材质、类型的门窗制、安，均以门窗洞口面积计算；

（2）卷闸门安装、按洞口高另加 0.6m 乘门实际宽度以平方米计算；

（3）木屋架按设计断面竣工木料以立方米计算；

（4）屋面木基层，按屋面的斜面积计算；

（5）木楼梯按水平投影面积计算。

8. 楼地面工程工程量计算

楼地面工程主要包括垫层、找平层、整体面层、各种块料面层和各种材质的栏杆、扶手、其他等内容。

工程量计算时应注意的问题：

（1）室内主墙间净面积的确定，注意净面积中含不含柱、垛、间壁墙等所占面积；

（2）尽量利用基数完成相关项目工程量的计算，以达到简化计算式的目的。

9. 屋面工程工程量计算

该部分包括两个分部的工程内容，即屋面及防水、防腐、保温、隔热工程。

主要包括：瓦屋面、卷材屋面、涂膜屋面、屋面排水、卷材防水、涂膜防水、变形缝、屋面、墙面、楼地面等防腐、保温、隔热层等项目内容。

工程量计算时应注意的几个问题：

（1）瓦屋面应按图示尺寸的水平投影面积乘以屋面坡度系数以平方米计算；

（2）瓦屋面斜脊系数是根据屋面坡度系数计算出来的；

（3）屋面保温层（又作找坡层）厚度的确定，应根据图示尺寸计算加权平均厚度。

10. 金属结构制作工程量计算

金属结构制作工程主要包括：钢柱、钢屋架、钢吊车梁、钢支撑、钢栏杆等项目的制作。

（1）工程量计算时应注意的问题：

① 金属结构制作工程量按图示钢材尺寸以吨计算，不扣除孔眼、切边的重量；

② 在计算不规则或多边形钢板时，按其几何图形的外接矩形面积计算。

（2）钢材单位重量计算方法：

① 钢筋每 1m 重量 $= 0.006165d^2$ （$d$ 为直径）

② 钢板每 1m² 重量 $= 7.85d$ （$d$ 为厚度）

③ 角钢每 1m 重量 $= 0.00795d(a+b-d)$ （$a$ 为长边宽、$b$ 为短边宽、$d$ 为厚度）

④ 钢管每 1m 重量 $= 0.006165(D^2-d^2)$ （$D$ 为外径、$d$ 为内径）

（注：上式中 $a$、$b$、$d$、$D$ 均以毫米(mm)为单位）

## 2.3.6  装饰工程量计算

装饰工程主要包括墙、柱面一般抹灰、装饰抹灰，镶贴块料面层、顶棚抹灰，龙骨、面层、木材面油漆，金属面油漆，抹灰面油漆，涂料、裱糊等内容。

工程量计算时应注意的问题：

（1）内外墙面抹灰应扣除门窗洞口和空圈所占面积，但不扣除 0.3m² 以内孔洞所占的面积，门窗洞口侧面、顶面亦不增加面积，附墙垛等侧面并入墙面抹灰面积内；外墙装饰抹灰以实抹灰面积计算，应扣除门窗洞口、空圈面积，其侧壁面积不增加；墙面贴块料面层时，则以实贴面积计算，注意三者之间的联系和区别。

（2）顶棚抹灰，以主墙间净面积计算，梁的侧面抹灰并入顶棚抹灰面积，不扣除间壁墙、垛、检查口等所占面积，利用基数计算时，应注意调整。

（3）各种材质面的油漆，在制定定额时，一般只编制少数几个基本定额项目，其他有关项目用乘系数改变工程量的方法来换算套用定额。

## 2.3.7 给排水工程量计算

1. 室内排水管道工程量计算

（1）室内排水管道按管道中心线，以米计量，不扣除管件、阀门所占长度。

（2）室内排水管道划分：在出户管处，有排水检查井时，以第一个出户检查井为界；若在出户管处，无排水检查井时，以外墙皮 1.5m 为界。

（3）室内排水管道除锈、刷油工程量的计算方法和室内给水管道相同，执行的计算方法和室内给水管道相同。

刷油漆种类以及遍数可按照设计图或规范要求，执行《全国统一安装工程预算定额》第十一册《刷油、防腐蚀、绝热工程》定额相应子目。管道明敷时，通常刷防锈漆一遍，银粉漆两遍；埋地暗敷时，通常刷热沥青漆两遍。

（4）地漏、扫除口、清通口、排水栓安装：地漏的安装是以个计量；地面扫除口（清扫口）安装以个计量；清通口安装在楼层排水横管的末端，做法有两种，一是采用油灰堵口，另一种是在排水横管末端打管箍，并加链堵，其工程量以个计量；排水栓是以组计量，分带存水弯和不带存水弯两种。

（5）各种阀门安装工程量，以连接方式（螺纹连接、法兰连接）分类，并按规格大小分档次以个计量。

（6）水表安装：螺纹水表安装，按公称直径和大小分档，以个计量，包括水表前端阀门安装；焊接法兰水表通常设在给水管道入户位置处，其工程量按公称直径和大小分档，以组计量，包括闸阀、止回阀以及旁通管等安装。

（7）法兰盘安装：法兰盘安装可按材质（碳钢、铸铁）和连接方式（丝接、焊接）分类，以管道公称直径分档，按副计量。

（8）室内消火栓安装：区别单出口和双出口，按公称直径分档，以套计量。

（9）盆类安装：盆类安装按所用冷水、热水及盆类材质分档，以组计量。

（10）器类安装：淋浴器安装，分为钢管组成和铜管制品淋浴器，以组计量，安装范围分界点是支管与水平管交接处；大便器、小便器安装，均以套计算工程量；电热水器、开水炉安装，以台计量，安装范围以阀门为界。

2. 室外给水管道工程量计算

（1）室外给水管道与室内给水管道的分界，以建筑物外墙皮 1.5m 为界，入口处设阀门者以阀门为界，与市政管道的界线是以水表井为界，无水表井者，以与市政管道接头点为界。

（2）室外给水管道安装工程量按管道材质、接口方法及管径等分别计算。室外给水管道工程量均按管道中心线以延长米为单位计算，均不扣除阀门及管件所占长度。

（3）室外给水管道阀门、水表、栓类安装：阀门安装可根据阀门种类、接口方法、直径大小，分别以个计算工程量；水表安装工程量计算及定额套用同室内给水管道水表安装。

（4）室外地上式消火栓安装定额按压力和埋深分档，以套计量，室外消火栓安装不包括短管、三通。

（5）消防水泵结合器的安装，分地下式、地上式、墙壁式三种，按管道公称直径大小分档，以套计算工程量，消防水泵结合器安装定额不包括结合器前闸阀、止回阀、安全阀等。

## 2.3.8 电照工程量计算

1. 控制设备及低压电器

（1）控制设备及低压电器安装均以台为计量单位，以上设备安装均未包括基础槽钢、角钢的制作安装，其工程量应按相应定额另行计算。

（2）盘柜配线分不同规格，以米为计量单位。

盘、箱、柜的外部进出线预留长度按表 2-3 规定计算。

盘、箱、柜的外部进出线预留长度（单位：m/根）　　　　　表 2-3

| 序号 | 项 目 | 预留长度 | 说 明 |
|---|---|---|---|
| 1 | 各种箱、柜、盘、板、盒 | 高＋宽 | 盘面尺寸 |
| 2 | 单独安装的铁壳开关、自动开关、刀开关、启动器、箱式电阻器、变阻器 | 0.5 | 从安装对象中心算起 |
| 3 | 继电器、控制开关、信号灯、按钮、熔断器等小电器 | 0.3 | 从安装对象中心算起 |
| 4 | 分支接头 | 0.2 | 分支线预留 |

（3）配电板制作安装及包铁皮，按配电板图示外形尺寸，以平方米为计量单位。

（4）焊（压）接线端子定额只适用于导线。电缆终端头制作安装定额中已包括压接线端子，不得重复计算。

（5）端子板外部接线按设备盘、箱、柜、台的外部接线图计算，以 10 个为计量单位。

（6）盘、柜配线定额只适用盘上小设备元件的少量现场配线，不适用于工厂的设备修、配、改工程。

2. 防雷及接地装置

（1）接地极制作安装以根为计量单位，其长度按设计长度计算；设计无规定时，每根长度按 2.5m 计算；若设计有管帽时，管帽另按加工件计算。

（2）接地母线敷设，按设计长度以米为计量单位计算工程量。接地母线、避雷线敷设均按延长米计算，其长度按施工图设计水平和垂直规定长度另加 3.9% 的附加长度（包括转弯、上下波动、避绕障碍物、搭接头的所占长度）计算。计算主材费时另增加规定的损耗率。

（3）接地跨接线以处为计量单位，按规程规定凡需作接地跨接线的工程内容，每跨接一次按一处计算。户外配电装置构架均需接地，每副构架按一处计算。

（4）避雷针的加工制作、安装，以根为计量单位，独立避雷针安装以基为计量单位。

（5）利用建筑物内主筋作接地引下线安装以 10m 为计量单位，每一柱子内按焊接两根主筋考虑，如果超过两根时，可按比例调整。

（6）断接卡子制作安装以套为计量单位，按设计规定装设的断接卡子数量计算，接地检查井内的断接卡子安装按每井一套计算。

3. 配管配线

（1）各种配管应区别不同敷设方式、敷设位置、管材材质、规格，以延长米为计量单位，不扣除管路中间的接线箱（盒）、灯头盒、开关盒所占长度。

（2）管内穿线的工程量，应区别线路性质、导线材质、导线截面，以单线延长米为计量单位计算。线路分支接头线的长度已综合考虑在定额中，不得另行计算。

（3）槽板配线工程量，应区别槽板材质（木质、塑料）、配线位置（木结构、砖、混凝土）导线截面、线式（二线、三线），以线路延长米为计量单位计算。

（4）塑料护套线明敷工程量，应区别导线截面、导线芯数（二芯、三芯）、敷设位置（木结构、砖混结构、沿钢索），以单根线每束延长米为计量单位计算。

（5）线槽配线工程量，应区别导线截面，以单根线路每束延长米为计量单位计算。

（6）接线箱安装工程量，应区别安装形式（明装、暗装）、接线箱半周长，以个为计量单位计算。

（7）接线盒安装工程量，应区别安装形式（明装、暗装、钢索上）以及接线盒类型，以个为计量单位计算。

（8）灯具，明、暗装开关，插座，按钮等的预留线，已分别综合在相应的定额内，不另行计算。

配线进入开关箱、柜、板的预留线，按表 2-4 规定的长度，分别计入相应的工程量。

**配线进入箱、柜、板的预留长度**（每一根线）　　　　　　　　　　表 2-4

| 序号 | 项 目 名 称 | 预留长度/m | 说 明 |
|---|---|---|---|
| 1 | 各种开关、柜、板 | 宽＋高 | 按盘面尺寸算 |
| 2 | 单独安装（无箱、盘）的铁壳开关启动器，线槽进出线盒等 | 0.3 | 从安装对象中心算起 |
| 3 | 由地面管子出口引至动力接线箱 | 1.0 | 从管口计算 |
| 4 | 电源与管内导线连接（管内穿线与软、硬母线接点） | 1.5 | 从管口计算 |
| 5 | 出户线 | 1.5 | 从管口计算 |

4. 照明灯具安装

（1）普通灯具安装的工程量，应区别灯具的种类、型号、规格以套为计算单位计算。普通灯具安装定额适用范围见表 2-5。

**普通灯具安装定额适用范围**　　　　　　　　　　　　　　表 2-5

| 定额名称 | 灯 具 种 类 |
|---|---|
| 圆球吸顶灯 | 材质为玻璃的螺口、卡口圆球独立吸顶灯 |
| 半圆球吸顶灯 | 材质为玻璃的独立的半圆球吸顶灯、扁圆罩吸顶灯、平面形吸顶灯 |
| 方形吸顶灯 | 材质为玻璃的独立的矩形罩吸顶灯、方形罩吸顶灯、大口方罩吸顶灯 |
| 软线吊灯 | 利用软线为垂吊材料、独立的，材质为玻璃、塑料、搪瓷，形状如碗伞、平盘灯罩组成的各式软吊灯 |
| 吊链灯 | 利用吊链作辅助悬吊材料、独立的，材质为玻璃、塑料罩的各式吊链灯 |
| 防水吊灯 | 一般防水吊灯 |
| 一般弯脖灯 | 圆球弯脖灯、风雨壁灯 |
| 一般墙壁灯 | 各种材质的一般壁灯、镜前灯 |
| 软线吊灯头 | 一般吊灯头 |
| 声光控制灯头 | 一般声控、光控座灯头 |
| 座灯头 | 一般塑料、瓷质座灯头 |

（2）开关、按钮安装的工程量，应区别开关按钮安装形式，开关、按钮种类，开关极数以及单控与双控，以套为计量单位计算。

（3）插座安装的工程量，应区别电源相数、额定电流、插座安装形式、插座插孔个数，以套为计量单位计算。

（4）门铃安装工程计算，应区别门铃安装形式，以个为计量单位计算。

（5）风扇安装的工程量，应区别风扇种类，以台为计量单位计算。

（6）盘管风机三速开关，请勿打扰灯，须刨插座安装的工程量，以套为计量单位计算。

## 2.4 计算清单工程量

### ▦ 2.4.1 建筑工程清单工程量计算

1. 土（石）方工程

（1）平整场地：

①平整场地项目是指建筑物场地厚度在±300mm以内的挖、填、运、找平以及由投标人自主确定或招标人指定距离内的土方运输。

②平整场地的工作内容包括：土方挖填、场地找平、土方运输等。

③平整场地的项目特征：

A. 土的类别按清单计价规范的"土壤分类表"和施工场地的实际情况确定。

B. 弃土运距按施工现场的实际情况和当地弃土地点确定。

C. 取土运距按施工现场实际情况和当地取土地点确定。

④计算规则：平整场地按设计图示尺寸以建筑物首层建筑面积计算。

（2）挖土一般方：

①挖土方是指室外地坪标高300mm以上竖向布置的挖土或山坡切土，包括由招标人指定运距的土方运输项目。

②工作内容包括排地表水、土方开挖、支拆挡土板、土方运输等。

③项目特征：

A. 土的类别；

B. 挖土深度；

C. 弃土运距。

④计算规则：挖土方工程量按设计图示尺寸以体积计算。

⑤计算方法：

A. 地形起伏变化不大时，采用平均厚度乘以挖土面积的方法计算土方工程量。

B. 地形起伏变化较大时，采用方格网法或断面法计算挖土方工程量。

C. 需按拟建工程实际情况确定运土方距离。

（3）挖沟槽及基坑土方：

①挖沟槽及基坑土方是指挖建筑物的条形基础、设备基础、满堂基础、独立基础、人工挖孔桩等土方，包括土方运输。

②工作内容包括：排地表水、土方开挖、支拆挡土板、围护（挡土板）及拆除、基底钎探、土方运输等。

③项目特征：

A. 土壤类别；

B. 挖土深度；

C. 弃土运距。

④计算规则：按设计图示尺寸以基础垫层底面积乘以挖土深度计算。

⑤计算方法：土方工程量＝基础垫层底面积×挖土深度。

⑥有关说明：

A. 桩间挖土方不扣除桩所占体积，并在项目特征中加以描述；

B. 不考虑施工方案要求的放坡宽度、操作工作面等因素，只按垫层底面积和挖土深度计算。

（4）管沟土方：

① 管沟土方是指各类管沟土方的挖土、回填以及招标人指定运距内的土方运输。

② 工作内容包括：排地表水、土方开挖、围护（挡土板）支撑、运输、回填等。

③ 项目特征：

A. 土壤类别；

B. 管外径；

C. 挖沟深度；

D. 回填要求。

④ 计算规则：以米计量，按设计图示以管道中心线长度计算；以立方米计量，按设计图示管底垫层面积乘以挖土深度计算；无管底垫层按管外径的水平投影面积乘以挖土深度计算 。不扣除各类井的长度，井的土方并入。

（5）石方开挖：

① 石方开挖包括挖一般石方、沟槽石方、基坑石方、管沟石方。

② 工作内容：排地表水、凿石、回填、运输等。

③ 项目特征：

A. 岩石类别；

B. 开凿深度；

C. 弃碴运距；

D. 管外径；

E. 挖沟深度；

④ 计算规则一般石方开挖按设计图纸尺寸以体积计算。沟槽和基坑石方开挖按设计图示尺寸沟槽（基坑）底面积乘以挖石深度计算。管沟石方开挖以米计量时，按设计图示以管沟中心长度计算；以立方米计量时，按设计图示截面积乘以长度计算。

（6）有关规定：

①土方体积折算系数：土方体积应按挖掘前的天然密实度体积计算。如需按天然密

实体积折算时，应按表 2-6 规定的系数计算。

土方体积折算系数表

表 2-6

| 天然密实度体积 | 虚方体积 | 夯实后体积 | 松填体积 |
|---|---|---|---|
| 1.00 | 1.30 | 0.87 | 1.08 |
| 0.77 | 1.00 | 0.67 | 0.83 |
| 1.15 | 1.50 | 1.00 | 1.25 |
| 0.92 | 1.20 | 0.80 | 1.00 |

②挖土方平均厚度应按自然地面测量标高至设计地坪标高间的平均厚度确定。

2. 桩基工程

（1）预制钢筋混凝土桩：

① 预制钢筋混凝土桩是先在加工厂或施工现场采用钢筋和混凝土预制成各种形状的桩，然后用沉桩设备将其沉入土中以承受上部结构荷载的构件。

② 工作内容主要包括：工作平台抬拆、桩机竖拆和移动、沉桩、接桩、送桩等。

③ 项目特征：

A. 地层情况；

B. 桩长、送桩深度；

C. 桩截面；

D. 沉桩方法；

E. 接桩方式；

F. 桩倾斜度；

G. 混凝土强度等级；

④计算规则：以米计量时按设计图示尺寸以桩长（包括桩尖）计算；以立方米计量时按设计图示截面积乘以桩长（包括桩尖）以实体积计算；以根计量时按设计图示数量计算。

（2）泥浆护壁成孔混凝土灌注桩：

① 混凝土灌注桩是利用各种成孔设备在设计桩位上成孔，然后在孔内灌注混凝土或先放入钢筋笼后再灌注混凝土而制成的承受上部荷载的桩。

② 工作内容：桩的成孔、固壁，混凝土制作、运输，灌注、振捣、养护，土方、废泥浆外运，打桩场地硬化及泥浆池、沟。

③ 项目特征：

A. 地层情况；

B. 空桩长度、桩长；

C. 桩径；

D. 成孔方法；

E. 护筒类型、长度；

F. 混凝土种类强度等级。

（3）砂石桩：

① 砂石桩是采用振动成孔机械或锤击成孔机械，将带有活瓣桩尖的与砂石桩同直径的钢管沉下，往桩管内灌砂石后，边振动边缓慢拔出桩管后形成砂石桩，从而使地基达到密实、增加地基承载力的桩。

② 工作内容包括：成孔，填充、振灾，材料运输。

③ 项目特征：

A. 地层情况；

B. 空桩长度、桩长；

C. 桩径；

D. 成孔方法；

E. 材料种类、级配。

④ 计算规则：以米计量时，按设计图示，尺寸以桩长（包括桩尖）计算；以立方米计量时，按设计桩截面乘以桩长（含桩尖）以体积计算。

（4）灰土挤密桩：

① 灰土挤密桩是利用锤击（冲击、爆破等方法）将钢管打入土中侧向挤密成孔，将钢管拔出后，在桩孔中分层回填 2∶8 或 3∶7 灰土夯实而成。它是与桩间土共同组成复合地基以承受上部荷载的桩。

② 工作内容包括：成孔、混合料制作、运输、夯填。

③ 项目特征：

A. 地层情况；

B. 空桩长度、桩长；

C. 桩径；

D. 成孔方法；

E. 灰土级配。

④ 计算规则：按设计图示尺寸以桩长（包括桩尖）计算。

（5）喷粉桩：

①喷粉桩系采用喷粉桩机成孔，采用粉体喷射搅拌法。用压缩空气将粉体（水泥或石灰粉）输送到钻头，并以雾状喷射到加固地基的土层中，并借钻头的叶片旋转，加以搅拌使其充分混合，形成土桩体，与原地基构成复合地基，从而达到加固较弱地基的目的。

②工作内容包括：预拌下钻、喷粉搅拌提升成桩，材料运输。

③项目特征：

A. 地层情况；

B. 空桩长度、桩长；

C. 掺量；

D. 石灰粉要求；

E. 桩径。

④ 计算规则：按设计图示尺寸以桩长（包括桩尖）计算。

（6）地下连续墙：

① 地下连续墙是在地面上采用一种挖槽机械，沿着深开挖工程的周边轴线，用泥浆护壁，开挖出一条狭长的深槽，深槽内放入钢筋笼，然后用导管法灌筑水下混凝土，筑成一个个单元槽段，以特殊接头方式在地下筑成一道连续的钢筋混凝土墙壁，作为截水、防渗、承重和挡土结构。它适用于高层建筑的深基础、工业建筑的深池、地下铁道等工程的施工。

② 工作内容包括：导墙挖填、制作、安装、拆除，挖土成槽、圆壁、清底置换，混凝土制作、运输、灌注、养护，接头处理，场、废泥浆外运，打桩场地硬化及泥浆池、泥浆沟。

③ 项目特征：

A. 地层情况；

B. 导墙类型、截面；

C. 墙体厚度；

D. 成槽深度；

E. 混凝土强度等级、种类；

F. 接头形式

④ 计算规则：地下连续墙工程量计算按设计图示墙中心线长乘以厚度再乘以槽深以体积计算。

（7）强夯地基：

① 强夯地基是用起重机械将大吨位（8～25t）夯锤起吊到6～30m高度后，自由落下，给地基土以强大冲击能量的夯击，使土中出现冲击波和很大的冲击应力，迫使土体孔隙压缩，排除孔隙中的水，使土粒重新排列，迅速固结，从而提高地基承载力，降低其压缩性的一种地基的加固方法。

② 工作内容包括：铺夯填材料、强夯，夯填材料运输等。

③ 项目特征：

A. 夯击能量；

B. 夯击遍数；

C. 夯击点布置形式、间距；

D. 地基承载力要求；

E. 夯填材料种类。

④ 计算规则：按设计图示处理范围以面积计算。

3. 砌筑工程

（1）砖基础：

① 工作内容包括：砂浆制作、运输、砌砖、防潮层铺设、材料运输。

② 项目特征：

A. 砖品种、规格、强度等级；

B. 基础类型；

C. 防潮层砂浆种类；

D. 砂浆强度等级。

③ 计算规则：砖基础工程量按设计图示尺寸以体积计算，应扣除地梁（圈梁）、构造柱等所占体积，不扣除基础大放脚 T 形接头处重叠部分等所占体积。

基础长度的确定：外墙按中心线，内墙按净长线计算。

④ 有关说明：砖基础类型包括柱基础、墙基础、烟囱基础、水塔基础、管道基础等，具体是何种类型，应在工程量清单的项目特征中详细描述。

（2）实心砖墙：

① 工作内容包括：砂浆制作、运输，砌砖、勾缝，砖压顶砌筑、材料运输等。

② 项目特征：

A. 砖品种、规格、强度等级；

B. 墙体类型；

C. 砂浆强度等级或配合比。

③ 计算规则：实心砖墙工程量按设计图示尺寸以体积计算，应扣除门窗洞口、过人洞等所占面积，还应扣除嵌入墙内的钢筋混凝土柱、梁、圈梁、挑梁、过梁及凹进墙内的壁龛、暖气槽、消火栓箱等所占体积，不扣除梁头、板头、门窗走头及墙内加固钢筋等所占体积。凸出墙面的腰线、压顶、窗台线、门窗套的体积亦不增加。

A. 墙长的确定：外墙按中心线长，内墙按净长计算。

B. 墙高的确定：基础与墙身使用同一种材料时，以设计室内地面为界，以下为基础，以上为墙身。当为平屋面时，外墙高度算至钢筋混凝土板底；当有钢筋混凝土楼板隔层者，内墙高度算至楼板顶。

④ 有关说明：实心砖墙类型包括外墙、内墙、围墙、双面混水墙、双面清水墙、单面清水墙、直形墙、弧形墙等。

（3）空斗墙：

① 空斗墙是以普通黏土砖砌筑而成的空心墙体，民居中常采用。墙厚一般为

240mm，采取无眠空斗、一眠一斗、一眠三斗等几种砌筑方法。所谓"斗"是指墙体中由两皮侧砌砖与横向拉接砖所构成的空间，而"眠"则是墙体中沿纵向平砌的一皮顶砖。

一砖厚的空斗墙与同厚度的实体墙相比，可节省砖20％左右，可减轻自重，常在三层及三层以下的民用建筑中采用，但下列情况又不宜采用：土质软弱可能引起建筑物不均匀沉陷的地区；建筑物有振动荷载时；地震烈度在七度及七度以上的地区。

② 工作内容包括砂浆制作、运输、砌砖、装填充料、勾缝、材料运输等。

③ 项目特征：

A. 砖品种、规格、强度等级；

B. 墙体类型；

C. 砂浆强度等级或配合比。

④ 计算规则：空斗墙工程量按设计图示尺寸以墙的外形体积计算。墙角、内外墙交接处、门窗洞口立边、窗台砖、屋檐处的实砌部分体积并入空斗墙体积内。

⑤有关说明：空斗墙项目适用于各种砌法的空斗墙，应注意窗间墙、窗台下、楼板下、梁头下的实砌部分，应按零星砌砖项目另行列项计算。

4. 混凝土及钢筋混凝土工程

（1）带形基础：

① 当建筑物上部结构采用墙承重时，基础沿墙设置多做成长条形，这时称为带形基础。

② 工作内容：模板及支撑制作、安装、拆除、堆放、运输及清理模内杂物、刷隔离剂等；混凝土制作、运输、浇筑、振捣、养护等。

③ 项目特征：

A. 混凝土种类；

B. 混凝土强度等级。

④ 计算规则：带形混凝土基础按设计图示尺寸以体积计算，不扣除构件内钢筋、预埋铁件和伸入承台基础的桩头所占体积。

（2）独立基础：

① 当建筑物上部结构采用框架结构或单层排架结构承重时，基础常采用矩形的单独基础，这类基础称为独立基础。常见的独立基础有阶梯形的、锥形的、杯口形的基础等。

② 工作内容：独立基础的工程内容同带形基础。

③ 项目特征：独立基础的项目特征同带形基础。

④ 计算规则：独立基础的计算规则同带形基础。

（3）桩承台基础：桩承台基础项目适用于浇筑在组桩上（如梅花桩）的承台。计算工程量时，不扣除浇入承台体积内的桩头所占体积。

桩承台基础的工作内容、项目特征、计算规则同带形混凝土基础。

（4）满堂基础：满堂基础项目适用于地下室的箱式、筏式基础等；满堂基础的工程内容、项目特征、计算规则同带形混凝土基础。

（5）现浇矩形柱、异形柱：

① 工作内容包括：混凝土制作、运输、浇筑、振捣、养护，模板及支架（撑）制作、安装、拆除、堆放、运输及清理模内杂物、刷隔离剂等。

② 项目特征：

A. 柱形状；

B. 混凝土种类；

C. 混凝土强度等级；

③计算规则：现浇矩形柱、异形柱工程量按设计图示尺寸以体积计算，不扣除构件内钢筋、预埋铁件所占体积。

（6）现浇矩形梁：

① 工作内容包括：混凝土制作、运输、浇筑、振捣、养护，模板及支架（撑）制作、安装、拆除、堆放、运输及清理模内杂物、刷隔离剂等。

② 项目特征：

A. 混凝土种类；

B. 混凝土强度等级。

③ 计算规则：现浇混凝土矩形梁工程量按设计图示尺寸以体积计算，不扣除构件内钢筋、预埋铁件所占体积，伸入墙内的梁头、梁垫并入梁体积内。梁长计算的规定是，梁与柱连接时，梁长算至柱侧面；主梁与次梁连接时，以梁长算至主梁侧面。

（7）直形墙：

① 工作内容包括：混凝土制作、运输、浇筑、振捣、养护，模板及支架（撑）制作、安装、拆除、堆放、运输及清理模内杂物、刷隔离剂等。

② 项目特征：

A. 混凝土种类；

B. 混凝土强度等级。

③ 计算规则：现浇直形墙工程量计算按设计图示尺寸以体积计算，不扣除构件内钢筋、预埋铁件所占体积，扣除门窗洞口及单个面积在 $0.3m^2$ 以外的孔洞所占体积，墙垛及突出墙面部分并入墙体体积内计算。

④ 有关说明：直形墙项目也适用于电梯井。

（8）有梁板：

① 现浇有梁板是指在同一平面内相互正交式的密肋板，或者由主梁、次梁相交的

井字梁板。

② 工作内容包括：混凝土制作、运输、浇筑、振捣、养护，模板及支架（撑）制作、安装、拆除、堆放、运输及清理模内杂物、刷隔离剂等。

③ 项目特征：

A. 混凝土种类；

B. 混凝土强度等级。

④ 计算规则：现浇有梁板工程量按设计图示尺寸以体积计算，不扣除构件内钢筋、预埋铁件及单个面积在 0.30m² 以内的孔洞所占体积。有梁板（包括主梁、次梁与板）按梁、板体积之和计算。无梁板按板和柱帽体积之和计算。各类板伸入墙内的板头并入板体积内计算，薄壳板的肋、基梁并入薄壳体积内计算。

⑤ 有关说明：项目特征内的梁底标高、板底标高，不需要每个构件都标注，而是要求选择关键部件的梁、板构件，以便投标人在投标时选择吊装机械和垂直运输机械。

（9）现浇直形楼梯：

① 工作内容包括：混凝土制作、运输、浇筑、振捣、养护，模板及支架（撑）制作、安装、拆除、堆放、运输及清理模内杂物、刷隔离剂等。

② 项目特征：

A. 混凝土强度等级；

B. 混凝土种类。

③ 计算规则：现浇直形楼梯按设计图示尺寸以水平投影面积计算，不扣除宽度小于 500mm 的楼梯井，伸入墙内部分不计算。

④ 有关说明：

A. 整体楼梯水平投影面积包括休息平台、平台梁、斜梁及与楼梯连接的梁。当整体楼梯与现浇板无梯梁连接时，以楼梯的最后一个踏步边缘加 300mm 计算。

B. 单跑楼梯如果无休息平台的，应在工程量清单项目中进行描述。

（10）散水、坡道：

① 工作内容包括：地基夯实，铺设垫层，混凝土制作、运输、浇筑、振捣、养护，变形缝填塞，模板及支撑制作、安装、拆除、堆放、运输及清理模内杂物、刷隔离剂等。

② 项目特征：

A. 垫层材料种类、厚度；

B. 面层厚度；

C. 混凝土强度等级；

D. 混凝土种类；

E. 变形缝填塞材料种类。

③ 计算规则：散水、坡道工程量按设计图示尺寸以面积计算，不扣除单个在 $0.3m^2$ 以内的孔洞所占面积。

④ 有关问题：如果散水、坡道需抹灰时，应在项目特征中表达清楚。

（11）后浇带：

① 后浇带是为在现浇钢筋混凝土施工过程中，克服由于温度、收缩而可能产生有害裂缝而设置的临时施工缝。该缝需根据设计要求保留一段时间后再浇筑，将整个结构连成整体。

② 工作内容包括：混凝土制作、运输、浇筑、振捣、养护及混凝土交接面、钢筋等清理，模板及支架（撑）制作、安装、拆除、堆放、运输及清理模内杂物、刷隔离剂等。

③ 项目特征：

A. 混凝土强度等级；

B. 混凝土种类。

④ 计算规则：后浇带工程量按设计图示尺寸以体积计算。

⑤ 有关说明：后浇带项目适用于梁、墙、板的后浇带。

（12）预制矩形柱、异形柱：

① 工作内容包括：混凝土制作、运输、浇筑、振捣、养护，构件制作、运输，构件安装，砂浆制作、运输，接头灌浆、养护，模板制作、安装、拆除、堆放、运输及清理模内杂物、刷隔离剂等。

② 项目特征：

A. 图代号；

B. 单件体积；

C. 安装高度；

D. 混凝土强度等级；

E. 砂浆（细石混凝土）强度等级，配合比。

③ 计算规则：预制矩形柱、异形柱工程量计算有两种方式表达。一是按设计图示尺寸以体积计算，不扣除构件内钢筋、预埋铁件所占体积；二是按设计图示尺寸以根计算。

④ 有关说明：有相同截面、长度的预制混凝土柱的工程量可按根数计算。

（13）预制折线形屋架：

① 工作内容包括混凝土制作、运输、浇筑、振捣、养护，构件制作、运输，构件安装，砂浆制作、运输，接头灌浆、养护，模板制作、安装、拆除、堆放及清理模内杂物、刷隔离剂等。

② 项目特征：

A. 图代号；

B. 单件体积；

C. 安装高度；

D. 混凝土强度等级；

E. 砂浆强度等级、配合比。

③ 计算规则：预制折线形屋架的工程量计算可按两种方式表达，一是按设计图示尺寸以体积计算，不扣除构件内钢筋、预埋铁件所占体积；二是按设计图示尺寸以榀计算。

④ 有关说明：同类型、相同跨度的预制混凝土屋架工程量可按榀数计算。

（14）预制混凝土楼梯：

① 工作内容包括：混凝土制作、运输、浇筑、振捣、养护，构件制作、运输，构件安装，砂浆制作、运输，接头灌浆、养护，模板制作、安装、拆除、堆放、运输及清理模内杂物、刷隔离剂等。

② 项目特征：

A. 楼梯类型；

B. 单件体积；

C. 混凝土强度等级；

D. 砂浆（细石混凝土）强度等级。

③ 计算规则：预制混凝土楼梯工程量以立方米计量，按设计图示尺寸以体积计算，不扣除构件内钢筋、预埋铁件所占体积，应扣除空心踏步板的空洞体积。以段计量，按设计图示数量计算。

5. 厂库房大门、特种门、木结构工程

（1）钢木大门：

① 钢木大门门框一般由混凝土制成，门扇由骨架和面板构成，门扇的骨架常用型钢制成，门芯板一般用 15mm 厚的木板，用螺栓与钢骨架相连接。

② 工作内容包括门（骨架）制作、运输，门、五金配件安装，刷防护材料、油漆等。

③ 项目特征：

A. 门代号及洞口尺寸；

B. 门框或扇外围尺寸；

C. 门框、扇材质；

D. 五金种类、规格；

E. 防护材料种类。

④ 计算规则：量以樘量钢木大门工程量按设计图示数，以平方米计量，按设计图示洞口尺寸以面积计算。

（2）木楼梯：

① 工作内容包括：木楼梯的制作，运输、安装，刷防护材料等。

② 项目特征：

A. 楼梯形式；

B. 木材种类；

C. 刨光要求；

D. 防护材料种类。

③ 计算规则：木楼梯工程量按设计图示尺寸以水平投影面积计算，不扣除宽度小于300mm的楼梯井，伸入墙内部分不计算。

6. 金属结构工程

（1）实腹钢柱：

① 工作内容包括钢柱的拼装、安装、探伤、补刷油漆等。

② 项目特征：

A. 柱类型；

B. 钢材品种、规格；

C. 单根柱重量；

D. 探伤要求；

E. 螺栓种类；

F. 防火要求。

③ 计算规则：实腹柱工程量按设计图示尺寸以质量计算，不扣除孔眼、切边、切肢的质量，焊条、铆钉、螺栓等不另增加质量，不规则或多边形钢板，以其外接矩形面积乘以厚度乘以单位理论质量计算。依附在钢柱上的牛腿及悬臂梁等并入钢柱工程量内。

④ 有关说明：实腹柱项目适用于实腹钢柱和实腹式型钢混凝土柱。型钢混凝土柱是指由混凝土包裹型钢组成的柱。

（2）钢板楼板：

① 工作内容包括楼板的拼装、安装、探伤、补刷油漆等。

② 项目特征：

A. 钢材品种、规格；

B. 压型钢板厚度；

C. 螺栓种类；

D. 防火要求。

③ 计算规则：钢板楼板工程是按设计图示尺寸以铺设水平投影面积计算，不扣除以内的柱、垛及单个在 $0.3m^2$ 孔洞所占面积。

④ 有关说明：压型钢板楼板项目适用于现浇混凝土楼板，使用压型钢板作永久性模板，并与混凝土叠合后组成共同受力的构件。压型钢板采用镀锌或经防腐处理的薄钢板。

7. 屋面及防水工程

（1）膜结构屋面：

① 膜结构，也称索膜结构，是一种以膜布与支撑（柱、网架等）和拉接结构（拉杆、钢丝绳等）组成的屋盖、篷顶结构。

②工作内容包括膜布热压胶接，支柱（网架）制作、安装，膜布安装，穿钢丝绳、锚头锚固，锚固基座、挖土回填，刷油漆等。

③ 项目特征：

A. 膜布品种、规格、颜色；

B. 支柱（网架）钢材品种、规格；

C. 钢丝绳品种、规格；

D. 油漆品种、刷漆遍数；

E. 锚固基座做法。

④ 计算规则：膜结构屋面工程量按设计图示尺寸以需要覆盖的水平面积计算。

⑤ 有关说明：需要覆盖的水平面积是指屋面本身的面积，不是指膜布的实际水平投影面积。

（2）屋面卷材防水：

① 工作内容包括基层处理，刷底油，铺油毡卷材、接缝、嵌缝等。

② 项目特征：

A. 卷材品种、规格、厚度；

B. 防水层做法；

C. 防水层数。

③ 计算规则：屋面卷材防水工程量按设计图示尺寸以面积计算，斜屋顶按斜面积计算，平屋顶按水平投影面积计算，不扣除房上烟囱、风帽底座、风道、屋面透气窗和斜沟所占面积。屋面的女儿墙、伸缩缝和天窗等处的弯起部分，并入屋面工程量内。

④有关说明：屋面卷材防水项目适用于利用胶结材料粘贴卷材进行防水的屋面。

8. 防腐、隔热、保温工程

（1）防腐砂浆面层：

①工作内容包括基层处理、基层刷稀胶泥、砂浆制作、运输、摊铺、养护等。

②项目特征：

A. 防腐部位；

B. 面层厚度；

C. 砂浆、胶泥种类、配合比。

③计算规则：防腐砂浆面层工程量按设计图示尺寸以面积计算。平面防腐应扣除凸出地面的构筑物、设备基础以及面积>0.3m² 孔洞、拉、垛等所占面积；立面防腐应扣除门、窗、洞口以及面积>0.3m² 孔洞、梁所占面积、门、窗、洞口侧壁、垛突出部分按展开面积并入墙内面积。

④有关说明：防腐砂浆面层项目适用于平面或立面抹沥青砂浆、沥青胶泥、树脂砂浆、树脂胶泥以及聚合物水泥砂浆等防腐工程。

（2）保温隔热天棚：

①工作内容包括基层清理、刷粘接材料、铺粘保温层、刷防护材料等。

②项目特征：

A. 保温隔热面层材料品种、规格、性能；

B. 保温隔热材料品种、规格及厚度；

C. 粘结材料种类及做法；

D. 防护材料种类及做法。

③计算规则：保温隔热顶棚工程量按设计图示尺寸以面积计算，扣除面积>0.3m² 上柱、垛孔洞所占面积，与天棚相连的梁按展开面积计算并入天棚工程量内。

④有关说明：保温隔热顶棚项目适用于各种材料的下贴式或吊顶上搁式的保温隔热顶棚。

## 2.4.2 装饰装修工程清单工程量计算

1. 楼地面工程

（1）石材楼地面：

①工作内容包括基层清理、抹找平层，面层铺设、磨边，嵌缝刷防护材料，材料运输等。

②项目特征：

A. 找平层厚度、砂浆配合比；

B. 结合层厚度、砂浆配合比；

C. 面层材料品种、规格、品牌、颜色；

D. 嵌缝材料种类；

E. 防护材料种类；

F. 酸洗、打蜡要求。

③计算规则：石材楼地面工程量按设计图示尺寸以面积计算。门洞、空圈、暖气包

槽、壁龛的开口部分不增加面积。

④有关说明：防护材料是指耐酸、耐碱、耐臭氧、耐老化、防火、防油渗等材料。

（2）块料台阶面：

①工作内容主要包括：基层清理、抹找平层，面层铺贴、贴嵌防滑条、勾缝，刷防护材料，材料运输等。

②项目特征：

A. 找平层厚度、砂浆配合比；

B. 粘结层材料种类；

C. 面层材料品种、规格、颜色；

D. 勾缝材料种类；

E. 防滑条材料种类、规格；

F. 防护材料种类。

③计算规则：块料台阶面工程量按设计图示尺寸以台阶（包括最上层踏步边增加300mm）水平投影面积计算。

④有关说明：台阶侧面装饰，可按零星装饰项目编码列项。

2. 墙、柱面工程

（1）块料墙面：

①工作内容包括：基层清理，砂浆制作、运输，粘结合层铺贴，面层安装、嵌缝，刷防护材料，磨光，酸洗，打蜡。

②项目特征：

A. 墙体类型；

B. 安装方式；

C. 面层材料品种、规格、颜色；

D. 缝宽、嵌缝材料种类；

E. 防护材料种类；

F. 磨光、酸洗、打蜡要求。

③计算规则：块料墙面工程量按镶贴表面积计算。

④有关说明：

A. 墙体种类是指砖墙、石墙、混凝土墙、砌块墙及内墙、外墙等。

B. 块料饰面板是指石材饰面板、陶瓷面砖、玻璃面砖、金属饰面板、塑料饰面板、木质饰面板等。

C. 挂贴是指对大规格的石材（大理石、花岗石、青石等）使用铁件先挂在墙面后灌浆的方法固定。

D. 干挂有两种，一种是直接干挂法，通过不锈钢膨胀螺栓、不锈钢挂件、不锈钢连接件、不锈钢钢针等将外墙饰面板连接在外墙面；第二种是间接干挂法，是通过固定在墙上的钢龙骨，再用各种挂件固定外墙饰面板。

E. 嵌缝材料是指砂浆、油膏、密封胶等材料。

F. 防护材料是指石材正面的防酸涂剂和石材背面的防碱涂剂等。

（2）干挂石材钢骨架：

①工作内容包括钢骨架制作、运输、安装、油漆等。

②项目特征：

A. 钢骨架种类、规格；

B. 防锈漆品种遍数。

③计算规则：干挂石材钢骨架工程量按设计图示尺寸以质量计算。

（3）全玻（无框玻璃）幕墙：

①工作内容包括玻璃幕墙的安装、嵌缝、塞口、清洗等。

②项目特征：

A. 玻璃品种、规格、颜色；

B. 粘结塞口材料种类；

C. 固定方式。

③计算规则：全玻幕墙按设计图示尺寸以面积计算，带肋全玻幕墙按展开面积计算。

3. 顶棚工程

（1）格栅吊顶：

①工作内容包括基层清理，基层清理，安装龙骨，基层板铺贴，面层铺贴，刷防护材料、油漆等。

②项目特征：

A. 龙骨类型、材料种类、规格、中距；

B. 基层材料种类、规格；

C. 面层材料品种、规格；

D. 防护材料种类。

③计算规则：格栅吊顶工程是按设计图示尺寸以水平投影面积计算。

④有关说明：格栅吊顶适用于木格栅、金属格栅、塑料格栅等。

（2）灯带（槽）：

①工作内容主要是：灯带的安装和固定。

②项目特征：

A. 灯带型式、尺寸；

B. 格栅片材料品种、规格；

C. 安装固定方式。

③计算规则：灯带工程量按设计图示尺寸以框外围面积计算。

（3）送风口、回风口：

①工作内容有送风口、回风口的安装和固定，刷防护材料。

②项目特征：

A. 风口材料品种、规格；

B. 安装固定方式；

C. 防护材料种类。

③计算规则：送风口、回风口工程量按设计图示数量以个为单位计算。

4. 门窗工程

（1）木质门：

①工作内容包括：门安装，五金、玻璃安装等。

②项目特征：

A. 门代号及洞口尺寸；

B. 镶玻璃品种、厚度。

③计算规则：以樘计量按设计图示数量计算；以平方米计量，按设计图示洞口尺寸以面积计算。

④有关说明：

A. 木质门项目也适用于企口板门、胶合板门、夹扳装饰门等。

B. 木门窗五金包括：折页、插锁、风钩、弓背拉手、搭扣、弹簧折页、管子拉手、地弹簧、滑轮、滑轨、门轧头、铁角、木螺钉等。

（2）彩板门：

①彩板门亦称彩板组角门，是以 0.7～1.1mm 厚的彩色镀锌卷板和 4m 厚平板玻璃或中空玻璃为主要原料，经机械加工制成的钢门窗。门窗四角用插接件、螺钉连接，门窗全部缝隙用橡胶密封条和密封膏密封。

②工作内容包括门安装、五金、玻璃安装。

③项目特征：

A. 门代号及洞口尺寸；

B. 门框或扇外围尺寸。

④计算规则：以樘计量，按设计图示数量计算；以平方米计量，按设计图示洞口尺寸以面积计算。

（3）金属卷帘（闸）门：

①工作内容包括门运输、安装，启动装置、活动小门、五金安装等。

②项目特征：

A. 门代号及洞口尺寸；

B. 门材质；

C. 启动装置品种、规格。

③计算规则：以樘计量，按设计图示数量计算；以平方米计量，按设计图示洞口尺寸以面积计算。

（4）石材门窗套：

①工作内容包括清理基层，基层抹灰，立筋制作、安装，面层铺贴，线条安装。

②项目特征：

A. 门窗代号及洞口尺寸；

B. 门窗套展开宽度；

C. 粘结层厚度、砂浆配合比；

D. 面层材料品种、规格；

E. 线条品种、规格。

③计算规则：以樘计量、按设计图示数量计算；以平方米计量，按设计图示尺寸以展开面积计算；以米计量，按设计图示中心以延长米计算。

5. 油漆、涂料、裱糊工程

（1）木门油漆：

①工作内容包括基层清理，刮腻子，刷防护材料、油漆等。

②项目特征：

A. 门类型；

B. 门代号及洞口尺寸；

C. 腻子种类；

D. 刮腻子遍数；

E. 防护材料种类；

F. 油漆品种、刷漆遍数。

③计算规则：以樘计量，按设计图示数量计算；以平方米计量，按设计图示洞口尺寸以面积计算。

④有关说明：

A. 门类型应分为木大门、单层木门、双层木门、全玻自由门、半玻自由门、装饰门、有框门、无框门等项目，分别编码列项。

B. 腻子种类分石膏油腻子、胶腻子、漆片腻子、油腻子等。

C. 刮腻子要求分刮腻子遍数以及是满刮还是找补腻子等。

（2）木窗油漆：

①工作内容包括基层清理，刮腻子，刷防护材料、油漆等。

②项目特征：

A. 窗类型；

B. 窗代号及洞口尺寸；

C. 腻子种类；

D. 刮腻子遍数；

E. 防护材料种类；

F. 油漆品种、刷漆遍数。

③计算规则：以樘计量，按设计图示数量计算；以平方米计量，按设计图示洞口尺寸以面积计算。

④有关说明：窗类型分为木推拉窗、木百叶窗、单层窗、双层窗等项目，分别编码列项。

（3）木扶手油漆：

①工作内容包括：基层清理，刮腻子，刷防护材料、油漆等。

②项目特征：

A. 断面尺寸；

B. 腻子种类；

C. 刮腻子遍数；

D. 防护材料种类；

E. 油漆品种、刷漆遍数。

③计算规则：按设计图示尺寸以长度计算。

④有关说明：木扶手油漆应区分带托板与不带托板分别编码列项。

（4）墙纸裱糊：

①工作内容主要包括基层清理，刮腻子，面层铺粘，刷防护材料等。

②项目特征：

A. 基层类型；

B. 裱糊部位；

C. 腻子种类；

D. 刮腻子遍数；

E. 粘结材料种类；

F. 防护材料种类；

G. 面层材料品种、规格、颜色。

③计算规则：墙纸裱糊工程量按设计图示尺寸以面积计算。

④有关说明：墙纸裱糊应注意对花与不对花的要求。

6. 其他工程

（1）收银台：

①工作内容包括台柜制作、运输、安装，刷防护材料、油漆，五金件安装等。

②项目特征：

A. 台柜规格；

B. 材料种类规格；

C. 五金种类、规格；

D. 防护材料种类；

E. 油漆品种、刷漆遍数。

③计算规则：以个计量按设计图示数量计算；以米计量，按设计图示尺寸以延长米计算；以立方米计量，按设计图示尺寸以体积计算。

④有关说明：台柜的规格以能分离的成品单体长、宽、高表示。

（2）金属字：

①工作内容包括字的制作、运输、安装，刷油漆等。

②项目特征：

A. 基层类型；

B. 镌字材料品种、颜色；

C. 字体规格；

D. 固定方式；

E. 油漆品种、刷漆遍数。

③计算规则：金属字项目工程量接设计图示数量以个为单位计算。

④有关说明：

A. 基层类型是指金属字依托体的材料，如砖墙、木墙、石墙、混凝土墙、钢支架等。

B. 字体规格以字的外接矩形长、宽和字的厚度表示。

C. 固定方式是指粘贴、焊接及铁钉、螺栓、铆钉固定等方式。

## 2.4.3 安装工程清单工程量计算

1. 电气设备安装工程清单工程量计算

（1）电力电缆：

①工作内容包括揭盖板，电缆敷设，揭（盖）板。

②项目特征：

A. 名称；

B. 型号；

C. 规格；

D. 电缆敷设方式、部位；

E. 电压等级（kV）；

F. 地形。

③计算规则：电力电缆敷设工程量按设计图示尺寸以长度计算（含预留长度及附加长度）。

（2）接地极：

①工作内容包括：接地极（板）制作、安装，基础接地网安装，补刷（喷）油漆。

②项目特征：

A. 名称；

B. 材质；

C. 规格；

D. 土质；

E. 基础接地形式。

③计算规则：接地装置工程量按设计图示数量计算。

（3）配管：

①工作内容包括：预留沟槽，钢索架设（拉紧装置安装），电线管敷设，接地等。

②项目特征：

A. 名称；

B. 材质；

C. 规格；

D. 配置形式；

E. 接地要求；

F. 钢索材质、规格。

③计算规则：电气配管工程量按设计图示尺寸以延长米计算。

（4）高杆灯：

①工作内容包括：基础浇筑，立灯杆，杆座安装，灯架及灯具附件安装，焊压接线端子，铁构件安装，补刷（喷）油漆，灯杆编号，升降机构接线调试、接地等。

②项目特征：

A. 名称；

B. 灯杆高度；

C. 灯架型式（成套或组装、固定或升降）；

D. 附件配置；

E. 光源数量；

F. 基础形式、浇筑材质；

G. 杆座材质、规格；

H. 接线端子材质、规格；

I. 铁构件规格；

J. 编号；

K. 灌浆配合比；

L. 接地要求。

③计算规则：高杆灯安装工程量按设计图示数量以套为单位计算。

2. 工业管道安装工程清单工程量计算

（1）低压碳钢管：

①工作内容包括钢管安装、压力试验、吹扫、清洗、脱脂等。

②项目特征：

A. 材质；

B. 规格；

C. 连接方式、焊接方式；

D. 压力试验、吹扫、清洗的设计要求；

E. 脱脂设计要求。

③计算规则：低压碳钢管安装工程量按管道中心线长度以延长米来计算。

（2）低压碳钢管件：

①工作内容包括管件安装、三通补强圈制作、安装等。

②项目特征：

A. 材质；

B. 连接方式；

C. 规格；

D. 补强圈的材质、规格。

③计算规则：管件安装工程量按设计图示数量以个为单位计算。

3. 给排水、采暖、燃气安装工程清单工程量计算

（1）给排水、采暖、燃气管道安装：

①概况：给排水、采暖、燃气管道安装是按安装部位、输送介质管径、管道材质、连接方式、接口材料及除锈标准、刷油、防腐、绝热保护层等不同特征设置清单项目。

②有关说明：

A. 安装部位应按室内、室外不同部位编制清单项目。

B. 输送介质指给水管道、排水管道、采暖管道、雨水管道、燃气管道等。

C. 材质应按焊接钢管（镀锌、非镀锌）、无缝钢管、铸铁管（一般铸铁、球墨铸

铁）、铜管（T1、T2、T3）、不锈钢管（1Crl8Ni9）、非金属管（PVC、UPVC、PPC、PPR、PE、铝塑复合、水泥、陶土、缸瓦管）等不同特征分别编制清单项目。

D. 连接方式应按接口形式不同，如螺纹连接、焊接（电弧焊、氧乙炔焊）承插、卡接、热熔、粘接等不同特征分别列项。

E. 接口材料指承插连接管道的接口材料，如铅、膨胀水泥、石棉水泥、水泥砂浆等。

F. 除锈要求采用手工除锈、机械除锈、化学除锈、喷砂除锈等不同特征分别描述。

G. 套管形式是指铁皮套管、防水套管、一般套管等。

（2）镀锌钢管安装举例：

①项目名称：室内给水镀锌钢管安装。

②项目编号：031001001001。

③计量单位：m。

④项目特征：安装部位：室内。

输送介质：给水。

材　　质：镀锌钢管。

型号、规格：DN32。

连接方式：螺纹连接。

套管形式、材质、规格：DN40 铁皮套管。

⑤工作内容：DN32 镀锌钢管安装。

DN40 铁皮套管制安。

4. 卫生、供暖、燃气器具安装工程清单工程量计算

（1）概况：卫生器具主要包括浴盆、净身盆、洗脸盆、洗涤盆、化验盆、沐浴器、烘干器、大便器、小便器、排水栓、扫除口、地漏、各种热水器、消毒器、饮水器等；供暖器具主要包括各类型散热器、光排管、暖风机、空气幕等；燃气器具主要包括燃气开水器、燃气采暖器、燃气热水器、燃气灶具、气嘴等项目。上述内容按材质及组装形式、型号、规格、开关种类、连接方式等不同特征编制清单项目。

（2）有关说明：

A. 卫生器具中浴盆的材质应分搪瓷、铸铁、玻璃钢、塑料等，规格分 1400mm、1650mm、1800mm 等，组装形式分冷水、冷热水、冷热水幕喷头等；洗脸盆的型号分立式、台式、普通等，组装形式分冷水、冷热水等，开关种类分肘式、脚踏式等；沐浴器的组装形式分钢管组成、铜管组成；大便器型号、规格分蹲式、坐式、低水箱、高水箱等，开关及冲洗形式分普通冲洗阀、手押冲洗阀、脚踏冲洗、自闭式冲洗等；小便器规格、型号分挂斗式、立式等。

B. 供暖器具的铸铁散热器的规格、型号应分长翼、圆翼、M132、柱型等；光排散

热器的型号应分 A 型、B 型及长度等。

C. 燃气器具的灶具应分煤气、天然气、民用灶具、公用灶具、单眼、双眼、三眼等。

(3) 浴缸安装举例：

①项目名称：浴缸安装。

②项目编码：031004001001。

③计量单位：组。

④项目特征：材质：瓷料。

组装形式：冷热水幕喷头。

规格：1650mm×700mm×350mm。

⑤工作内容：浴缸安装。

冷热水开关幕喷头安装。

# 2.5 定额直接费的计算

## 2.5.1 定额直接费计算及工料分析

当一个单位工程的工程量计算完毕后，就要套用预算定额基价进行定额直接费的计算。

计算直接工程费常采用两种方法，即单位估价法和实物金额法。

1. 用单位估价法计算直接工程费

预算定额项目的基价构成，一般有两种形式，一是基价中包含了全部人工费、材料费和机械使用费。这种形式组成的定额基价称为完全定额基价，建筑工程预算定额常采用此种形式。二是基价中包含了全部人工费、辅助材料费和机械使用费，但不包括主要材料费，这种形式组成的定额基价称为不完全定额基价，安装工程预算定额和装饰工程预算定额常采用此种形式。凡是采用完全定额基价的预算定额，计算直接工程费的方法称为单位估价法，计算出的直接工程费也称为定额直接工程费。

(1) 用单位估价法计算定额直接工程费的数学模型

单位工程定额直接工程费＝定额人工费＋定额材料费＋定额机械费

其中：

定额人工费＝Σ（分项工程量×定额人工费单价）

定额机械费＝Σ（分项工程量×定额机械费单价）

定额材料费＝Σ[（分项工程量×定额基价）－定额人工费－定额机械费]

(2) 单位估价法计算定额直接工程费的方法与步骤

①先根据施工图和预算定额计算分项工程量。

②根据分项工程量的内容套用相对应的定额基价（包括人工费单价、机械费单价）。

③根据分项工程量和定额基价计算出分项工程定额直接工程费、定额人工费和定额机械费。

④将各分项工程的定额直接工程费、定额人工费和定额机械费汇总成分部工程定额直接工程费、定额人工费、定额机械费。

⑤将各分部工程定额直接工程费、定额人工费和定额机械费汇总成单位工程定额直接工程费、定额人工费、定额机械费。

2. 用实物金额法计算直接工程费

（1）实物金额法的数学模型

单位工程直接工程费＝人工费＋材料费＋机械费

其中：人工费＝Σ（分项工程量×定额用工量×工日单价）

材料费＝Σ（分项工程量×定额材料用量×材料预算价格）

机械费＝Σ（分项工程量×定额台班用量×机械台班预算价格）

（2）实物金额法计算直接工程费的方法与步骤

凡是用分项工程量分别乘以预算定额子目中的实物消耗量（即人工工日、材料数量、机械台班数量）求出分项工程的人工、材料、机械台班消耗量，然后汇总成单位工程实物消耗量，再分别乘以工日单价、材料预算价格、机械台班预算价格求出单位工程人工费、材料费、机械使用费，最后汇总成单位工程直接工程费的方法，称为实物金额法。

## 2.5.2 材料价差调整

1. 材料价差产生的原因

凡是使用单位估价法编制的施工图预算，一般需调整材料价差。

目前，预算定额基价中的材料费根据编制定额所在地区的省会所在地的材料预算价格计算。由于地区材料预算价格随着时间的变化而变化，其他地区使用该预算定额时材料预算价格也会发生变化，所以用单位估价法计算直接工程费后，一般还要根据工程所在地区的材料预算价格调整材料价差。

2. 材料价差调整方法

材料价差的调整有两种基本方法，即单项材料价差调整法和材料价差综合系数调整法。

（1）单项材料价差调整

当采用单位估价法计算直接工程费时，对影响工程造价较大的主要材料（如钢材、木材、水泥等）一般应进行单项材料价差调整。

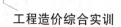

单项材料价差调整的计算公式为：

$$\text{单项材料价差调整} = \Sigma\left[\text{单位工程某种材料用量} \times \left(\text{现行材料预算价格} - \text{预算定额中材料单价}\right)\right]$$

（2）综合系数调整材料价差

采用单项材料价差的调整方法，其优点是准确性高，但计算过程较繁杂。因此，一些用量大、单价相对低的材料（如地方材料、辅助材料等）常采用综合系数的方法来调整单位工程材料价差。

采用综合系数调整材料价差的具体做法就是用单位工程定额材料费或定额直接工程费乘以综合调整系数，求出单位工程材料价差。

计算公式如下：

$$\text{单位工程采用综合系数调整材料价差} = \text{单位工程定额材料费}\left(\text{定额直接工程费}\right) \times \text{材料价差综合调整系数}$$

## 2.6 综合单价的编制

### 2.6.1 人工单价的编制

1. 人工单价的概念

人工单价是指工人一个工作日应该得到的劳动报酬。一个工作日一般指工作8小时。

2. 人工单价的编制方法

人工单价的编制方法主要有三种。

（1）根据劳务市场行情确定人工单价

目前，根据劳务市场行情确定人工单价已经成为计算工程劳务费的主流，采用这种方法确定人工单价应注意以下几个方面的问题：

一是要尽可能掌握劳动力市场价格中长期历史资料，这使以后采用数学模型预测人工单价将成为可能；

二是在确定人工单价时要考虑用工的季节性变化，当大量聘用农民工时，要考虑农忙季节时人工单价的变化；

三是在确定人工单价时要采用加权平均的方法综合各劳务市场或各劳务队伍的劳动力单价；

四是要分析拟建工程的工期对人工单价的影响，如果工期紧，那么人工单价按正常情况确定后要乘以大于1的系数，如果工期有拖长的可能，那么也要考虑工期延长带来的风险。

根据劳务市场行情确定人工单价的数学模型描述如下：

$$人工单价 = \sum_{i=1}^{n}(某劳务市场人工单价 \times 权重)_i \times 季节变化系数 \times 工期风险系数$$

（2）根据以往承包工程的情况确定

如果在本地以往承包过同类工程，可以根据以往承包工程的情况确定人工单价。

（3）根据预算定额规定的工日单价确定

凡是分部分项工程项目含有基价的预算定额，都明确规定了人工单价，可以以此为依据确定拟投标工程的人工单价。

## 2.6.2 材料单价的编制

1. 材料单价的概念

材料单价是指材料从采购起运到工地仓库或堆放场地后的出库价格。

2. 材料单价的费用构成

由于其采购和供货方式不同，构成材料单价的费用也不相同，一般有以下几种：

（1）材料供货到工地现场：当材料供应商将材料供货到施工现场或施工现场的仓库时，材料单价由材料原价、采购保管费构成。

（2）在供货地点采购材料：当需要派人到供货地点采购材料时，材料单价由材料原价、运杂费、采购保管费构成。

（3）需二次加工的材料：当某些材料采购回来后，还需要进一步加工的，材料单价除了上述费用外，还包括二次加工费。

3. 材料原价的确定

材料原价是指付给材料供应商的材料单价，当某种材料有两个或两个以上的材料供应商供货且材料原价不同时，要计算加权平均材料原价。

加权平均材料原价的计算公式为：

$$加权平均材料原价 = \frac{\sum_{i=1}^{n}(材料原价 \times 材料数量)_i}{\sum_{i=1}^{n}(材料数量)_i}$$

提示：式中 $i$ 是指不同的材料供应商；包装费及手续费均已包含在材料原价中。

4. 材料运杂费计算

材料运杂费是指在材料采购后运至工地现场或仓库所发生的各项费用，包括装卸费、运输费和合理的运输损耗费等。

材料装卸费按行业市场价支付。

材料运输费按行业运输价格计算，若供货来源地点不同且供货数量不同时，需要计算加权平均运输费，其计算公式为：

$$加权平均运输费 = \frac{\sum\limits_{i=1}^{n}(运输单价 \times 材料数量)_i}{\sum\limits_{i=1}^{n}(材料数量)_i}$$

材料运输损耗费是指在运输和装卸材料过程中，不可避免产生的损耗所发生的费用，一般按下列公式计算：

$$材料运输损耗费 = (材料原价 + 装卸费 + 运输费) \times 运输损耗率$$

**5. 材料采购保管费计算**

材料采购保管费是指施工企业在组织采购材料和保管材料过程中发生的各项费用，包括采购人员的工资、差旅交通费、通信费、业务费、仓库保管费等各项费用。

采购保管费一般按前面计算的与材料有关的各项费用之和乘以一定的费率计算。费率通常取 $1\% \sim 3\%$。计算公式为：

$$材料采购保管费 = (材料原价 + 运杂费) \times 采购保管费率$$

**6. 材料单价确定**

通过上述分析，我们知道材料单价的计算公式为：

$$材料单价 = \frac{加权平均}{材料原价} + \frac{加权平均}{材料运杂费} + 采购保管费$$

或

$$材料单价 = \left(\frac{加权平均}{材料原价} + \frac{加权平均}{材料运杂费}\right) \times (1 + 采购保管费率)$$

## 2.6.3 机具台班单价的编制

**1. 机具台班单价的概念**

机械台班单价是指在单位工作班中为使机械正常运转所分摊和支出的各项费用。

**2. 机具台班单价的费用构成**

按有关规定机具台班单价由七项费用构成。这些费用按其性质划分为第一类费用和第二类费用。

（1）第一类费用亦称不变费用，是指属于分摊性质的费用，包括折旧费、大修理费、经常修理费、安拆及场外运输费等。

（2）第二类费用亦称可变费用，是指属于支出性质的费用，包括燃料动力费、人工费、养路费及车船使用税等。

（3）第一类费用计算：从简化计算的角度出发，我们提出以下计算方法：

①折旧费

$$台班折旧费 = \frac{购置机具全部费用 \times (1 - 残值率)}{耐用总台班}$$

其中，购置机具全部费用是指机械从购买地运到施工单位所在地发生的全部费用，包括原价、购置税、保险费及牌照费、运费等。

耐用总台班计算方法为：

$$耐用总台班＝预计使用年限×年工作台班$$

机械设备的预计使用年限和年工作台班可参照有关部门指导性意见，也可根据实际情况自主确定。

②大修理费：是指机械设备按规定到了大修理间隔台班需进行大修理，以恢复正常使用功能所需支出的费用，计算公式为：

$$台班大修理费 = \frac{一次大修理费×（大修理周期－1）}{耐用总台班}$$

③经常修理费：是指机械设备除大修理外的各级保养及临时故障所需支出的费用，包括为保障机械正常运转所需替换设备，随机配置的工具、附具的摊销及维护费用，机械正常运转及日常保养所需润滑、擦拭材料费用和机械停置期间的维护保养费用等。

台班经常修理费可以用下列简化公式计算：

$$台班经常修理费＝台班大修理费×经常修理费系数$$

④安拆费及场外运输费：安拆费是指机械在施工现场进行安装、拆卸所需人工、材料、机械费和试运转费，以及机械辅助设施（如行走轨道、枕木等）的折旧、搭设、拆除费用。

场外运输费是指机械整体或分体自停置地点运至施工现场或由一工地运至另一工地的运输、装卸、辅助材料以及架线费用。

该项费用在实际工作中可以采用两种方法计算：一种是当发生时在工程报价中已经计算了这些费用，那么编制机械台班单价就不再计算；另一种是根据往年发生费用的年平均数除以年工作台班计算，计算公式为：

$$台班安拆及场外运输费 = \frac{历年统计安拆费及场外运输费的年平均数}{年工作台班}$$

（4）第二类费用计算：

①燃料动力费：是指机械设备在运转中所耗用的各种燃料、电力、风力等的费用，计算公式为：

$$台班燃料动力费 = 每台班耗用的燃料或动力数量×燃料或动力单价$$

②人工费：是指机上司机、司炉和其他操作人员的工日工资，计算公式为：

$$台班人工费＝机上操作人员人工工日数×人工单价$$

③养路费及车船使用税：是指按国家规定应缴纳的机动车养路费、车船使用税、保险费及年检费，计算公式为：

$$台班养路费及车船使用税 = \frac{核定吨位×\{养路费[元/(t·月)]×12＋车船使用税[元/(t·年)]\}}{年工作台班}＋保险费及年检费$$

其中： $$\text{保险费及年检费} = \frac{\text{年保险费及年检费}}{\text{年工作台班}}$$

## 2.6.4 综合单价的计算

1. 综合单价的概念

综合单价是相对各分项单价而言，是在分部分项清单工程量以及相对应的计价工程量项目乘以人工单价、材料单价、机械台班单价、管理费费率、利润率的基础上综合而成的。形成综合单价的过程不是简单地将其汇总的过程，而是根据具体分部分项清单工程量和计价工程量以及工料机单价等要素的结合，通过具体计算后综合而成的。

2. 综合单价的编制方法

（1）计价定额法：是以计价定额为主要依据计算综合单价的方法。

该方法是根据计价定额分部分项的人工费、机械费、管理费和利润来计算综合费，其特点是能方便地利用计价定额的各项数据。

该方法采用 08 清单计价规范推荐的"工程量清单综合单价分析表"（称为用"表式一"计算）的方法计算综合单价。

（2）消耗量定额法：是以企业定额、预算定额等消耗量定额为主要依据计算的方法。

该方法只采用定额的工料机消耗量，不用任何货币量，其特点是较适合于由施工企业自主确定工料机单价，自主确定管理费、利润的综合单价。该方法采用"表式二"计算综合单价。

（3）采用消耗量定额法确定综合单价的数学模型：我们知道，清单工程量乘以综合单价等于该清单工程量对应各计价工程量发生的全部人工费、材料费、机械费、管理费、利润、风险费之和，其数学模型如下：

$$\text{清单工程量} \times \text{综合单价} = \Big[ \sum_{i=1}^{n} (\text{计价工程量} \times \text{定额用工量} \times \text{人工单价})_i$$
$$+ \sum_{j=1}^{n} (\text{计价工程量} \times \text{定额材料量} \times \text{材料单价})_j$$
$$+ \sum_{k=1}^{n} (\text{计价工程量} \times \text{定额台班量} \times \text{台班单价})_k \Big]$$
$$\times (1 + \text{管理费率} + \text{利润率}) \times (1 + \text{风险率})$$

上述公式整理后，变为综合单价的数学模型：

$$\text{综合单价} = \Big\{ \Big[ \sum_{i=1}^{n} (\text{计价工程量} \times \text{定额用工量} \times \text{人工单价})_i$$
$$+ \sum_{j=1}^{n} (\text{计价工程量} \times \text{定额材料量} \times \text{材料单价})_j$$

$$+ \sum_{k=1}^{n}(计价工程量 \times 定额台班量 \times 台班单价)_{k}\Big]$$

$$\times (1 + 管理费率 + 利润率) \times (1 + 风险率)\Big\} \div 清单工程量$$

以上综合单价计算方法可表达如图 2-4 所示的关系。

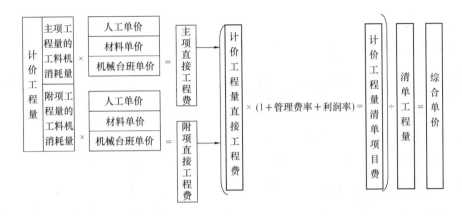

图 2-4　综合单价计算方法示意图

## 2.7　总价措施项目费的计算

### 2.7.1　定额分析法

定额分析法是指凡是可以套用定额的项目，通过先计算工程量，然后再套用定额分析出工料机消耗量，最后根据各项单价和费率计算出措施项目费的方法。例如，脚手架搭拆费可以根据施工图算出的搭设的工程量，然后套用定额，选定单价和费率，计算出除规费和税金之外的全部费用。

### 2.7.2　系数计算法

系数计算法是采用与措施项目有直接关系的分部分项清单项目费为计算基础，乘以措施项目费系数，求得措施项目费。例如，临时设施费可以按分部分项清单项目费乘以选定的系数（或百分率）计算出该项费用。计算措施项目费的各项系数是根据已完工程的统计资料，通过分析计算得到的。

### 2.7.3　方案分析法

方案分析法是通过编制具体的措施实施方案，对方案所涉及的各项费用进行分析计算后，汇总成某个措施项目费。

## 2.8　其他项目清单费的计算

### ■ 2.8.1　其他项目清单费的概念

其他项目清单费是指暂列金额、材料暂估价、总承包服务费、计日工项目费等估算金额的总和。包括：人工费、材料费、机械台班费、管理费、利润和风险费。

### ■ 2.8.2　其他项目清单费的确定

1. 暂列金额

暂列金额主要指考虑可能发生的工程量变化和费用增加而预留的金额。引起工程量变化和费用增加的原因很多，一般主要有以下几个方面：

（1）清单编制人员错算、漏算引起的工程量增加；

（2）设计深度不够、设计质量较低造成的设计变更引起的工程量增加；

（3）在施工过程中应业主要求，经设计或监理工程师同意的工程变更增加的工程量；

（4）其他原因引起应由业主承担的增加费用，如风险费用和索赔费用。

暂列金额由招标人根据工程特点，按有关计价规定进行估算确定，一般可以按分部分项工程量清单费的 10%～15% 作为参考。

暂列金额作为工程造价的组成部分计入工程造价。但暂列金额应根据发生的情况和必须通过监理工程师批准方能使用。未使用部分归业主所有。

2. 暂估价

暂估价根据发布的清单计算，不得更改。暂估价中的材料必须按照暂估单价计入综合单价；专业工程暂估价必须按照其他项目清单中列出的金额填写。

3. 计日工

计日工应按照其他项目清单列出的项目和估算的数量，自主确定各项综合单价并计算费用。

4. 总承包服务费

总包服务费应该依据招标人在招标文件列出的分包专业工程内容和供应材料、设备情况，按照招标人提出协调、配合与服务要求和施工现场管理需要自主确定。

## 2.9　规费、税金的计算

### ■ 2.9.1　规费的计算

1. 规费的概念

规费是指根据省级政府或省级有关权力部门规定必须缴纳的，应计入建筑安装工程造价的费用。

2. 规费的内容

规费一般包括下列内容：

（1）工程排污费

工程排污费是指按规定缴纳的施工现场的排污费。

（2）养老保险费

养老保险费是指企业按规定标准为职工缴纳的养老保险费（指社会统筹部分）。

（3）失业保险费

失业保险费是指企业按照国家规定标准为职工缴纳的失业保险金。

（4）生育保险费

是指企业按规定标准为职工缴纳的生育保险费。

（5）工伤保险费

是指企业按规定标准为职工缴纳的工伤保险费。

（6）医疗保险费

医疗保险费是指企业按规定标准为职工缴纳的基本医疗保险费。

（7）住房公积金

住房公积金是指企业按规定标准为职工缴纳的住房公积金。

（8）危险作业意外伤害保险

是指按照《中华人民共和国建筑法》规定，企业为从事危险作业的建筑安装施工人员支付的意外伤害保险费。

3. 规费的计算

规费可以按"人工费"或"人工费＋机械费"作为基数计算。投标人在投标报价时必须按照国家或省级、行业建设主管部门的规定计算规费。

规费的计算公式为：

$$规费＝计算基数×对应的费率$$

## ■ 2.9.2　税金的计算

税金是指国家税法规定的应计入建筑安装工程造价内的营业税、城市维护建设税以及教育费附加等。投标人在投标报价时必须按照国家或省级、行业建设主管部门的规定计算税金。

其计算公式为：

税金＝（分部分项清单项目费＋措施项目费＋其他项目费＋规费项目费＋

　　　税金项目费）×税率

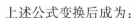

上述公式变换后成为：

营业税金＝（分部分项清单项目费＋措施项目费＋其他项目费＋规费）×$\dfrac{税率}{1-税率}$

例如，营业税税金计算公式为：

$$营业税金=\left[\dfrac{分部分项}{清单项目费}+\dfrac{措施}{项目费}+\dfrac{其他}{项目费}+规费\right]\times\dfrac{3\%}{1-3\%}$$

# 2.10 工程造价计算程序

## 2.10.1 定额计价方式工程造价计算程序

根据建标〔2013〕44 号文设计的建筑安装工和定额计价方式工程造价计算程序见表 2-7。

建筑安装工程施工图预算造价计算程序                     表 2-7

| 序号 | 费用名称 | | 计算基数 | 计算式 |
|---|---|---|---|---|
| 1 | 分部分项工程费 | 人工费 | 分部分项工程量×定额基价 | Σ(工程量×定额基价) (其中定额人工费：    ) |
| | | 材料费 | | |
| | | 机械费 | | |
| | | 管理费 | 分部分项工程定额人工费 | Σ(分部分项工程定额人工费) ×管理费率 |
| | | 利润 | 分部分项工程定额人工费 | Σ(分部分项工程定额人工费) ×利润率 |
| 2 | 措施项目费 | 单价措施项目 人工费、材料费、机具费 | 单价措施工程量× 定额基价 | Σ(单价措施项目 工程量×定额基价) |
| | | 单价措施项目 管理费、利润 | 单价措施项目定额人工费 | Σ(单价措施项目定额人工费)× (管理费率＋利润率) |
| | | 总价措施 安全文明施工费 | 分部分项工程定额人工费＋ 单价措施项目定额人工费 | (分部分项工程、单价措施 项目定额人工费)×费率 |
| | | 夜间施工增加费 | | |
| | | 二次搬运费 | | |
| | | 冬雨季施工增加费 | | |
| 3 | 其他项目费 | 总承包服务费 | 招标人分包工程造价 | |
| | | …… | | |
| | | | | |
| 4 | 规费 | 社会保险费 | 分部分项工程定额人工费＋ 单价措施项目定额人工费 | (分部分项工程定额人工费＋单价 措施项目定额人工费)×费率 |
| | | 住房公积金 | | |
| | | 工程排污费 | 按工程所在地规定计算 | |

| 序号 | 费用名称 | 计算基数 | 计算式 |
|---|---|---|---|
| 5 | 人工价差调整 | 定额人工费×调整系数 | |
| 6 | 材料价差调整 | 见材料价差调整计算表 | |
| 7 | 税金 | 序1+序2+序3+序4+序5+序6 | (序1+序2+序3+序4+序5+序6)×税率 |
| | 预算造价 | (序1+序2+序3+序4+序5+序6+序7) | |

## 2.10.2　清单计价方式工程造价计算程序

根据建标〔2013〕44号文设计的建筑安装工程清单计价方式工程造价计算程序见表2-8。

清单计价方式工程造价计算程序　　　　　　　　表2-8

| 序号 | 费用名称 | | 建筑工程 | | 装饰、安装工程 | |
|---|---|---|---|---|---|---|
| | | | 计算基数 | 费率(%) | 计算基数 | 费率(%) |
| 1 | 分部分项、单价措施项目费 | 直接费 | Σ分部分项工程量×综合单价+单价措施项目费×综合单价 | | | |
| 2 | | 企业管理费 | Σ分部分项、单价措施项目定额人工费和定额机具费 | | Σ分部分项、单价措施项目定额人工费 | |
| 3 | | 利润 | | | | |
| 4 | 总价措施费 | 安全文明施工费 | Σ分部分项、单价措施项目定额人工费 | | Σ分部分项、单价措施项目定额人工费 | |
| 5 | | 夜间施工增加费 | | | | |
| 6 | | 冬雨季施工增加费 | Σ分部分项工程费 | | Σ分部分项工程费 | |
| 7 | | 二次搬运费 | Σ分部分项工程费+单价措施项目费 | | Σ分部分项工程费+单价措施项目费 | |
| 8 | | 提前竣工费 | 按经审定的赶工措施方案计算 | | | |
| 9 | 其他项目费 | 暂列金额 | 按招标工程量清单金额计算 | | | |
| 10 | | 总承包服务费 | 分包工程造价 | | 分包工程造价 | |
| 11 | | 计日工 | 按暂定工程量×单价 | | 按暂定工程量×单价 | |
| 12 | 规费 | 社会保险费 | Σ分部分项、单价措施项目定额人工费 | | Σ分部分项、单价措施项目定额人工费 | |
| 13 | | 住房公积金 | | | | |
| 14 | | 工程排污费 | Σ分部分项工程费 | | Σ分部分项工程费 | |
| 15 | 税金 | 当工程在市区 | 税前造价(序1~序14之和) | 3.48 | 税前造价(序1~序14之和) | 3.48 |
| | | 当工程在县、镇 | | 3.41 | | 3.41 |
| | | 其他 | | 3.28 | | 3.28 |
| | 工程造价 | | 序1~序15之和 | | 序1~序15之和 | |

注：除税金之外，其他各项费用的税率依据本地区确定。

## 2.11 工程结算的编制

### 2.11.1 工程结算与竣工决算的联系和区别

工程结算是由施工单位编制的，一般以单位工程为对象；竣工决算是由建设单位编制的，一般以一个建设项目或单项工程为对象。

工程结算如实反映了单位工程竣工后的工程造价；竣工决算综合反映了竣工项目的建设成果和财务情况。

竣工决算由若干个工程结算和费用概算汇总而成。

### 2.11.2 工程结算的内容

工程结算一般包括下列内容：

1. 封面

内容包括：工程名称、建设单位、建筑面积、结构类型、结算造价、编制日期等，并设有施工单位、审查单位以及编制人、复核人、审核人的签字盖章的位置。

2. 编制说明

内容包括：编制依据、结算范围、变更内容、双方协商处理的事项及其他必须说明的问题。

3. 工程结算直接费计算表

定额编号、分项工程名称、单位、工程量、定额基价、合价、人工费、机械费等。

4. 工程结算费用计算表

内容包括：费用名称、费用计算基础、费率、计算式、费用金额等。

5. 附表

内容包括：工程量增减计算表、材料价差计算表、补充基价分析表等。

### 2.11.3 工程结算编制依据

编制工程结算除了应具备全套竣工图纸、预算定额、材料价格、人工单价、取费标准外，还应具备以下资料：

（1）工程施工合同；

（2）施工图预算书；

（3）设计变更通知单；

（4）施工技术核定单；

（5）隐蔽工程验收单；

（6）材料代用核定单；

（7）分包工程结算书；

（8）经业主、监理工程师同意确认的应列入工程结算的其他事项。

## 2.11.4　工程结算的编制程序和方法

单位工程竣工结算的编制，是在施工图预算的基础上，根据业主和监理工程师确认的设计变更资料、修改后的竣工图、其他有关工程索赔资料，先进行直接费的增减调整计算，再按取费标准计算各项费用，最后汇总为工程结算造价。其编制程序和方法概述为：

（1）收集、整理、熟悉有关原始资料；

（2）深入现场，对照观察竣工工程；

（3）认真检查复核有关原始资料；

（4）计算调整工程量；

（5）套定额基价，计算调整直接费；

（6）计算调整费用；

（7）计算结算造价。

# 3 综合实训指导

## 3.1 工程造价综合实训流程图（图 3-1）

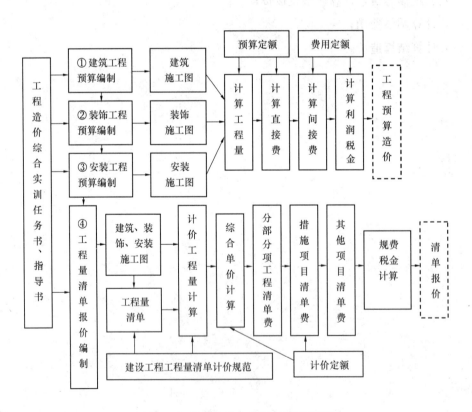

图 3-1 工程造价综合实训流程图示意图

## 3.2 综合实训指导

### ■ 3.2.1 工程造价综合实训任务书

#### ● 工程造价综合实训任务书

任务班级_____

任务时间_____

一、综合实训目的

工程造价综合实训是一门综合性、实践性都很强，着重培养学生动手能力的课程。是在建筑工程预算、装饰工程预算、水电安装工程预算、工程量清单计价等课堂理论教学任务完成后，在完成各课程实训的基础上，毕业前在校进行的以单项工程为对象用两种不同的计价方法确定投标报价的综合实训。

目的：通过综合实训，使学生进一步巩固从事工程造价工作所必备的专业理论知识和专业技能，能够系统地熟练地掌握现行的工程造价计价模式下的两种不同的计价方法，为毕业后能尽快地适应工作，完成好工程造价计量、计价岗位的各项工作奠定基础。

二、综合实训内容

根据单项工程的建筑、结构、装饰、水电安装工程施工图，预算定额或计价定额、《建设工程工程量清单计价规范》及有关资料，用定额计价和清单计价两种不同的计价方法，分别完成完整的单位工程工程造价的计算工作。

1. 用定额计价法分别完成：

（1）建筑工程预算编制

（2）装饰工程预算编制

（3）水电安装工程预算编制

（4）汇总单项工程总造价（即单项工程综合预算）

（5）编写编制说明

（6）装订成册

2. 用清单计价法分别完成：

（1）工程量清单编制

①建筑工程工程量清单编制

②装饰工程工程量清单编制

③安装工程工程量清单编制

④汇总单项工程工程量清单

⑤编写编制说明

⑥装订成册

（2）工程量清单报价（招标控制价）编制

①建筑工程工程量清单报价（招标控制价）编制

②装饰工程工程量清单报价（招标控制价）编制

③安装工程工程量清单报价（招标控制价）编制

④汇总单项工程工程量清单报价（招标控制价）

⑤编写编制说明

⑥装订成册

三、综合实训要求

1. 在老师的指导下，认真地、独立完成综合实训的各项内容；

2. 用两种不同的计价方法，分别用手工编制出各单位工程预算（清单报价）书后，汇总成单项工程综合预算（清单报价）；

3. 在规定的时间内，按时完成各阶段的综合实训内容。

四、综合实训时间安排

综合实训时间：教学周 10 周

1. 用 5 周时间完成定额计价法编制的单项工程综合预算的编制任务；其中：建筑工程预算 3 周；装饰工程、水电安装工程各 1 周。

2. 用 5 周时间完成清单计价法编制的单项工程投标报价的编制任务；其中：编制工程量清单 2 周；编制工程量清单报价 3 周。

五、成绩评定

工程造价综合实训，成绩评定分为优、良、中、及格、不及格五个等级。

评定方法：首先要通过口试答辩检查，然后检查预算书、清单报价书的书面内容是否完整、形式是否规范、格式的应用是否正确和书写是否工整、计算过程是否清晰，再根据出勤等情况作为考核内容和评定成绩的依据。

考核的比重：口试占 40%，书面考核占 40%，出勤占 20%。对不遵守实训时间和要求，缺勤、迟到、抄袭作业者，按不及格处理。

六、综合实训资料（具体内容详见各指导书）

## 3.2.2 建筑工程预算编制实训指导书

### ● 建筑工程预算编制实训指导书

一、实训目的

通过连贯地、完整地建筑工程预算编制的训练，熟练地掌握施工图预算的编制方法，提高编制施工图预算的技能，是本次建筑工程预算编制实训的目的。

一般来说，学完了建筑工程预算课程，知道了预算的编制内容，主要步骤和方法，也作了一些练习。但是，对预算的整体性把握还不够，具体表现在拿到一套新的图纸后如何列项、如何计算工程量，还有些不知从何下手的感觉。

通过建筑工程预算编制实训，可以在较短的时间内全面地、全过程地集中精力编制建筑工程预算，使大家在理论知识学习的基础上，通过实训的操作将所学知识转化为编制建筑工程预算的技能。

建筑工程预算编制实训指导书，能帮助指导我们按照科学的训练步骤和方法，达到拟定的学习目标。所以，在编制预算的实训过程中，一定要认真理解实训指导书中的各项要求，领会实训指导书中提出的各项实训内容，完成好实训指导书中要求的各项实训成果。

二、实训依据

1. 计价定额：××省建筑工程计价定额、××省建设工程费用定额。

2. 施工图纸：××工程施工图。

3. 材料价格：当地现行材料价格。

4. 施工组织设计。

5. 各项费用的计算均按有关规定计算。

三、实训内容与要求

| 序号 | 内　　容 | 要　　求 |
|------|---------|---------|
| 1 | 列项 | 全面反映图纸设计内容，符合预算定额规定 |
| 2 | 基数计算 | 视具体工程施工图确定、计算"三线一面" |
| 3 | 门窗明细表填写计算 | 按表格要求内容填写计算 |
| 4 | 圈、过、挑梁明细表填写计算 | 按表格要求内容填写计算 |
| 5 | 工程量计算 | 工程量计算、算式力求简洁清晰 |
| 6 | 钢筋工程量计算 | 按钢筋计算表格式要求填写计算 |
| 7 | 套预算定额及定额换算 | 按表格要求直接套用定额编号和基价，需要换算的按规定在单价换算表中进行定额基价换算及换后内容分析 |
| 8 | 定额直接工程费计算及工、料分析 | 按定额直接工程费计算表格式要求填写、计算、分析 |
| 9 | 工料汇总表 | 按品种、规格分类汇总，并在备注中注明分部用量 |
| 10 | 单项材料价差调整表 | 按单项材料价差调整表要求填写计算 |
| 11 | 工程造价计算 | 根据有关资料按照费用计算程序和标准正确计算 |
| 12 | 技术经济指标分析 | 按表格要求分析填写计算 |
| 13 | 编写说明、填写封面 | 编写编制说明等，按要求认真填写封面内容 |

四、实训指导

1. 列项

一份完整的建筑工程预算，应该有完整的分项工程项目。分项工程项目是构成单位工程预算的最小单位。一般情况下，我们说编制的预算出现了漏项或重复项目，就是指漏掉了分项工程项目或有些项目重复计算了。

（1）建筑工程预算项目完整性的判断

每个建筑工程预算的分项工程项目包含了完成这个工程的全部实物工程量。因此，首先应判断按施工图计算的分项工程量项目是否完整，即是否包括了实际应完成的工程量。另外，计算出分项工程量后还应判断套用的定额是否包含了施工中这个项目的全部消耗内容。如果这两个方面都没有问题，那么，单位工程预算的项目是完整的。

（2）列项的方法

建筑工程预算列项的方法是指按什么样的顺序把这个预算完整的项目列出来。

一般常用以下几种方法：

1）按施工顺序

按施工顺序列项比较适用于基础工程。比如：砖混结构的建筑，基础施工顺序依次为平整场地→基础土方开挖→浇灌基础垫层→基础砌筑→基础防潮层或地圈梁→基础回填夯实等，不可随意改变施工顺序，必须依次进行，因此，基础工程项目按施工顺序列项，可避免漏项或重项，保证基础工程项目的完整性。

2）按预算定额顺序

由于预算定额一般包含了工业与民用建筑的基本项目，所以，我们可以按照预算定额的分部分项项目的顺序翻看定额项目内容进行列项，若发现定额项目中正好有施工图设计的内容，就列出这个项目，没有的就翻过去，这种方法比较适用于主体工程。

3）按图纸顺序

以施工图为主线，对应预算定额项目，施工图翻完，项目也就列完。比如，首先根据图纸设计说明，将说明中出现的项目与预算定额项目对号入座后列出，然后再按施工图顺序一张一张地搜索清楚，遇到新的项目就列出，直到全部图纸看完。

4）按适合自己习惯的方式列项

列项，可以按上面说的一种方法，也可以将几种方法结合在一起使用，还可以按自己的习惯方式列项，比如，按统筹法计算工程量的顺序列项等。

总之，列项的方法没有严格的界定，无论采用什么方式、方法列项，只要满足列项的基本要求即可。

列项的基本要求是：全面反映设计内容，符合预算定额的有关规定，做到所列项目不重不漏。

2. 工程量计算

工程量计算是施工图预算编制的重要环节，一份单位工程施工图预算是否正确，主要取决于两个因素，一是工程量，二是定额基价，因为定额直接工程费是这两个因素相乘后的总和。

工程量计算应严格执行工程量计算规则，在理解计算规则的基础上，列出算式，计算出结果。因此在计算工程量时，一定要认真学习和理解计算规则，掌握常用项目的计算规则，有利于提高计算速度和计算的准确性。

计算结果以吨为计算单位的可保留三位小数，土方以立方米为单位可保留整数，其余项目工程量均可保留两位小数。

3. 预算定额的应用

（1）定额套用提示

定额套用包括直接使用定额项目中的基价、人工费、机械费、材料费，各种材料用量及各种机械台班使用量。

当施工图设计内容与预算定额的项目内容一致时，可直接套用预算定额。在编制建筑工程预算的过程中，大多数分项工程项目可以直接套用预算定额。

套用预算定额时，应注意以下几点：

1）根据施工图、设计说明、标准图作法说明，选择预算定额项目；

2）应从工程内容、技术特征和施工方法上仔细核对，才能较准确地确定与施工图相对应的预算定额项目；

3）根据施工图所列出的分项工程名称、内容和计量单位要与预算定额项目相一致。

（2）定额换算提示

编制建筑工程预算时，当施工图中出现的分项工程项目不能直接套用预算定额时，就产生了定额换算问题，为了保持原定额水平不变，预算定额的说明中，规定了有关换算原则，一般包括：

1）若施工图设计的分项工程项目中的砂浆、混凝土强度等级与定额对应项目不同时，允许按定额附录的砂浆、混凝土配合比表的用量进行换算，但配合比表中规定的各种材料用量不得调整。

2）预算定额中的抹灰项目已考虑了常规厚度，各层砂浆的厚度，一般不作调整，如果设计有特殊要求时，定额中的各种消耗量可按比例调整。

是否需要换算，怎样换算，必须按预算定额的规定执行。

4. 直接费计算

直接费由直接工程费（人工费、材料费、机械费）、措施费等内容构成。

在工程量计算完成后，通过套用定额，在定额直接工程费计算表中完成定额直接工程费的计算。

5. 材料分析及汇总

计算表达式为：

$$分项工程各项材料用量 = 分项工程量 \times 分项工程定额各项材料用量$$

$$单位工程各项材料用量 = \Sigma 分项工程各项材料用量$$

6. 材料价差调整

由于材料价格具有地区性和时间性，因此，每个工程都需要调整材料价差。材料价差是指工程所在地执行的材料单价与预算定额中取定的材料单价之差。根据材料汇总表中汇总的材料，按照地区有关规定进行材料价差的调整计算。调整的方法：

（1）单项材料价差调整：

$$单位工程单项材料价差调整金额（元） = \Sigma \left[ 单位工程某项材料汇总量 \times \left( 现行工程材料单价 - 预算定额中材料单价 \right) \right]$$

（2）综合系数调整材料价差

$$单位工程采用综合系数调整材料价差的金额（元） = 单位工程定额材料费 \left( \substack{或定额\\直接费} \right) \times 材料价差调整系数$$

7. 工程造价计算

（1）取费基础

1）以定额人工费为取费基础

各项费用＝单位工程定额人工费×费率

2）以定额直接工程费为取费基础

各项费用＝单位工程定额直接工程费×费率

（2）取费项目的确定

1）国家、地方有关费用项目的构成和划分

2）地方费用定额中规定的各项取费内容

3）本工程实际发生，应该计取的费用项目

（3）取费费率

按照费用定额中规定的条件和标准确定。

（4）各项费用的计算方法，计算程序依据费用定额的规定执行。

8. 编写编制说明

（1）编制说明的内容

完成以上建筑工程预算的编制内容后，要写出编制说明，编制说明一般从以下几个方面编写。

1）编制依据

①采用的××工程施工图、标准图、规范等；

②××省（市）××年建筑工程预算定额、费用定额等；

③有关合同，包括工程承包合同、购货合同、分包合同等；

④有关人工、材料、机械台班价格等；

⑤取费标准的确定。

2）有关说明

包括采用的施工方案、基础工程计算方法、图纸中不明确的问题处理方法、土方、构件运输方式及运距，暂定项目工程量的说明，暂定价格的说明，采用垂直运输机械的说明等。

（2）编写说明中对各种问题处理的写法

1）图纸表述不明确时

当图纸中出现含糊不清的问题时，可以写"××项目暂按××尺寸或作法计算"，"暂按××项目列项计算"等。

2）价格未确定时

当某种价格没有明确时，自己可以暂时按市场价确定一个价格，以便完成预算编制工作，这时可以写"××材料暂按市场价××元计算"，"暂按××工程上的同类材料价格××元计算"等。

3）合同没有约定

出现的项目当合同没有约定时，可以写"按××文件规定，计算了××项目"，"按××工程做法，增加了××项目"等。

五、时间安排

| 序号 | 工 作 内 容 | 时间（天） |
|---|---|---|
| 1 | 熟悉施工图纸、准备相关的定额和标准图集等资料，认真领会任务书、指导书 | 1 |
| 2 | 列项 | 1 |
| 3 | 基数计算 | 0.5 |
| 4 | 门窗明细表填写计算 | 0.2 |
| 5 | 圈、过、挑梁明细表填写计算 | 0.3 |
| 6 | 工程量计算 | 5 |
| 7 | 钢筋工程量计算 | 2 |
| 8 | 套预算定额及定额换算 | 0.5 |
| 9 | 定额直接工程费计算及工、料分析 | 1.5 |
| 10 | 工料汇总表 | 0.5 |
| 11 | 单项材料价差调整表 | 0.2 |
| 12 | 工程造价计算 | 0.5 |
| 13 | 技术经济指标分析 | 0.3 |
| 14 | 编写说明、填写封面、加盖印章、按规定装订成册 | 0.5 |
| 15 | 机动、上交实训成果、接受教师面试 | 1 |
| | 小 计 | 15 |

## 3.2.3 建筑装饰工程预算编制实训指导书

### ● 建筑装饰工程预算编制实训指导书

一、实训目的

通过建筑装饰工程预算编制实训，使学生在完成课堂理论教学的学习基础上，明确建筑装饰工程预算编制内容，增强实务操作的能力，达到能较好地掌握建筑装饰工程预算的编制方法和操作技能的目的。

二、实训依据

1. 计价定额：××省装饰工程计价定额、××省建设工程费用定额。

2. 施工图纸：××装饰工程施工图。

3. 材料价格：当地现行材料价格。

4. 施工组织设计。

5. 各项费用的计算均按有关规定计算。

三、实训内容

列项、计算工程量、计算材料用量、计算未计价材料费、计算其他各项费用、计算建筑装饰工程造价和单位平方米造价、编写编制说明、填写预算书的封面、加盖印章及按规定装订预算书。

1. 列项、计算工程量

认真识读建筑装饰工程施工图，根据××省装饰工程计价定额项目的划分和工程量计算规则，列项计算各分部的相关工程量。具体内容包括：

1）楼地面工程量计算

2）墙柱面工程量计算

3）顶棚工程量计算

4）门窗工程量计算

5）油漆涂料工程量计算

6）零星装饰工程量计算

2. 计算材料用量

包括各种未计价材料用量计算。

各种未计价材料用量＝Σ（工程量×定额材料用量）。

3. 材料费计算

包括各种未计价材料费计算。

各种未计价材料费＝Σ（未计价材料用量×材料单价）。

4. 计算其他各项费用

其他各种费用内容包括按××省装饰工程计价定额及××省建设工程费用定额中规定的各项费用计算。

5. 计算建筑装饰工程造价及单位平方米造价

1) 建筑装饰工程造价＝直接费＋间接费＋利润＋税金

2) 单位平方米造价计算＝建筑装饰工程造价÷装饰面积

6. 编写编制说明、填写预算书的封面、加盖印章及按规定装订预算书。

四、材料单价（依据选用的图纸列出装饰材料名称和当地现行材料价格）。

| 序号 | 材料名称 | 单位 | 单价 | 序号 | 材料名称 | 单位 | 单价 |
|---|---|---|---|---|---|---|---|
| 1 | 425#水泥（小厂） | t | | 16 | 花岗石 | m² | |
| 2 | 525#水泥（小厂） | t | | 17 | 大理石 | m² | |
| 3 | 白水泥 | t | | 18 | 平板玻璃 5mm | m² | |
| 4 | 锯材（综合） | m³ | | 19 | 平板玻璃 3mm | | |
| 5 | 装饰面层板 | m² | | 20 | | | |
| 6 | 三层板 | m² | | 21 | | | |
| 7 | 砂 | m³ | | 22 | | | |
| 8 | 塑料扶手 | m | | 23 | | | |
| 9 | 地砖 | 块 | | 24 | | | |
| 10 | 卫生间地砖 | 块 | | 25 | | | |
| 11 | 墙面瓷砖 | 块 | | 26 | | | |
| 12 | 踢脚线砖 | 块 | | 27 | | | |
| 13 | 外墙面砖 | m² | | 28 | | | |
| 14 | 卷闸门 | m² | | 29 | | | |
| 15 | 成品铝合金窗（包干价） | m² | | 30 | | | |

五、时间安排

| 序号 | 工作内容 | 时间（天） |
|---|---|---|
| 1 | 识图、熟悉施工图纸、准备相关的定额和标准图集等资料，认真领会任务书、指导书等 | 0.5 |
| 2 | 列出分项工程项目、计算工程量 | 1.5 |
| 3 | 整理汇总工程量、单价换算 | 0.5 |
| 4 | 套用装饰工程预算定额、计算定额直接工程费 | 1 |
| 5 | 计算工程造价、编写编制说明、填写封面、加盖印章及按规定装订预算书 | 0.5 |
| 6 | 机动、上交实训成果、接受教师面试 | 1 |
| | 小　计 | 5 |

## ■ 3.2.4 安装工程预算编制实训指导书

● 安装工程预算编制实训指导书

**一、实训目的**

通过安装工程预算编制实训，使学生在完成课堂理论教学的学习基础上，明确安装工程预算编制内容，增强实务操作的能力，达到能较好地掌握室内给排水、电照安装工程预算的编制方法和操作技能的目的。

**二、实训依据**

1. 计价定额：全国统一安装工程预算定额××省估价表、××省建设工程费用定额。

2. 施工图纸：××工程室内给排水、电照工程施工图。

3. 材料价格：当地现行材料价格。

4. 施工组织设计。

5. 各项费用的计算均按有关规定计算。

**三、实训内容**

1. 识图、列项。

2. 计算室内给排水、电照工程安装工程量。

3. 计算室内给排水、电照工程定额直接工程费和未计价材料费。

4. 材料分析与汇总。

5. 工程造价计算。

6. 编写编制说明、填写预算书的封面、加盖印章及按规定装订预算书。

**四、实训指导**

1. 熟悉图纸及有关资料

(1) 室内给排水安装工程识图

首先看设计说明，对工程有一个初步的了解；然后看底层平面图，了解给排水管进出建筑物的位置；其次，沿给排水水流的方向依次了解管道管径的变化以及所经过的卫生器具等内容，最后看材料设备表，对照工程图纸检查有无遗漏。

(2) 室内电照安装工程识图

首先看设计说明，对工程有一个初步的了解，并且明确配电箱、插座、开关等的安装高度，配管配线的材质规格等；然后看平面图、系统图，了解管线进入建筑物的位置；其次，沿管线的方向依次进行其他平面图的识读，了解管线的布置情况以及所经过的灯具、开关、插座等线路的配管配线的变化情况等，平面图与系统图配合看，建立起立体空间概念，最后看材料设备表，对照工程施工图纸检查有无遗漏。

2. 依据《全国统一安装工程预算定额××省估价表》及施工图纸列出室内给排水、电照工程分项工程项目名称

(1) 室内给排水安装工程列项

方法1：按管径大小列管道及相关的项目，然后考虑卫生器具等内容，最后考虑图中没有描述，但按施工要求应该列置的项目内容。

方法2：按管道系统图的顺序列项，先列管道及相关的项目，然后考虑卫生器具等内容，最后考虑图中没有描述，但按施工要求应该列置的项目内容。

方法3：按材料设备的内容列项，应注意哪些应该单独列项，哪些不再列项，同时应考虑图中没有描述，但按施工要求应该列置的项目内容。

(2) 室内电照安装工程列项

在按材料设备的内容列项时，应注意哪些应该单独列项，哪些是定额综合考虑了，不再单独列项，同时应考虑图中没有描述，但按施工要求应该列制的项目内容。

3. 依据《全国统一安装工程预算定额××省估价表》的计算规则及施工图纸计算室内给排水、电照工程安装工程量

(1) 室内给排水安装工程量计算步骤

一般包括给排水管道安装，栓类、阀门、水表安装，卫生器具安装，及其他项目安装。工程量计算基本顺序是先给水后排水：引进（出）管—干管—支管—栓类、阀门、水表等—卫生器具等。如果干管有几个立管时，则按立管编号顺序计算。

(2) 室内电照安装工程量计算步骤

室内电照安装工程量计算基本顺序：进户装置—配电箱—配管、配线—开关、插座、接线盒等—照明灯具、器具等—防雷接地等。

4. 用直接工程费计算表计算安装工程定额直接工程费及未计价材料费

(1) 安装工程定额基价是不完全基价，其主材未计价，定额基价的构成＝人工费＋计价材料费＋机械费

(2) 计算安装工程定额直接工程费及未计价材料费：

1) 安装工程定额直接工程费＝Σ（分部分项工程量×定额基价）

2) 未计价的材料费＝Σ（分项工程量×定额未计价材料消耗量×材料单价）

5. 在材料汇总表中按材料品种、规格汇总单位工程材料用量

6. 用安装工程造价计算表依据现行费用定额和有关规定计算安装工程造价

(1) 安装工程各项费用的计算基础是定额人工费；

(2) 脚手架搭拆费（有关的人工费×相应的系数）：关于电气安装工程的脚手架搭拆费，操作物高度在离楼地面5m以上的才计，其脚手架搭拆费按超过部分人工费的15%计算，其中人工工资25%；关于消防、给排水等安装工程的脚手架搭拆费，按全部人工费的5%计算，其中人工工资25%。

（3）工程超高施工增加费（超过部分的人工费×相应的系数）：关于电气安装工程的超高施工增加费，操作物高度在离楼地面5m以上的，按超过部分人工费的33%计算，全部为定额人工费；给排水等安装工程的超高施工增加费，操作物高度在离楼地面3.6m以上的才计，按超过部分人工费乘以相应的系数计算（详第八册说明定，第308页），全部为定额人工费。

（4）高层建筑增加费（有关的人工费×相应的系数）；关于电气安装工程的高层建筑增加费计算（详第二册说明定，第163页），全部为定额人工费；给排水等安装工程的高层建筑增加费（详第八册说明定，第308页），全部为定额人工费。

7. 编写安装工程预算书的编制说明

8. 填写预算书的封面、加盖印章及按规定装订预算书。

五、材料单价（依据选用的图纸列出安装工程材料名称和当地现行材料价格）

| 序号 | 材料名称 | 规格 | 单位 | 单价 | 序号 | 材料名称 | 规格 | 单位 | 单价 |
|---|---|---|---|---|---|---|---|---|---|
| 1 | PPR 塑料给水管 | DN40 | m | | 25 | 绝缘导线 | 10mm² | m | |
| 2 | PPR 塑料给水管 | DN20 | m | | 26 | 绝缘导线 | 2.5mm² | m | |
| 3 | PPR 塑料给水管 | DN15 | m | | 27 | 绝缘导线 | 4mm² | m | |
| 4 | 塑料给水管（热水） | DN15 | m | | 28 | 开关盒 | | 个 | |
| 5 | UPVC 塑料排水管 | DN150 | m | | 29 | 接线盒 | | 个 | |
| 6 | UPVC 塑料排水管 | DN100 | m | | 30 | 避雷网 | | m | |
| 7 | UPVC 塑料排水管 | DN75 | m | | 31 | 荧光灯 | 2×40W | 套 | |
| 8 | UPVC 塑料排水管 | DN50 | m | | 32 | 三孔插座 | | 只 | |
| 9 | 塑料给水管件 | DN40 | 个 | | 33 | 地漏 | DN50 | 个 | |
| 10 | 塑料给水管件 | DN20 | 个 | | 34 | 洗脸盆 | | 套 | |
| 11 | 塑料给水管件 | DN15 | 个 | | 35 | 水龙头 | DN20 | 个 | |
| 12 | 塑料给水管件 | DN15 | 个 | | 36 | 水龙头 | DN15 | 个 | |
| 13 | UPVC 塑料排水管件 | DN150 | 个 | | 37 | 型钢 | | kg | |
| 14 | UPVC 塑料排水管件 | DN100 | 个 | | 38 | 配电箱（总） | | 套 | |
| 15 | UPVC 塑料排水管件 | DN75 | 个 | | 39 | 配电箱（户） | | 套 | |
| 16 | UPVC 塑料排水管件 | DN50 | 个 | | 40 | 吸顶灯 | | 套 | |
| 17 | 截止阀 | DN40 | 组 | | 41 | 白炽灯 | | 只 | |
| 18 | 螺纹水表 | DN20 | 套 | | 42 | 五孔插座 | | 只 | |
| 19 | 螺纹水表 | DN15 | 套 | | 43 | 空调插座 | | 只 | |
| 20 | 坐便器 | | 套 | | 44 | 单联单控暗开关 | | 只 | |
| 21 | 蹲式大便器 | | 套 | | 45 | 双联单控暗开关 | | 只 | |
| 22 | 洗涤盆 | | 套 | | 46 | 声光控开关 | | 只 | |
| 23 | 搪瓷浴盆 | | 套 | | 47 | 全塑电缆（4*35） | | m | |
| 24 | PVC 塑料管 | DN16 | m | | 48 | 全塑电缆（4*25） | | m | |

| 序号 | 材料名称 | 规格 | 单位 | 单价 | 序号 | 材料名称 | 规格 | 单位 | 单价 |
|------|----------|------|------|------|------|----------|------|------|------|
| 49 | G50 钢管 | | m | | 56 | 同轴电缆 | | m | |
| 50 | G40 钢管 | | m | | 57 | 电话插座 | | 个 | |
| 51 | PVC 塑料管 | DN50 | m | | 58 | 电视插座 | | 个 | |
| 52 | PVC 塑料管 | DN40 | m | | 59 | 放大器 | | 个 | |
| 53 | PVC 塑料管 | DN32 | m | | 60 | 分支器 | | 个 | |
| 54 | PVC 塑料管 | DN20 | m | | 61 | 分配器 | | 个 | |
| 55 | PVC 塑料管 | DN25 | 个 | | 62 | 保护箱 | | 个 | |

### 六、时间安排

| 序号 | 工 作 内 容 | 时间（天） |
|------|-------------|-----------|
| 1 | 识图、熟悉施工图纸、准备相关的定额和标准图集等资料，认真领会任务书、指导书等 | 0.5 |
| 2 | 列出分项工程项目，计算室内给排水、电照安装工程量 | 2 |
| 3 | 整理汇总工程量；单价换算 | 0.5 |
| 4 | 套用建筑安装工程预算定额，计算室内给排水、电照安装工程定额直接工程费及未计价材料费 | 1 |
| 5 | 计算室内给排水、电照安装工程的工程造价。编写编制说明；填写封面、加盖印章及按规定装订预算书 | 0.5 |
| 6 | 机动、上交实训成果、接受教师面试 | 0.5 |
| | 小 计 | 5 |

## 3.2.5 工程量清单编制指导书

### ● 工程量清单编制指导书

一、编制依据

1. ××工程招标文件

2. 《建设工程工程量清单计价规范》

3. 施工图纸：××工程建筑施工图、装饰施工图、安装施工图

4. 工程地点：在××市区

5. 工程量清单有关表格

二、编制内容

1. 分部分项清单工程量项目列项

2. 措施项目清单列项

3. 其他项目清单列项

4. 计算分部分项清单项目工程量

5. 计算和确定单价措施项目清单工程量

6. 确定其他项目清单数量

7. 填写分部分项工程量清单表

8. 填写措施项目清单表

9. 填写其他项目清单表

10. 填写工程量清单封面

三、步骤与方法

1. 分部分项清单工程量项目列项和确定清单工程量

根据××工程招标文件，《建设工程工程量清单计价规范》，××工程施工图列出分部分项清单工程量项目和计算清单工程量。

2. 单价措施项目清单项目列项和确定清单工程量

根据××工程招标文件，《建设工程工程量清单计价规范》，××工程施工图列出单价措施项目清单项目和确定清单工程量。

3. 其他项目清单列项和确定清单数量

根据××工程招标文件，《建设工程工程量清单计价规范》，××工程施工图列出其他项目清单列项和确定清单数量。

4. 填写分部分项工程量清单表

根据《建设工程工程量清单计价规范》，分部分项清单工程量项目编码和清单工程量填写分部分项工程量清单表。

5. 填写措施项目清单表

根据《建设工程工程量清单计价规范》，措施项目编码和清单工程量填写措施项目清单表。

6. 填写其他项目清单表

根据《建设工程工程量清单计价规范》，其他项目编码和清单工程量填写其他项目清单表。

7. 填写工程量清单封面

根据××工程招标文件，《建设工程工程量清单计价规范》，××工程施工图填写工程量清单封面。

四、时间安排

| 序号 | 工 作 内 容 | 时间（天） |
|---|---|---|
| 1 | 分部分项清单工程量项目列项 | 1.0 |
| 2 | 措施项目清单列项 | 0.2 |
| 3 | 其他项目清单列项 | 0.2 |

| 序号 | 工 作 内 容 | 时间（天） |
|---|---|---|
| 4 | 计算分部分项清单项目工程量 | 7.0 |
| 5 | 计算和确定单价措施项目清单工程量 | 1.0 |
| 6 | 确定其他项目清单数量 | 0.2 |
| 7 | 填写分部分项工程量清单表 | 0.2 |
| 8 | 填写措施项目清单表，填写其他项目清单表，填写工程量清单封面 | 0.2 |
| | 小　计 | 10 |

## 3.2.6　工程量清单报价编制指导书

### ● 工程量清单报价编制指导书

一、编制依据

1.××工程招标文件

2.××工程建筑、装饰、安装工程量清单

3.《建设工程工程量清单计价规范》、《房屋建筑与装饰工程工程量计算规范》、《通用安装工程工程量计算规范》

4.计价定额：××省建筑工程、装饰工程、安装工程计价定额或预算定额、××省措施项目费、规费费率

5.施工图纸：××工程施工图

6.材料价格：当地现行材料价格

7.工程地点：在××市区

8.有施工场地

9.按规定调整人工费、机械费

二、编制内容

1.计价工程量计算

2.分部分项工程量清单综合单价分析

3.措施项目综合单价分析

4.计算分部分项工程量清单计价表

5.计算其他项目清单计价表

6.计算规费、税金项目清单计价表

7.填写单位工程投标报价汇总表

8.填写单项工程投标报价汇总表

9. 汇总主要材料价格

10. 编写总说明

11. 填写投标总价封面

三、步骤与方法

1. 定额工程量计算

根据××工程清单工程量、××省建筑、装饰、安装工程计价定额或预算定额、《建设工程工程量清单计价规范》计算建筑、装饰、安装工程计价工程量。

2. 分部分项工程量清单综合单价分析与确定

根据清单工程量、计价工程量、人工和材料市场价、管理费率、利润率自主确定、分别确定建筑工程、装饰工程、水电安装工程的分部分项工程量清单综合单价。

3. 计算分部分项工程量清单费

根据分部分项清单工程量和分部分项清单综合单价计算建筑工程、装饰工程、水电安装工程分部分项工程量清单费。

4. 单价措施项目综合单价分析与确定

根据措施项目（二）的工程量清单分析和确定综合单价。

5. 计算总价措施项目清单费

根据总价措施项目及安全文明费率分析和确定建筑工程、装饰工程、水电安装工程的总价措施项目的费用；根据单价措施项目的工程量清单和综合单价，计算单价措施项目的清单项目费。

6. 计算其他项目清单费

按招标文件要求填写暂列金额、材料暂估价、专业工程暂估价、计日工表；根据招标文件规定和有关条件计算总承包服务费。

7. 计算规费、税金

根据建筑工程、装饰工程、水电安装工程的分部分项工程量清单综合单价计算表和搬迁房工程量清单分别计算分部分项工程量清单计价表。

8. 汇总主要材料价格

根据分部分项工程量清单综合单价计算表，分别汇总建筑工程、装饰工程、水电安装工程的主要材料价格。

9. 填写单项工程投标报价汇总表

根据建筑工程、装饰工程、水电安装工程的分部分项工程量清单计价表、措施项目清单计价表、其他项目清单计价表、规费和税金项目清单计价表，分别填写单位工程费汇总表。

10. 填写单项工程投标报价汇总表

根据建筑工程、装饰工程、水电安装工程的单项工程投标报价汇总表，填写单项工程投标报价汇总表。

11. 编写投标报价总说明

根据招标文件、工程量清单、施工图和有关资料编写投标报价总说明。

12. 填写投标总价封面

根据单项工程投标报价汇总表和有关资料填写投标总价封面。

四、招标文件及计算规费的有关规定

1. 暂列金额：建筑工程_____万元；装饰工程_____万元；水电安装工程_____万元。

2. 安全文明施工费：人工费_____%

3. 养老保险费：人工费_____%

4. 失业保险费：人工费_____%

5. 医疗保险费：人工费_____%

6. 住房公积金：人工费_____%

7. 生育保险费：人工费_____%

8. 工伤保险费：人工费_____%

9. 危险作业意外伤害保险：人工费_____%

10. 工程在市区的税率：3.43%

五、时间安排

| 序号 | 工 作 内 容 | 时间（天） |
|---|---|---|
| 1 | 熟悉招标文件，熟悉建筑、装饰、安装工程量清单，熟悉建设工程工程量清单计价规范 | 0.5 |
| 2 | 计价工程量计算 | 7 |
| 3 | 分部分项工程量清单综合单价分析 | 3.5 |
| 4 | 单价措施项目综合单价分析 | 0.5 |
| 5 | 计算分部分项工程量清单计价表 | 0.5 |
| 6 | 计算其他项目清单计价表 | 0.5 |
| 7 | 计算规费、税金项目清单目计价表 | 0.5 |
| 8 | 填写单位工程投标报价汇总表 | 0.5 |
| 9 | 填写单项工程投标报价汇总表 | 0.5 |
| 10 | 汇总主要材料价格 | 0.5 |
| 11 | 编写总说明 | 0.3 |
| 12 | 填写投标总价封面 | 0.2 |
| | 小　　计 | 15 |

## 3.2.7 工程结算编制实训指导书

### ● 工程结算编制实训指导书

一、实训目的

通过连贯地、完整地完成工程结算编制的训练，熟练地掌握工程结算的编制方法，

提高编制工程结算的技能，是本次工程结算编制实训的目的。

一般来说，掌握了建筑安装工程预算、工程量清单报价的编制内容与方法，就能够较好地通过训练掌握工程结算的编制内容与方法。

工程结算编制实训指导书，能帮助指导我们按照科学的训练步骤和方法，达到拟定的学习目标。所以，在编制结算的实训过程中，一定要认真理解实训指导书中的各项要求，领会实训指导书中提出的各项实训内容，完成好实训指导书中要求的各项实训成果。

二、实训依据

1. 计价定额：××省建筑工程计价定额、××省建设工程费用定额。

2. 施工图纸：××工程竣工图。

3. 结算资料：××工程设计变更通知单、施工技术核定单、隐蔽工程验收单、材料代用核定单、分包工程结算书、现场签证、施工合同、施工方案。

4. 材料价格：合同约定和综合单价采用的材料价格、工料机市场价。

5. 结算依据：中标工程量清单报价或施工图预算、建设工程工程量清单计价规范、××工程招标文件。

三、实训内容与要求

| 序号 | 内　　容 | 要　　求 |
|---|---|---|
| 1 | 核查工程结算资料，确定工程结算编制方法、内容 | 全面收集（建筑工程、装饰工程、安装工程）工程结算资料，检查结算资料的完整性和符合性 |
| 2 | 计算需要调整的分部分项、施工措施或其他项目工程量 | 按施工合同、招标文件、中标工程量清单报价书等有关规定，计算调增或调减工程量 |
| 3 | 计算工程索赔费用与现场签证费用 | 根据××工程设计变更通知单、施工技术核定单、隐蔽工程验收单、材料代用核定单、分包工程结算书、现场签证、施工合同、施工方案等资料，计算工程索赔费用与现场签证费用 |
| 4 | 计算需要调整的分部分项、施工措施或其他项目费用 | 按施工合同、招标文件、中标工程量清单报价书等有关规定和调增或调减工程量，计算调整的分部分项、施工措施或其他项目费用 |
| 5 | 汇总工程结算费用，编写工程结算编制说明 | 汇总建筑工程、装饰工程、安装工程结算书，编写工程结算编制说明 |

四、实训指导

1. 核查工程结算资料，确定工程结算编制方法

编制完整的工程结算书，应该有完整的工程结算资料。要全面收集（建筑工程、装饰工程、安装工程）工程结算资料，检查结算资料的完整性和符合性。

工程结算的编制方法应根据施工合同、原中标报价的约定。可以是按定额计价编制工程结算，也可以是按清单计价编制工程结算，还可以按定额计价和清单计价共同编制工程结算。

2. 计算需要调整的分部分项、施工措施或其他项目工程量

工程量计算是工程结算编制的重要环节。要按要求计算调增或调减工程量。

调整工程量应严格按设计变更通知单、施工技术核定单、隐蔽工程验收单、分包工程结算书、现场签证、施工合同、施工方案、中标工程量清单报价或施工图预算、建设工程工程量清单计价规范、××工程招标文件计算。

3. 计算工程索赔费用与现场签证费用

严格按照××工程设计变更通知单、施工技术核定单、隐蔽工程验收单、材料代用核定单、现场签证、施工合同、施工方案等资料，计算工程索赔费用与现场签证费用。

4. 计算需要调整的分部分项、施工措施或其他项目费用

严格按照××工程设计变更通知单、施工技术核定单、隐蔽工程验收单、材料代用核定单、分包工程结算书、现场签证、施工合同、施工方案、工程索赔费用与现场签证费用等资料，计算需要调整的分部分项、施工措施或其他项目费用。

5. 汇总工程结算费用，编写工程结算编制说明

汇总建筑工程、装饰工程、安装工程结算书，编写工程结算编制说明。

编制说明一般从以下几个方面编写：

（1）采用的图纸与规范：采用的××工程竣图、标准图、规范等；

（2）采用的定额：××省（市）××年建筑工程预算定额、费用定额等；

（3）依据的有关合同：包括工程施工承包合同、购货合同、分包合同等；

（4）采用的单价：人工、材料、机械台班价格等；

（5）预算书或清单报价书：××工程预算书或工程量清单报价书；

（6）其他需要说明的问题。

五、时间安排

| 序号 | 工 作 内 容 | 时间（天） |
|---|---|---|
| 1 | 核查工程结算资料，确定工程结算编制方法、内容 | 0.5 |
| 2 | 计算需要调整的分部分项、施工措施或其他项目工程量 | 3 |
| 3 | 计算工程索赔费用与现场签证费用 | 0.5 |
| 4 | 计算需要调整的分部分项、施工措施或其他项目费用 | 0.5 |
| 5 | 汇总工程结算费用，编写工程结算编制说明 | 0.5 |
| | 小　计 | 5 |

# 4 综合实训项目

## 4.1 砖混结构小别墅工程工程造价实训

根据××小别墅工程施工图及地区标准图（见附录一、附录四、附录五、附录六，国标标准图由上课老师准备）、清单计价规范、预算定额、各种表格和有关依据按下列要求完成实训任务。

### 4.1.1 建筑工程预算编制

1. 工作目标

根据给定的施工图编制建筑工程施工图预算。

2. 要求

按实训指导书指定的建筑工程定额、建筑材料单价、人工单价、机械台班单价、费用定额、费用计算程序编制预算。

3. 考核点

（1）分项工程项目的完整性。

（2）钢筋工程量计算的准确性。

（3）工程量计算式的规范性。

（4）定额套用的合理性。

（5）直接费计算和工料分析的正确性。

（6）费用计算的符合性。

（7）预算书装订的完整、规范性。

### 4.1.2 装饰工程预算编制

1. 工作目标

根据给定的施工图编制装饰工程施工图预算。

2. 要求

按实训指导书指定的装饰工程定额、装饰材料单价、人工单价、机械台班单价、费用定额、费用计算程序编制预算。

3. 考核点

(1) 分项工程项目的完整性。

(2) 工程量计算式的规范性。

(3) 定额套用的合理性。

(4) 直接费计算和工料分析的正确性。

(5) 费用计算的符合性。

(6) 预算书装订的完整、规范性。

## 4.1.3 安装工程预算编制

1. 工作目标

根据给定的施工图编制安装工程施工图预算。

2. 要求

按实训指导书指定的安装工程定额、安装材料单价、人工单价、机械台班单价、费用定额、费用计算程序编制预算。

3. 考核点

(1) 分项工程项目的完整性。

(2) 工程量计算式的规范性。

(3) 定额套用的合理性。

(4) 直接费计算和工料分析的正确性。

(5) 费用计算的符合性。

(6) 预算书装订的完整、规范性。

## 4.1.4 建筑工程工程量清单编制

1. 工作目标

根据给定的施工图、《建设工程工程量清单计价规范》、《房屋建筑与装饰工程工程量计算规范》、招标文件编制建筑工程工程量清单。

2. 要求

按《房屋建筑与装饰工程工程量计算规范》的分部分项工程量和措施项目清单的编码、项目名称、项目特征、计算规则编制建筑工程工程量清单。

3. 考核点

(1) 清单项目的完整性。

(2) 清单项目计算式的规范性。

(3) 清单书装订的完整、规范性。

## 4.1.5 装饰装修工程工程量清单编制

1. 工作目标

根据给定的施工图、《建设工程工程量清单计价规范》、《房屋建筑与装饰工程工程量计算规范》、招标文件编制装饰装修工程工程量清单。

2. 要求

按《建设工程工程量清单计价规范》的分部分项工程量和措施项目清单的编码、项目名称、项目特征、计算规则编制装饰装修工程工程量清单。

3. 考核点

(1) 清单项目的完整性。

(2) 清单项目计算式的规范性。

(3) 清单书装订的完整、规范性。

## 4.1.6 安装工程工程量清单编制

1. 工作目标

根据给定的施工图、《建设工程工程量清单计价规范》、《通用安装工程工程量计算规范》、招标文件编制安装工程工程量清单。

2. 要求

按《通用安装工程工程量计算规范》的分部分项工程量和措施项目清单的编码、项目名称、项目特征、计算规则编制安装工程工程量清单。

3. 考核点

(1) 清单项目的完整性。

(2) 清单项目计算式的规范性。

(3) 清单书装订的完整、规范性。

## 4.1.7 建筑工程工程量清单报价编制

1. 工作目标

根据给定的施工图、《建设工程工程量清单计价规范》、《房屋建筑与装饰工程工程量计算规范》、招标文件编制建筑工程工程量清单报价。

2. 要求

按实训指导书指定的建筑工程计价定额、工料机市场指导价、取费文件、清单报价计算程序编制建筑工程工程量清单报价。

3. 考核点

（1）定额工程量项目计算的完整性。

（2）综合单价分析的准确性。

（3）分部分项工程量清单费计算的规范性。

（4）措施项目清单费计算的合理性。

（5）规费计算的正确性。

（6）投标报价计算的准确性。

（7）工程量清单报价书装订的完整性、规范性。

## 4.1.8　装饰装修工程工程量清单报价编制

1. 工作目标

根据给定的施工图、《建设工程工程量清单计价规范》、《房屋建筑与装饰工程工程量计算规范》、招标文件，编制装饰装修工程工程量清单报价。

2. 要求

按实训指导书指定的装饰装修工程计价定额、工料机市场指导价、取费文件、清单报价计算程序编制装饰装修工程工程量清单报价。

3. 考核点

（1）定额工程量项目计算的完整性。

（2）综合单价分析的准确性。

（3）分部分项工程量清单费计算的规范性。

（4）措施项目清单费计算的合理性。

（5）规费计算的正确性。

（6）投标报价计算的准确性。

（7）工程量清单报价书装订的完整性、规范性。

## 4.1.9　安装工程工程量清单报价编制

1. 工作目标

根据给定的施工图、《建设工程工程量清单计价规范》、《通用安装工程工程量计算规范》、招标文件，编制安装工程工程量清单报价。

2. 要求

按实训指导书指定的安装工程计价定额、工料机市场指导价、取费文件、工程量清单报价计算程序编制安装工程工程量清单报价。

3. 考核点

（1）定额工程量项目计算的完整性。

（2）综合单价分析的准确性。

（3）分部分项工程量清单费计算的规范性。

（4）措施项目清单费计算的合理性。

（5）规费计算的正确性。

（6）投标报价计算的准确性。

（7）工程量清单报价书装订的完整性、规范性。

## ■ 4.1.10　工程结算编制

1. 工作目标

根据给定的有关资料，编制建筑工程、装饰工程、安装工程结算书。

2. 要求

按实训指导书给定的计价定额、中标工程量清单报价书、工程施工合同、工料机市场指导价、取费文件、竣工图、工程变更、工程签证资料，编制工程结算书。

3. 考核点

（1）工程变更资料整理的质量。

（2）工程量调整的准确性。

（3）工程费用调整的正确性。

（4）施工合同理解的程度。

（5）工程结算价计算的合理性。

（6）工程结算书装订的完整性、规范性。

# 4.2　框架结构中学食堂工程工程造价实训

根据××中学食堂工程施工图及地区标准图（见附录二、附录四、附录五、附录六，国标标准图由上课老师准备）、清单计价规范、预算定额、各种表格和有关依据，按下列要求完成其实训任务。

## ■ 4.2.1　建筑工程预算编制

1. 工作目标

根据给定的施工图编制建筑工程施工图预算。

2. 要求

按实训指导书指定的建筑工程定额、建筑材料单价、人工单价、机械台班单价、费用定额、费用计算程序编制预算。

3. 考核点

（1）分项工程项目的完整性。

（2）钢筋工程量计算的准确性。

（3）工程量计算式的规范性。

（4）定额套用的合理性。

（5）直接费计算和工料分析的正确性。

（6）费用计算的符合性。

（7）预算书装订的完整、规范性。

## 4.2.2　装饰工程预算编制

1. 工作目标

根据给定的施工图编制装饰工程施工图预算。

2. 要求

按实训指导书指定的装饰工程定额、装饰材料单价、人工单价、机械台班单价、费用定额、费用计算程序编制预算。

3. 考核点

（1）分项工程项目的完整性。

（2）工程量计算式的规范性。

（3）定额套用的合理性。

（4）直接费计算和工料分析的正确性。

（5）费用计算的符合性。

（6）预算书装订的完整、规范性。

## 4.2.3　安装工程预算编制

1. 工作目标

根据给定的施工图编制安装工程施工图预算。

2. 要求

按实训指导书指定的安装工程定额、安装材料单价、人工单价、机械台班单价、费用定额、费用计算程序编制预算。

3. 考核点

（1）分项工程项目的完整性。

（2）工程量计算式的规范性。

（3）定额套用的合理性。

（4）直接费计算和工料分析的正确性。

（5）费用计算的符合性。

（6）预算书装订的完整、规范性。

## 4.2.4 建筑工程工程量清单编制

1. 工作目标

根据给定的施工图、《建设工程工程量清单计价规范》、《房屋建筑与装饰工程工程量计算规范》、招标文件编制建筑工程工程量清单。

2. 要求

按《房屋建筑与装饰工程工程量计算规范》的分部分项工程量和措施项目清单的编码、项目名称、项目特征、计算规则编制建筑工程工程量清单。

3. 考核点

（1）清单项目的完整性。

（2）清单项目计算式的规范性。

（3）清单书装订的完整、规范性。

## 4.2.5 装饰装修工程工程量清单编制

1. 工作目标

根据给定的施工图、《建设工程工程量清单计价规范》、《房屋建筑与装饰工程工程量计算规范》、招标文件编制装饰装修工程工程量清单。

2. 要求

按《房屋建筑与装饰工程工程量计算规范》的分部分项工程量和措施项目清单的编码、项目名称、项目特征、计算规则编制装饰装修工程工程量清单。

3. 考核点

（1）清单项目的完整性。

（2）清单项目计算式的规范性。

（3）清单书装订的完整、规范性。

## 4.2.6 安装工程工程量清单编制

1. 工作目标

根据给定的施工图、《建设工程工程量清单计价规范》、《通用安装工程工程量计算规范》、招标文件编制安装工程工程量清单。

2. 要求

按《通用安装工程工程量计算规范》的分部分项工程量和措施项目清单的编码、项目名称、项目特征、计算规则编制安装工程工程量清单。

3. 考核点

（1）清单项目的完整性。

（2）清单项目计算式的规范性。

（3）清单书装订的完整、规范性。

## 4.2.7 建筑工程工程量清单报价编制

1. 工作目标

根据给定的施工图、《建设工程工程量清单计价规范》、《房屋建筑与装饰工程工程量计算规范》、招标文件编制建筑工程工程量清单报价。

2. 要求

按实训指导书指定的建筑工程计价定额、工料机市场指导价、取费文件、工程量清单报价计算程序编制建筑工程工程量清单报价。

3. 考核点

（1）定额工程量项目计算的完整性。

（2）综合单价分析的准确性。

（3）分部分项工程量清单费计算的规范性。

（4）措施项目清单费计算的合理性。

（5）规费计算的正确性。

（6）投标报价计算的准确性。

（7）工程量清单报价书装订的完整性、规范性。

## 4.2.8 装饰装修工程工程量清单报价编制

1. 工作目标

根据给定的施工图、《建设工程工程量清单计价规范》、《房屋建筑与装饰工程工程量计算规范》、招标文件编制装饰装修工程工程量清单报价。

2. 要求

按实训指导书指定的装饰装修工程计价定额、工料机市场指导价、取费文件、工程量清单报价计算程序编制装饰装修工程工程量清单报价。

3. 考核点

（1）定额工程量项目计算的完整性。

（2）综合单价分析的准确性。

（3）分部分项工程量清单费计算的规范性。

（4）措施项目清单费计算的合理性。

（5）规费计算的正确性。

（6）投标报价计算的准确性。

（7）工程量清单报价书装订的完整性、规范性。

## 4.2.9 安装工程工程量清单报价编制

1. 工作目标

根据给定的施工图、《建设工程工程量清单计价规范》、《通用安装工程工程量计算规范》、招标文件编制安装工程工程量清单报价。

2. 要求

按实训指导书指定的安装工程计价定额、工料机市场指导价、取费文件、工程量清单报价计算程序编制安装工程工程量清单报价。

3. 考核点

（1）定额工程量项目计算的完整性。

（2）综合单价分析的准确性。

（3）分部分项工程量清单费计算的规范性。

（4）措施项目清单费计算的合理性。

（5）规费计算的正确性。

（6）投标报价计算的准确性。

（7）工程量清单报价书装订的完整性、规范性。

## 4.2.10 工程结算编制

1. 工作目标

根据给定的有关资料，编制建筑工程、装饰工程、安装工程结算书。

2. 要求

按实训指导书给定的计价定额、中标工程量清单报价书、工程施工合同、工料机市场指导价、取费文件、竣工图、工程变更、工程签证资料编制工程结算书。

3. 考核点

（1）工程变更资料整理的质量。

（2）工程量调整的准确性。

（3）工程费用调整的正确性。

（4）施工合同理解的程度。

（5）工程结算价计算的合理性。

（6）工程结算书装订的完整性、规范性。

## 4.3 排架结构厂房工程工程造价实训

根据××车间工程施工图（见附录三、附录四、附录五、附录六，国标标准图由上课老师准备)、清单计价规范、预算定额、各种表格和有关依据按下列要求完成其实训任务。

## 4.3.1 建筑工程预算编制

1. 工作目标

根据给定的施工图编制建筑工程施工图预算。

2. 要求

按实训指导书指定的建筑工程定额、建筑材料单价、人工单价、机械台班单价、费用定额、费用计算程序编制预算。

3. 考核点

(1) 分项工程项目的完整性。

(2) 钢筋、铁件工程量计算的准确性。

(3) 工程量计算式的规范性。

(4) 定额套用的合理性。

(5) 直接费计算和工料分析的正确性。

(6) 费用计算的符合性。

(7) 预算书装订的完整、规范性。

## 4.3.2 装饰工程预算编制

1. 工作目标

根据给定的施工图编制装饰工程施工图预算。

2. 要求

按实训指导书指定的装饰工程定额、装饰材料单价、人工单价、机械台班单价、费用定额、费用计算程序编制预算。

3. 考核点

(1) 分项工程项目的完整性。

(2) 工程量计算式的规范性。

(3) 定额套用的合理性。

(4) 直接工程费计算和工料分析的正确性。

(5) 费用计算的符合性。

(6) 预算书装订的完整、规范性。

## 4.3.3 建筑工程工程量清单编制

1. 工作目标

根据给定的施工图、《建设工程工程量清单计价规范》、《房屋建筑与装饰工程工程量计算规范》、招标文件编制建筑工程工程量清单。

2. 要求

按《房屋建筑与装饰工程工程量计算规范》的分部分项工程量和措施项目清单的编码、项目名称、项目特征、计算规则编制建筑工程工程量清单。

3. 考核点

(1) 清单项目的完整性。

(2) 清单项目计算式的规范性。

(3) 清单书装订的完整、规范性。

## ▉ 4.3.4 装饰装修工程工程量清单编制

1. 工作目标

根据给定的施工图、《建设工程工程量清单计价规范》、《房屋建筑与装饰工程工程量计算规范》、招标文件编制装饰装修工程工程量清单。

2. 要求

按《房屋建筑与装饰工程工程量计算规范》的分部分项工程量和措施项目清单的编码、项目名称、项目特征、工程量计算规则编制装饰装修工程工程量清单。

3. 考核点

(1) 清单项目的完整性。

(2) 清单项目计算式的规范性。

(3) 清单书装订的完整、规范性。

## ▉ 4.3.5 建筑工程工程量清单报价编制

1. 工作目标

根据给定的施工图、《建设工程工程量清单计价规范》、《房屋建筑与装饰工程工程量计算规范》、招标文件编制建筑工程工程量清单报价。

2. 要求

按实训指导书指定的建筑工程计价定额、工料机市场指导价、取费文件、清单报价计算程序编制建筑工程工程量清单报价。

3. 考核点

(1) 定额工程量项目计算的完整性。

(2) 综合单价分析的准确性。

(3) 分部分项工程量清单费计算的规范性。

(4) 措施项目清单费计算的合理性。

(5) 规费计算的正确性。

（6）投标报价计算的准确性。

（7）工程量清单报价书装订的完整性、规范性。

## 4.3.6 装饰装修工程工程量清单报价编制

### 1. 工作目标

根据给定的施工图、《建设工程工程量清单计价规范》、《房屋建筑与装饰工程工程量计算规范》、招标文件编制装饰装修工程工程量清单报价。

### 2. 要求

按实训指导书指定的装饰装修工程计价定额、工料机市场指导价、取费文件、工程量清单报价计算程序编制装饰装修工程工程量清单报价。

### 3. 考核点

（1）定额工程量项目计算的完整性。

（2）综合单价分析的准确性。

（3）分部分项工程量清单费计算的规范性。

（4）措施项目清单费计算的合理性。

（5）规费计算的正确性。

（6）投标报价计算的准确性。

（7）工程量清单报价书装订的完整性、规范性。

## 4.3.7 工程结算编制

### 1. 工作目标

根据给定的有关资料编制砖混结构建筑物的建筑工程、装饰工程、安装工程结算书。

### 2. 要求

按实训指导书给定的计价定额、工程施工合同、工料机市场指导价、取费文件、竣工图、工程变更、工程签证资料编制工程结算书。

### 3. 考核点

（1）工程变更资料整理的质量。

（2）工程量调整的准确性。

（3）工程费用调整的准确性。

（4）施工合同理解的程度。

（5）工程结算价计算的正确性。

（6）工程结算书装订的完整性、规范性。

附录一

# 小别墅工程建筑、结构、给水排水、电照施工图
# 西南地区标准图选用

一、设计依据

1. ××规划局对本工程建设方案设计批复。

2. 建设单位提供的方案及各设计阶段修改意见。

3. 建设单位和设计单位签订的工程设计合同。

4. 建设单位提供的红线图，地形图，勘察资料和设计要求。

5. 国家颁布实施的现行规范，规程及规定，主要规范如下：

《民用建筑设计通则》GB 50352—2005《住宅厨房设施功能标准》 J10054—2000

《建筑设计防火规范》GB 50016—2006《住宅卫生间设施功能标准》 DB51/5022—2000

《住宅设计规范》GB 50096—1999 （2003年版）《住宅厨房设施尺度标准》DB51/T5021—2000

《住宅建筑规范》GB 50368—2005《住宅卫生间设施尺度标准》J10057—2000

《屋面工程技术规范》GB 50345

《民用建筑热工设计规范》GB 50176—93《夏热冬冷地区居住建筑节能设计标准》JGJ 134—2001

二、工程概况

1. 本工程为××市小型住宅。

2. 本子项为住宅楼，层数为3层，建筑高度11.64m，建筑面积为251.65m²。

3. 工程设计等级为民用建筑三级，建筑耐久年限50年，耐火等级二级，屋面防水层等级三级，抗震设防烈度为8度，结构形式为框架结构。

三、设计范围

本工程施工图设计包括建筑设计. 结构设计，给排水设计，电气设计。不含二装设计。

四、施工要求

1. 本工程设计标高±0.000相对于绝对标高参详建施总平面图，各栋定位以轴线交点坐标定位，施工放线若与现场不符，施工单位应与设计单位协商解决。

本工程设计除高程标高和总平面尺寸以米为单位外，其余尺寸标注均以毫米为单位。

2. 本工程采用的建筑材料及设备产品应符合国家有关法规及技术标准规定的质量要求，颜色的确定须经设计方认可，建设方同意后方可施工，施工单位除按本施工图施工外还必须严格执行国家有关现行施工及验收规范，并提供准确的技术资料档案。

3. 施工图交付施工前应会同设计单位进行技术交底及图纸会审后方能施工，在施工的全过程中必须按施工规程进行，土建施工应与其他工种密切配合，预留洞口，预埋铁件，管道穿墙预埋套管除按土建图标明外，应结合设备专业图纸核对预留，预埋件尺寸及标高，不得在土建施工后随意打洞，影响工程质量。

4. 为确保工程质量，任何单位和个人未经设计同意，不得擅自修改。

如果发现设计文件有错误，遗漏，交待不清时，应提前通知设计单位，并按设计单位提供的变更通知单或技术核定单进行施工。

五、土方工程

回填土必须分层回填夯实，边外须补夯密实，具体参照《建筑地面设计规范》GB 50037—96 和《建筑地面工程施工验收规范》GB 50209—95 相关章节执行。

六、墙体工程

1. 本工程框架填充墙采用KP1型页岩多孔砖（干容重800kg/m³）砌筑。内外墙除标注外均为200厚，内外墙除标注外墙体均为轴线居中，门垛宽除标注外均为100mm（靠门轴一边距墙边）。

2. 室内墙面. 柱面的阳角和门窗洞口的阳角用1：2水泥砂浆护角，每侧宽度为50，高为1800，厚度为20。

3. 所有砌块尺寸尽量要求准确. 统一，砌筑时砂浆应饱满，不得有垂直通缝现象。

4. 所有厨房、卫生间内墙体底部先浇200高（除门洞外）与楼板相同等级混凝土翻边。墙与地面在做面层前先作防水处理，管道、孔洞处用防水油膏嵌实。防水材料为1.5厚双组分环保型聚氨脂防水涂膜，楼地面满铺，墙面防水层高度在楼地面面层以上厨房内高300，卫生间内高1500，转角处应加强处理，门洞处的翻边宽度不应小于300宽。

5. 女儿墙构造柱的位置、间距及具体构造配筋详结构设计。

建施1/14

七、屋面工程

1. 本工程屋面防水等级为Ⅱ级，两道防水设防，耐久年限15年。

2. 本工程严格按《屋面工程质量验收规范》GB 50207—2002 执行，在施工过程中必须严格遵守操作程序及规程，保证屋面各层厚度和紧密结合，确保屋面不渗漏。屋面分格缝必须严格按照有关规定要求施工。

3. 本工程上人平屋面防水层采用两道4mm厚改性沥青防水卷材；屋面坡度为2%，雨水斗四周500mm范围内坡度为5%。

屋面做法平屋顶参西南03J201—1第17页2205a，防水卷材二道，保温材料改为30厚挤塑聚苯保温板。水落斗、水落管应安装牢固，在转角处及接缝处应附加一层防水卷材，非上人平屋面参西南03J201—1第17页2205b。

4. 本工程坡屋面部分，做法参西南03J201—2第6页2515a~e及其他相关章节详细说明。防水和保温层材料同平屋顶，详细构造应详见本图纸之构造大样图。

5. 保温屋面在施工过程中，保温层必须干燥后才能进行下道工序施工，若保温隔热材料含湿量大，干燥有困难须采取排气干燥措施。保温屋面排气道及排气孔应严格按相关规程施工。

八、门窗

1. 所有门窗按照国家现行技术规范及设计要求制作安装。

2. 住宅楼各入户门为特殊防盗门，其他外门窗除特殊说明均为塑钢玻璃门窗和夹板门。塑钢型材甲方定，玻璃颜色以节能设计为准。住户内门窗由用户自理，门窗立面具体分隔及式样由有相应资质的专业厂家设计，各门窗产品须由持有产品合格证的厂家提供方可施工安装夹板门安装详参西南04J611。

3. 单元入口门另留门洞，各户入户门采用防盗门，产品须由持有产品合格证书的厂家提供。其施工安装图及有关技术资料由厂家提供。

4. 门窗玻璃材质及厚度选用按照《建筑玻璃技术规程》JGJ 113—2003 执行，施工要求按照《建筑装饰装修工程质量验收规范》GB 50210—2001 执行。>1.5m² 的单块玻璃及外门窗玻璃应采用安全玻璃。

5. 图中所有门窗均应以现场实际尺寸为准，并现场复核门窗数量和开启方向和方式后方能下料制作。门窗型材大小，五金配件及制作安装等由生产厂据有关行业标准进行计算确定。

6. 图中所有门窗立面形式仅供门窗厂家参考，具体门窗形式及分隔样式可由具有专业资质的门窗厂家提供多种样式，经建设方及设计单位确认后方可制作安装。

7. 所有外窗及阳台门的气密性，不应低于现行国家标准《建筑外窗空气渗透性能分级及其检测方法》GB 7107 规定的Ⅲ级水平。

8. 底层处窗阳台门应有防护措施详《住宅设计规范》3.9.2条，用户自理。

| 采用标准图集目录 | | |
| --- | --- | --- |
| 序号 | 图集名称 | 备注 |
| 1 | 西南 03J201—1.23<br>西南 04J112—西南 04J812 | |
| 2 | 屋面 | 西南 03J201—1、2、3 |
| 3 | 夏热冬冷地区节能建筑屋面 | 川 02J201 |
| 4 | 夏热冬冷地区节能建筑门窗 | 川 02J605/705 |
| 5 | 《夏热冬冷地区节能建筑墙体、楼地面构造》 | 川 02J106 |
| 6 | 《ZL 胶粉聚苯颗粒外墙外保温隔热节能构造图集》 | 川 03J109 |

建施2/14

九、装饰工程

1. 各种装饰材料应符合行业标准和环卫标准。

2. 二装室内部分应严格按照《建筑内部装修设计防火规范》GB 50222—95（2001 年版）执行，选材应符合装修材料燃烧性能等级要求，装修施工时不得随意修改、移动、遮蔽消防设施，且不得降低原建筑设计的耐火等级。

3. 凡有找坡要求的楼地面应按 0.5％坡向排水口。

4. 外墙抹灰应在找平层砂浆内渗入 3％～5％防水剂（或另抹其他防水材料）以提高外墙面防雨水渗透性能。

5. 不同墙体材料交接处应加挂 250 宽铜丝网再抹灰，防止墙体裂缝。

6. 门窗洞口缝隙应严密封堵，特别注意窗台处窗框与窗洞口底面应留足距离以满足窗台向外找坡要求，避免雨水倒灌。

7. 外门、窗洞口上沿、所有外出挑构件的下沿均应按相关规程做好滴水。滴水做法参西南 04J516—J/8，且应根据建筑外饰面材的不同作相应调整。

8. 油漆，刷浆等参西南 04J312 相关章节。

十、其他

1. 楼地面所注标高以建筑面层为准，结构层的标高应扣除建筑面层与垫层厚度（统一按 50mm 考虑），特殊情况另见具体设计。

2. 厨房、卫生间等有水房间及部位，除标注外楼（地）面标高完成后应低于相邻室内无水房间楼（地）面 50mm，阳台除标注外低于相邻室内无水楼（地）面 50mm。

3. 屋面雨落水管和空调冷凝水管等为白色 UPVC 管，其外表面应漆刷与其背景同质或同色的油漆。

4. 所有散水及暗沟表面标高低于室外地坪 100，做完覆土植草坪。其周边雨水口及雨水箅子不应被遮蔽和覆盖。

5. 楼梯踏步及防滑做法详西南 04J412—7/60。

6. 室内栏杆：户内钢（木）楼梯及栏杆详二装，其他护窗栏杆做法参西南 04J412—2/53。临空栏杆从可踏面起 1050 高，其垂直杆件间净距应≤110。

7. 室外栏杆：外廊等室外栏杆高度以可踏面算起为 1050，其垂直杆件间距应距≤110，并应采取防止儿童攀爬的措施。室外栏杆由有专业资质的厂家提供产品样式，经建设方和设计方同意方可制作安装。

8. 本工程所有钢、木构件均须根据规范要求做防火、防锈、防腐处理。

9. 建筑室内、外墙面装饰，各房间地坪、顶棚（吊顶）等详见装修表，装修材料如成品防盗门均由施工方提供样品给建设方认可后，方能施工。

10. 本工程施工图设计选用主要图集为《西南地区建筑标准设计通用图》合定本（1），（2），《住宅排气道》02J916—1，《坡屋面建筑构造》00J202—1 等等。

11. 如图纸与所索引大样不符，应以大样为准；如图纸与说明不符，应以说明为准；本工程设计如有未尽事宜，均按国家现行设计施工及验收规范执行。

12. 建筑节能设计参详每栋建筑节能设计报表及节能设计。

建施3/14

门窗表

| 类型 | 设计编号 | 洞口尺寸（mm） | 数量 | 备注 |
|---|---|---|---|---|
| 门 | M0621 | 600×2100 | 1 | 折叠门 |
| | M0821 | 800×2100 | 6 | 塑钢门 |
| | M0921 | 900×2100 | 4 | 夹板木门 |
| | M1527 | 1500×2700 | 1 | 防盗门 |
| | TM2727 | 2700×2100 | 1 | 玻璃门 |
| 窗 | C0613 | 600×1350 | 2 | 塑钢窗 |
| | C0626 | 600×2600 | 2 | 塑钢窗 |
| | C1219 | 1200×1950 | 6 | 塑钢窗 |
| | C1213 | 1500×1350 | 1 | 塑钢窗 |
| | C1526 | 1500×2600 | 6 | 塑钢窗 |

注：门窗立面形式参照建筑立面图中门窗形式或按建设方设计进行选型或定做；塑钢为银白色；所有门窗玻璃均为白坡，其材质及厚度选用按照由建设方和专业厂商选定并经设计方同意方可使用；门窗过梁详见结构设计。

室　内

| | | | | |
|---|---|---|---|---|
| 楼（地）面 | 厨卫、楼梯间 | 水泥砂浆地面 | 西南 04J312—3103、3105 | |
| | 其余所有房间 | 水泥砂浆地面 | 西南 04J312—3102a、3104 | |
| 墙面 | 厨房、卫生间 | 块料墙面 | 1:3水泥砂浆 找平层12mm。1:2水泥砂浆结合层8mm。5mm黄色面砖。 | 去掉面层 |
| | 厅、其他房间 | 水泥砂浆墙面 | 20厚1:3水泥砂浆找平层。乳胶漆底一遍、面二遍 | |
| | 阳台 | 水泥砂浆墙面 | 西南 04J515 $\frac{N07}{4}$ | |
| | 楼梯间 | 水泥砂浆墙面（刷钢化涂料） | 西南 04J515 $\frac{N07}{4}$ | 涂料由甲方定 |
| 顶棚 | 所有房间 | 水泥砂浆顶棚 | 西南 04J515 $\frac{P05}{12}$ | 去掉面层 |

室　外

| | | | | |
|---|---|---|---|---|
| 地面 | 室外踏步及平台 | 水泥砂浆地面 | 西南 04J312—3102a、3104 | 有景观要求的详景观设计 |
| 墙面 | 墙1 | 外墙面砖墙面 | 西南 04J516 68 页 5407、5408 | 饰面部位及颜色详建筑立面图，施工时由本院提供颜色样板 |
| 屋面 | 屋面1 | 非上人屋面 | 西南 03J201—1 第 17 页 2204a | 防水材料改为聚氯乙烯合成高分子防水卷材两道，总厚2.4 |
| | 屋面2 | 上人屋面 | 西南 03J201—1 第 17 页 2205a | |
| | 屋面3 | 坡屋面 | 西南 03J201—2 第 5 页 2508 | |

注：住宅室内将另做二装，住宅所有室内（楼）地面水泥砂浆找平压光，有防水要求的（楼）地面防水相关内容另见设计说明或详图大样。

建施4/14

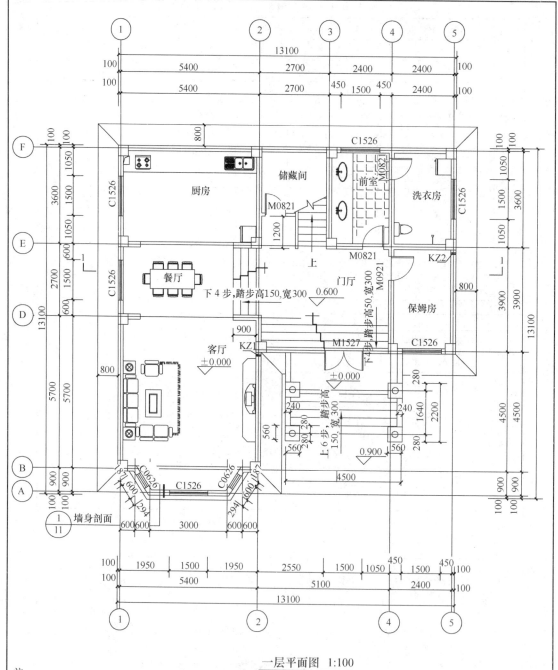

一层平面图 1:100

注：
1. 本结构属于框架结构，未标明墙体的宽度均为 200 或 100mm；
2. 除特殊标注外蹲便卫生间比同层标高降 350，完成面降 50，厨
   房、坐便卫生间、阳台、露台、不上人屋面比同层标高降 50 并
   找坡 2%，阳台和卫生间找坡 1%，坡向地漏。厨、卫设施均选用成
   品，二装定，本设计仅做到管网到位；
3. 墙柱定位尺寸除个别标注外均标至墙中；
4. 未标明的门垛宽度为 100mm；
5. 厨房卫生间选用变压式烟道、板上留洞、厨房风道 390×350；
6. 空调洞口
   K1. 墙上留洞 φ75，洞中心距地 2200. 洞中心距墙 100 或 250.（空调洞用于卧室）.
   K2. 墙上留洞 φ90，洞中心距地 200. 洞中心距墙 100 或 250.（空调洞用于客厅）.

建施 5/14

94

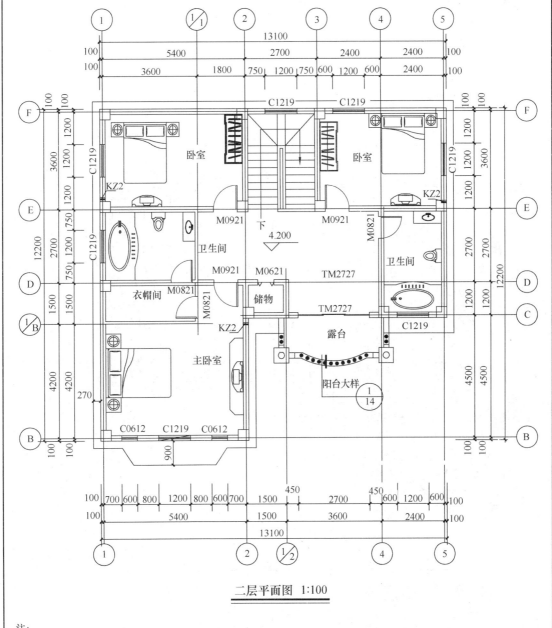

**二层平面图 1:100**

注:
1. 本结构属于框架结构,未标明墙体的宽度均为 200 或 100mm;
2. 除特殊标注外蹲便卫生间比同层标高降 350,完成面降 50,厨房、坐便卫生间、阳台、露台、不上人屋面比同层标高降 50 并找坡 2%,阳台和卫生间找坡 1%,坡向地漏,厨、卫设施均选用成品,二装定,本设计仅做到管网到位;
3. 墙柱定位尺寸除个别标注外均标至墙中;
4. 未标明的门垛宽度为 100mm;
5. 厨房卫生间选用变压式烟道、板上留洞、厨房风道 390×350;
6. 空调洞口
   K1. 墙上留洞 φ75,洞中心距地 2200.洞中心距墙 100 或 250. (空调洞用于卧室)。
   K2. 墙上留洞 φ90,洞中心距地 200.洞中心距墙 100 或 250. (空调洞用于客厅)。

建施6/14

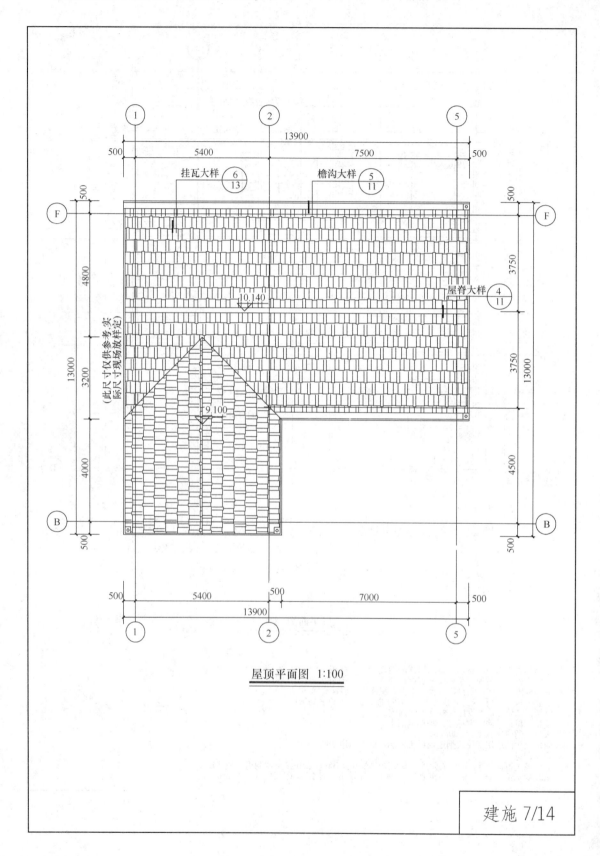

屋顶平面图 1:100

建施 7/14

1—5 立面图 1:100

5—1 立面图 1:100

建施 8/14

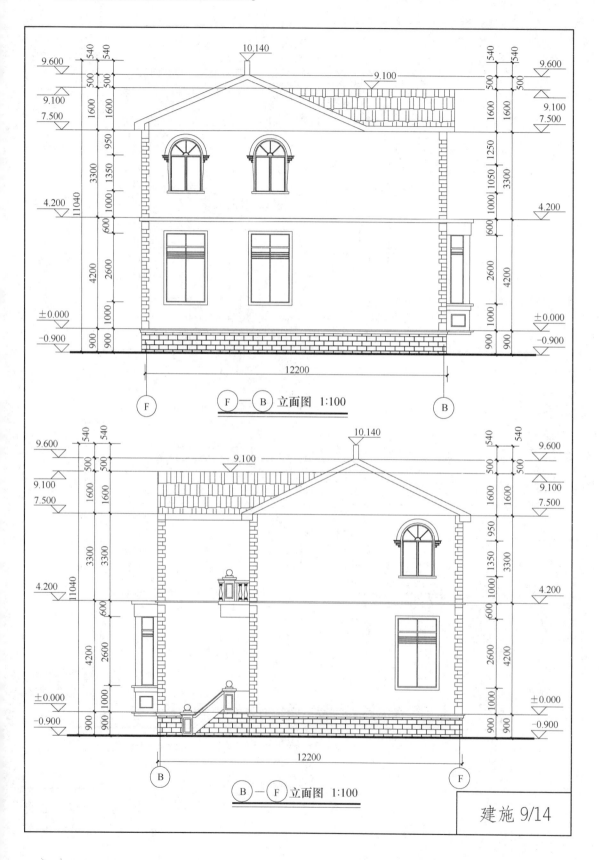

F—B 立面图 1:100

B—F 立面图 1:100

建施 9/14

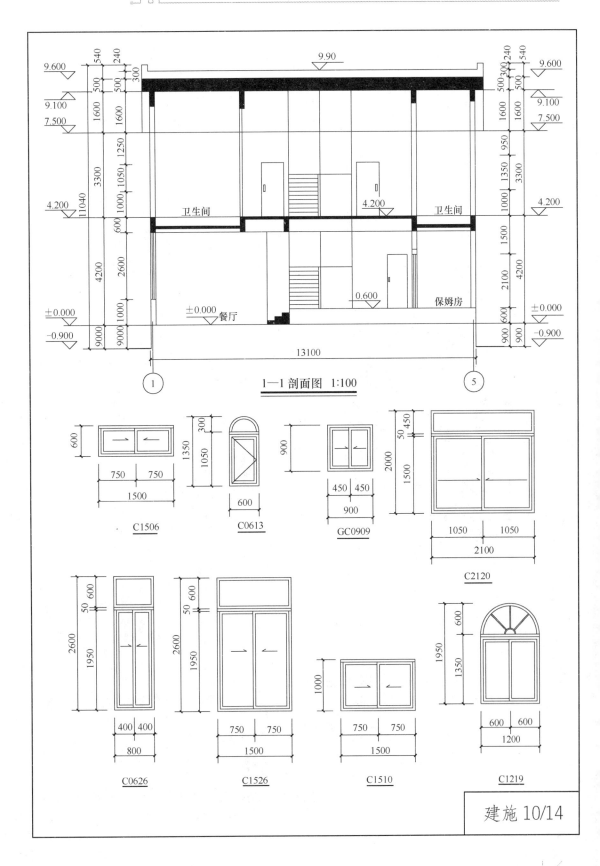

1—1 剖面图 1:100

C1506

C0613

GC0909

C2120

C0626

C1526

C1510

C1219

建施 10/14

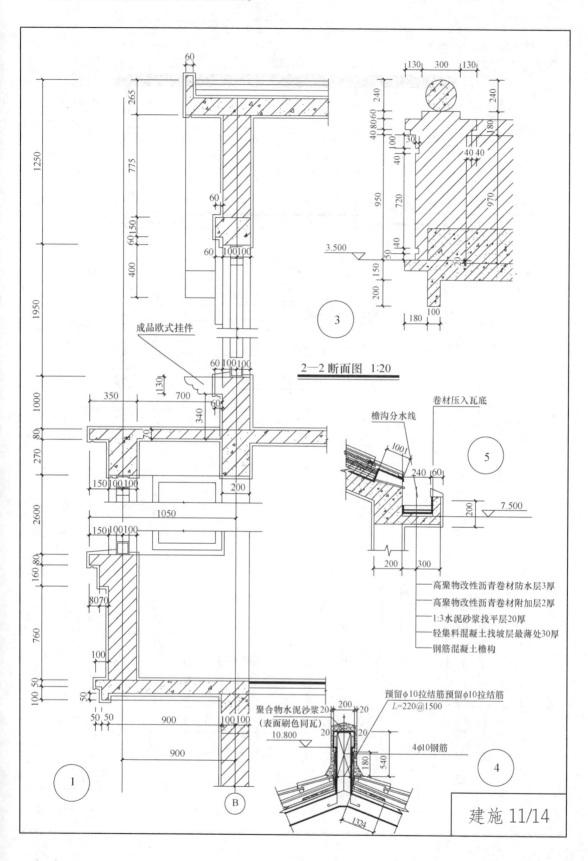

2—2 断面图 1:20

成品欧式挂件

卷材压入瓦底

檐沟分水线

高聚物改性沥青卷材防水层3厚
高聚物改性沥青卷材附加层2厚
1:3水泥砂浆找平层20厚
轻集料混凝土找坡层最薄处30厚
钢筋混凝土檐构

聚合物水泥沙浆20厚
(表面刷色同瓦)

预留φ10拉结筋 预留φ10拉结筋
L=220@1500

4φ10钢筋

建施 11/14

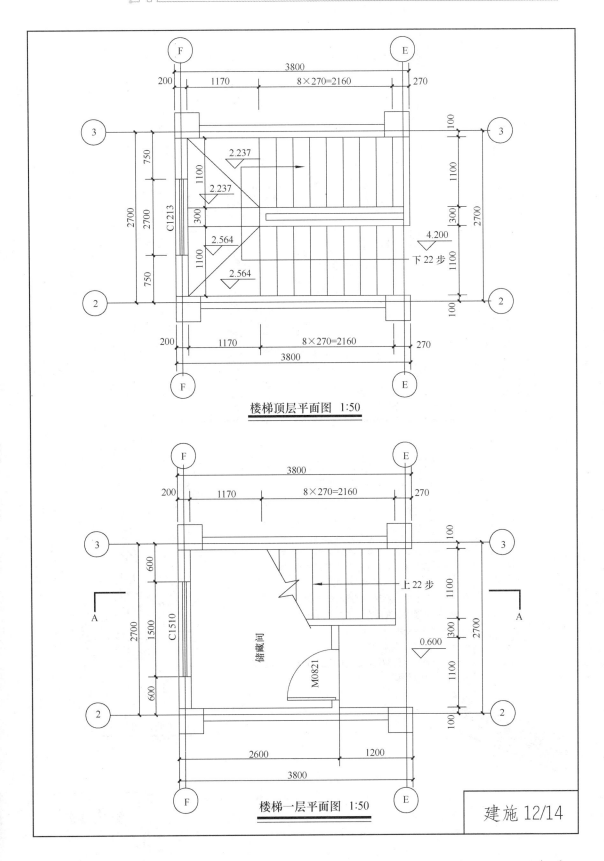

楼梯顶层平面图 1:50

楼梯一层平面图 1:50

建施 12/14

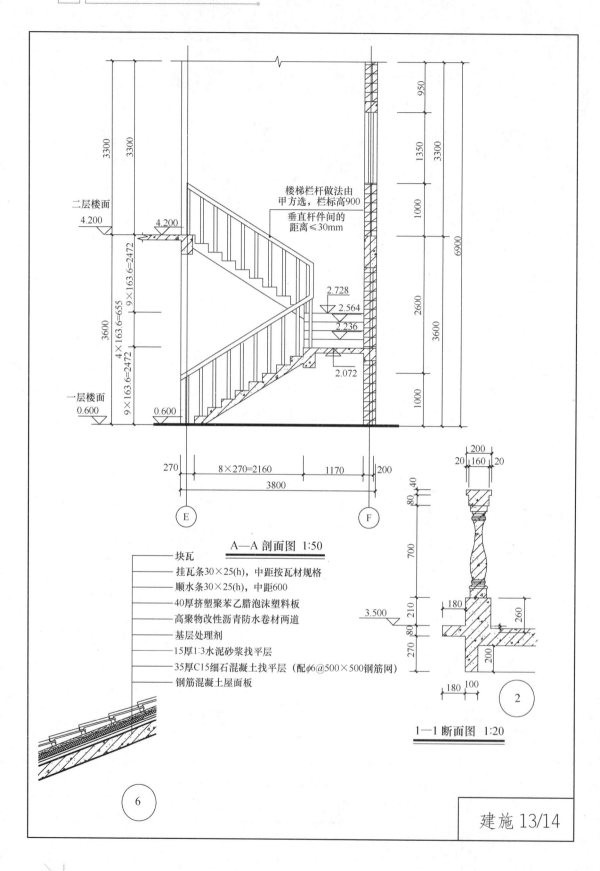

楼梯栏杆做法由
甲方选，栏标高900
垂直杆件间的
距离≤30mm

二层楼面
4.200

一层楼面
0.600

2.728
2.564
2.236
2.072

270  8×270=2160  1170  200
3800

E  F

A—A 剖面图 1:50

块瓦
挂瓦条30×25(h)，中距按瓦材规格
顺水条30×25(h)，中距600
40厚挤塑聚苯乙腊泡沫塑料板
高聚物改性沥青防水卷材两道
基层处理剂
15厚1:3水泥砂浆找平层
35厚C15细石混凝土找平层（配φ6@500×500钢筋网）
钢筋混凝土屋面板

3.500

200
20  160  20

700

210

180

260

3.500
80

270  80

180  100

180  100

2

1—1 断面图 1:20

6

建施 13/14

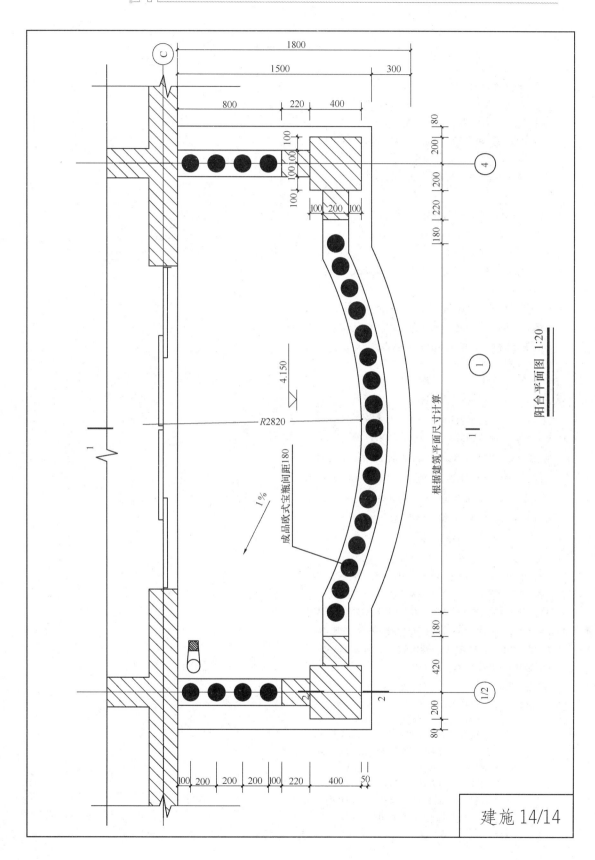

阳台平面图 1:20

根据建筑平面尺寸计算

R2820

1%

成品欧式宝瓶间距180

4.150

建施 14/14

## 结构设计总结说明

1. 设计依据国家现行规范规程及建设单位提出的要求。

2. 本工程标高以m为单位,其余尺寸以mm为单位。

3. 本工程为地上二层框架结构,使用年限为50年。

4. 该建筑抗震设防烈度为8度,场地类别Ⅱ类,设计基本地震加速度0.20g。

5. 本工程结构安全等级为二级,耐火等级为二级,框架抗震等级为二级。

6. 建筑结构抗震重要性类别为标准设防类。

7. 地基基础设计等级为丙级。

8. 本工程砌体施工等级为B级。

9. 本工程根据甲方提供资料进行基础设计,采用人工挖孔桩以中风化泥质砂岩层作为桩端持力层。见基础说明;基槽开挖完成后须经建设、设计、施工单位验收合格后方能继续施工。

10. 防潮层用1:2水泥砂浆掺5%水泥重量的防水剂,厚20mm(-0.060)。

11. 各结构构件混凝土强度等级见各层平面布置图。

12. 混凝土的保护层厚度:

    板:20mm;梁、柱:30mm;基础:40mm。

13. 钢筋:HPB235级钢筋(φ);HRB400(Φ);冷扎带肋钢筋CRB550(φ$^R$);钢筋强度标准值应具有不小于95%的保证率。

    钢材除应具有抗拉强度、伸长率、屈服强度,碳、硫、磷含量的合格保证及冷弯试验的合格保证外,还应满足下述要求:

    (1) 钢材的抗拉强度实测值与屈服强度实测值的比值不应小于1.2;

    (2) 钢材应具有明显的屈服台阶,且伸长率应大于20%;

    (3) 钢材应具有良好的可焊性和合格的冲击韧性。

14. $L>4$m的板,要求支撑时起拱$L/400$($L$为板跨);

    $L>4$m的梁,要求支模时跨中起拱$L/400$($L$表示梁跨);

    外露的雨罩、挑檐、挑板、天沟应每隔10～15m设一道10mm的缝,钢筋不断,缝用沥青麻丝塞填。

15. 基础回填土要求分层夯实,其回填土的压实系数不小于0.94。

16. 未经技术鉴定或设计许可,不得更改结构的用途和使用环境。

17. 因工程处于山区,边坡应避免深挖高填,坡高大且稳定性差的边坡应采用后仰放坡或分阶放坡。

18. 施工除应满足说明外,还应符合相关技术措施。

19. 选用规范:《建筑结构可靠度计算统一标准》(GB50068-2001)

    《建筑工程抗震设防分类标准》(GB50223-2008)

    《建筑地基基础设计规范》(GB50007-2002)

    《建筑结构荷载规范》(2006年版)(GB50009-2001)

    《混凝土结构设计规范》(GB50010-2002)

    《建筑抗震设计规范》(2008年版)(GB50011-2001)

    《冷扎带肋钢筋混凝土结构技术规程》(JGJ95-2003)

    《建筑结构制图标准》(GB/T50105-2001)

### 非承重砌体材料用表

| 构件部位 | | 砌块(砖)强度等级 | 砂浆强度等级 |
|---|---|---|---|
| 标高±0.000以上 | 外墙 | 200厚空心页岩砖 | M5混合砂浆 砌块材料容重≤10kN/m³ |
| | 内墙 | 200厚空心页岩砖 | M5混合砂浆 砌块材料容重≤10kN/m³ |
| 标高±0.000以下 | | 实心页岩砖 | M5水泥砂浆 砌块材料容重≤19kN/m³ |

注:填充墙及隔墙(断)的位置,厚度见建筑平面图

### 采用的通用图集目录

| 序号 | 图集编号 | 图集名称 |
|---|---|---|
| 1 | 03G101-1 | 混凝土结构施工图平面整体表 |
| 2 | 西南G701〈一〉 | 加气混凝土砌块填充墙构造图集 |
| 选用标准图的构件及节点时应同时按照标准图说明施工 | | |

结施 1/14

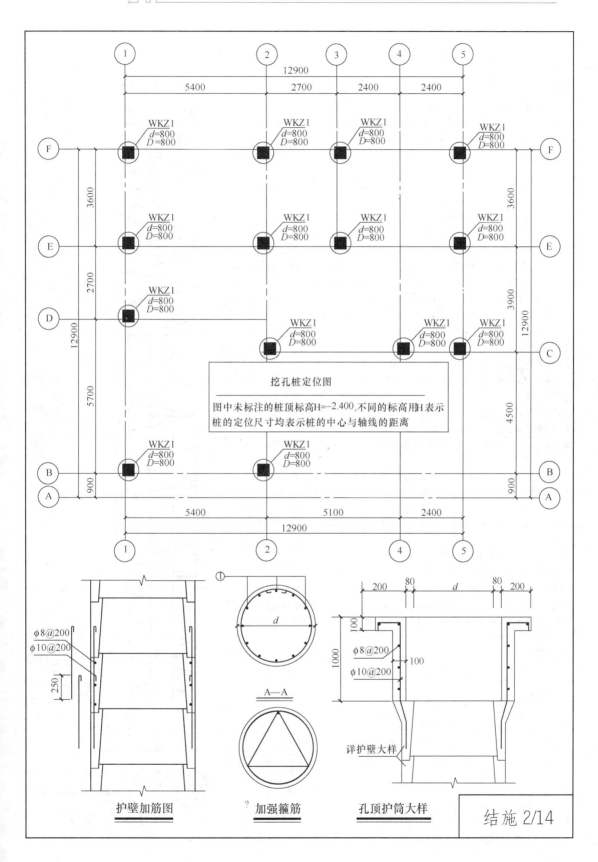

挖孔桩定位图

图中未标注的桩顶标高H=-2.400,不同的标高用H表示
桩的定位尺寸均表示桩的中心与轴线的距离

护壁加筋图

A—A

加强箍筋

孔顶护筒大样

结施 2/14

桩基设计说明

1. 根据建筑物场地情况，应建设单位要求，本工程设计为人工挖孔灌注桩。

2. 根据甲方提供的资料进行基础设计，桩基施工应严格按照
   《建筑桩基技术规范》(JGJ94-2008)执行。

3. 桩基施工前甲方应委托有资质的降水设计施工单位确定降水方案，制定降水施工
   措施，以确保桩基开挖时的人员机具安全。由于整个场地近期人工堆积的素填
   土较厚，在桩孔开挖之前必须对整个场地进行分层碾压夯实，待场地土夯实系数
   达0.94时方可开挖桩孔。

4. 由于场地回填土层较厚，桩孔较深，桩基施工应有可靠的施工方案和可靠的安全
   措施，故采取下述安全方案及措施：
   (1) 孔内必须设置应急软爬梯供人员上下；使用的电葫芦、吊笼等应安全可靠，
       并配有自动卡紧保险装置，不得使用麻绳和尼龙绳吊挂或脚踏井壁凸缘上下；
       电葫芦宜用按钮式开关，使用前必须检验其安全起吊能力；
   (2) 每日开工前必须检测井下的有毒、有害气体，并应有相应的安全防范措施；
       当桩孔开挖深度超过10m时应有专门向井下送风的设备，风量不宜少于25L/s；
   (3) 孔口四周必须设置护栏，护栏高度宜为0.8m；
   (4) 挖出的土石方应及时运离孔口，不得堆放在孔口周边1m范围内，机动车辆
       的通行不得对井壁的安全造成影响。

5. 桩基施工方案须经建设、设计、勘察、监理和质监各个部门审查通过后方能施工。

6. 以中风化泥质砂岩层作为桩端持力层，桩身长L不小于15m，进入桩端持力层深
   度不小于2m。桩的极限端阻力标准值为4500kPa。挖孔桩终孔时必须进行桩端持
   力层检测。

7. 桩及护壁混凝土均为C30，钢筋HPB235(φ)$f_y$=210N/mm²。

8. 钢筋的混凝土保护层厚度：桩为50mm，HRB400(φ)$f_y$=360N/mm²。

9. 对应桩中心距小于3.6m时，要采用间隔开挖及浇筑施工措施。当所有桩检测
   合格后方可进入下道工序施工。

10. 预留柱的纵筋直径和底层柱的配筋相同。桩中心与柱中心对准。

11. 基础预埋柱插筋与柱主筋采用机械或搭接连接，接头位置和方式严格按标准图
    《03G101-1》-36页施工。

12. 基础预埋墙插筋与墙主筋接头位置和方式严格按标准图《03G101-1》-48
    页施工。

13. 消防水池底板及侧墙混凝土的抗渗等级为S6。

14. 建施图上有墙而结施图上未设置地梁的位置做成条形基础TJ1、2、3,条基下
    的土要夯实，夯实系数不小于0.94。

15. 地梁施工前应由有资质的检测单位对桩的质量进行检测，桩的检测应满足《建筑
    桩基技术规范》(JGJ94-2008)，《建筑桩基检测技术规范》(JGJ106-2003)。

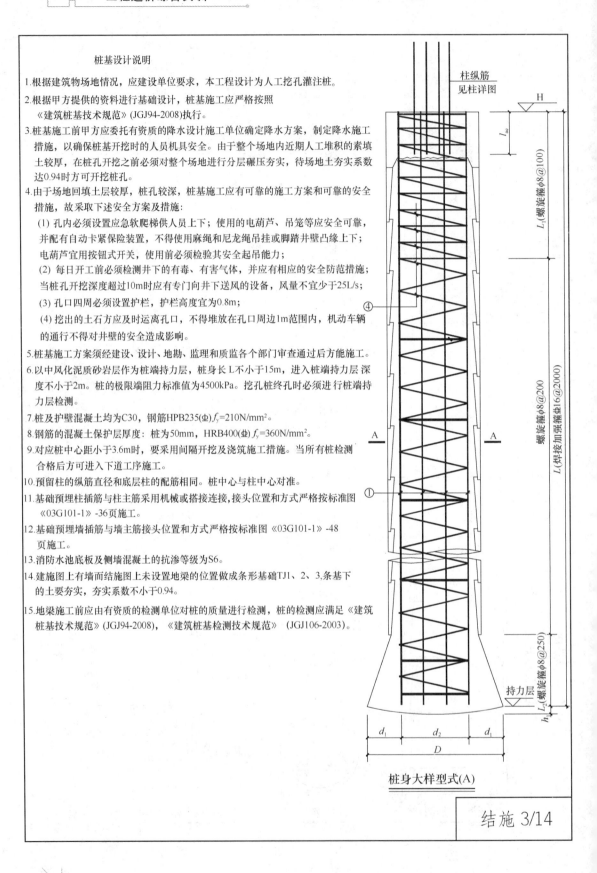

桩身大样型式(A)

结施 3/14

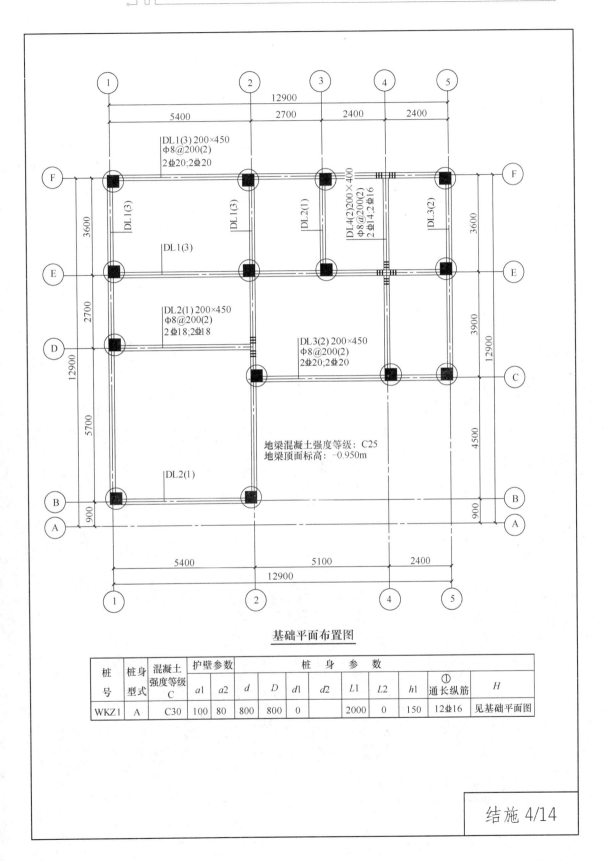

**基础平面布置图**

| 桩号 | 桩身型式 | 混凝土强度等级 C | 护壁参数 | | 桩　身　参　数 | | | | | | | | |
|------|---------|-----------------|---------|---|---|---|---|---|---|---|---|---|---|
| | | | a1 | a2 | d | D | d1 | d2 | L1 | L2 | h1 | ① 通长纵筋 | H |
| WKZ1 | A | C30 | 100 | 80 | 800 | 800 | 0 | | 2000 | 0 | 150 | 12Φ16 | 见基础平面图 |

地梁混凝土强度等级：C25
地梁顶面标高：−0.950m

结施 4/14

107

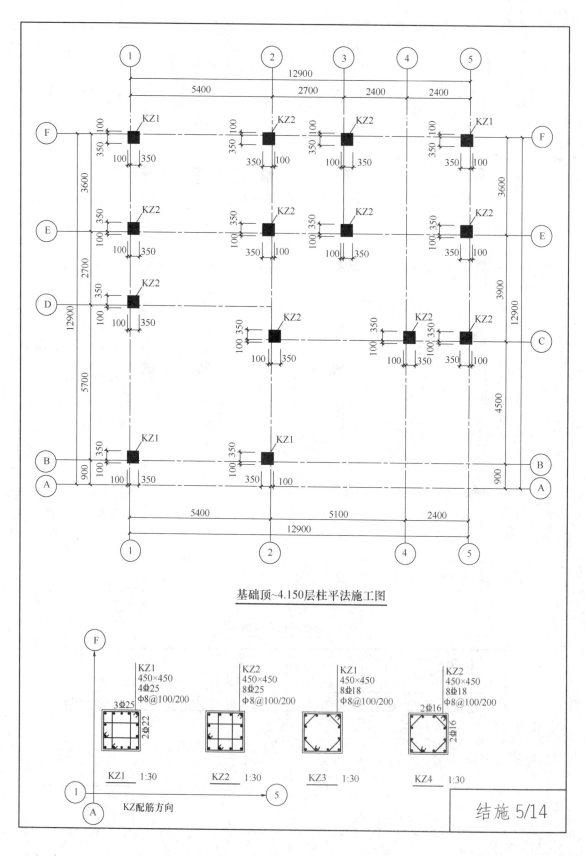

基础顶~4.150层柱平法施工图

KZ1
450×450
4Φ25
Φ8@100/200
3Φ25
2Φ22
KZ1 1:30

KZ2
450×450
8Φ25
Φ8@100/200
KZ2 1:30

KZ1
450×450
8Φ18
Φ8@100/200
KZ3 1:30

KZ2
450×450
8Φ18
Φ8@100/200
2Φ16
2Φ16
KZ4 1:30

KZ配筋方向

结施 5/14

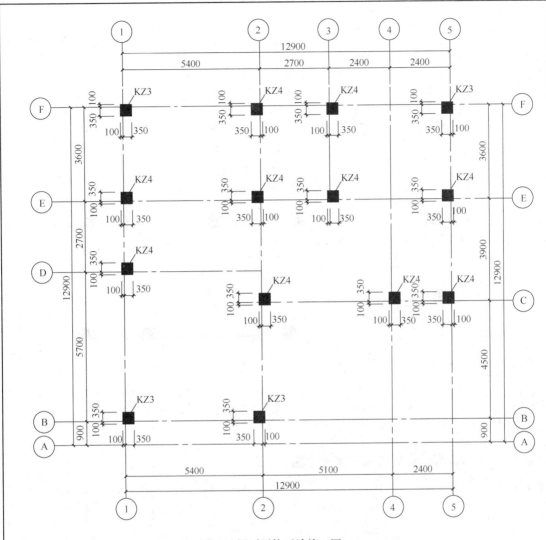

### 4.150~屋面顶柱平法施工图
柱混凝土强度等级为C25

| 坡屋面 | 坡屋面顶 | |
|---|---|---|
| 屋面 | 4.150 | 3.300 |
| 1 | 基础顶 | 4.200 |
| 层号 | 标 高(m) | 层高(m) |

结构层楼层标高
结 构 层 高

注:1.本工程框架抗震等级为二级;
　　2.柱混凝土强度等级为C25。

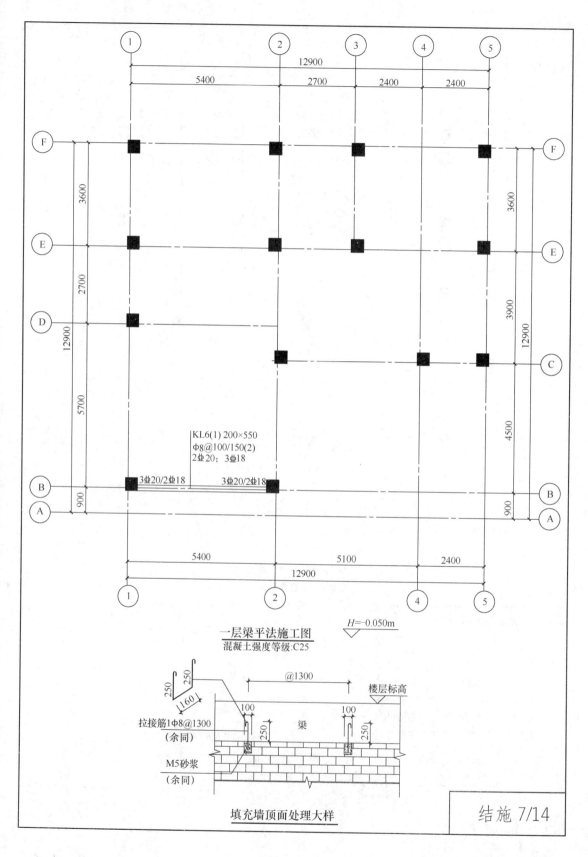

一层梁平法施工图
混凝土强度等级:C25

$H=-0.050m$

KL6(1) 200×550
Φ8@100/150(2)
2Φ20；3Φ18

3Φ20/2Φ18    3Φ20/2Φ18

填充墙顶面处理大样

拉接筋1Φ8@1300
（余同）

M5砂浆
（余同）

楼层标高

梁

@1300

结施 7/14

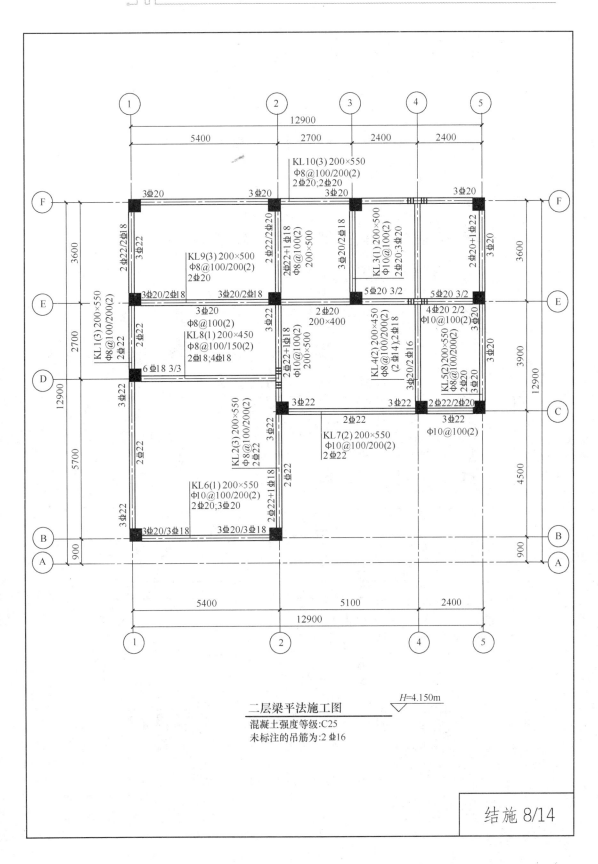

二层梁平法施工图
$H=4.150m$

混凝土强度等级:C25
未标注的吊筋为:2 Φ16

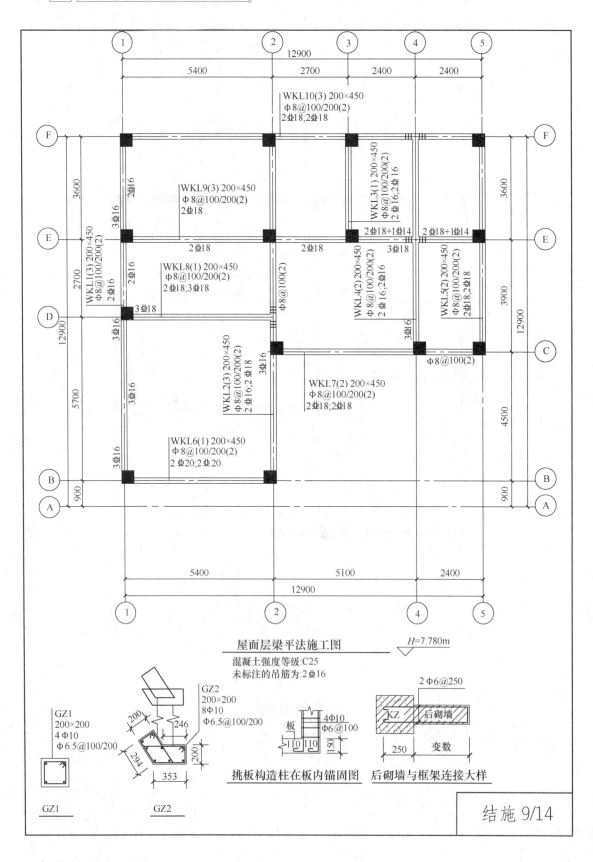

屋面层梁平法施工图 $H=7.780\text{m}$

混凝土强度等级:C25
未标注的吊筋为:2Φ16

挑板构造柱在板内锚固图　后砌墙与框架连接大样

GZ1　　　　　GZ2

结施 9/14

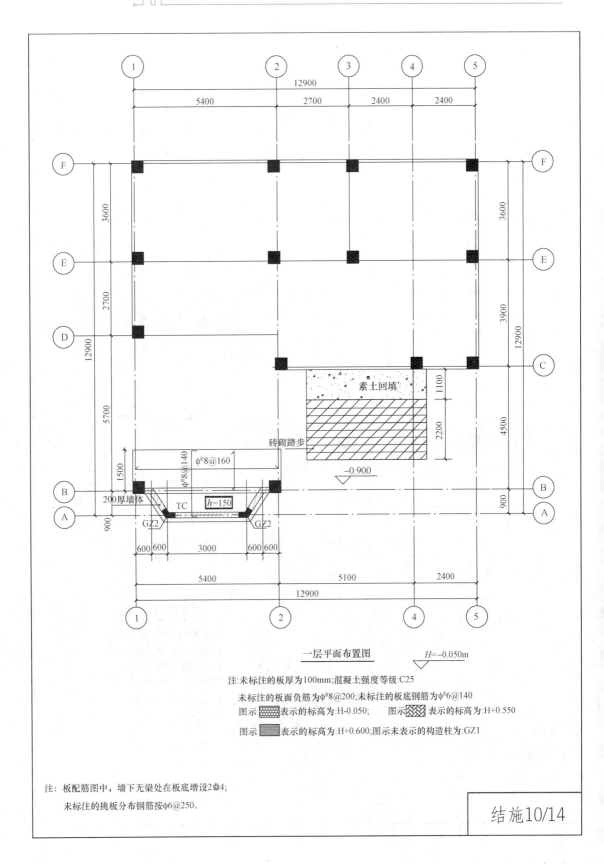

一层平面布置图　　　　$H=-0.050m$

注:未标注的板厚为100mm;混凝土强度等级:C25

　　未标注的板面负筋为$\phi^R8@200$;未标注的板底钢筋为$\phi^R6@140$

　　图示▨表示的标高为:H-0.050;　　图示▨表示的标高为:H+0.550

　　图示▨表示的标高为:H+0.600;图示未表示的构造柱为:GZ1

注:　板配筋图中,墙下无梁处在板底增设2±4;

　　未标注的挑板分布钢筋按$\phi6@250$。

结施10/14

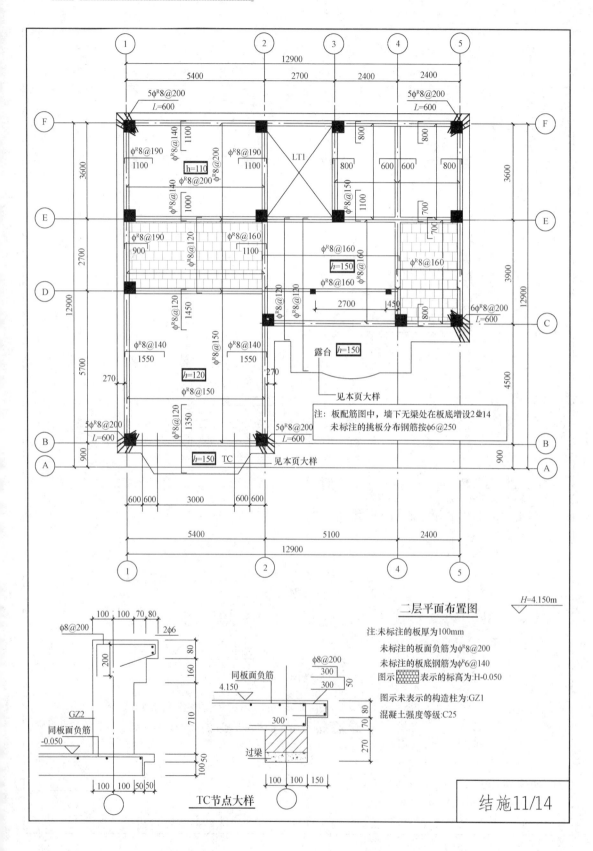

二层平面布置图

注:未标注的板厚为100mm

　　未标注的板面负筋为$\phi^R8@200$

　　未标注的板底钢筋为$\phi^R6@140$

　　图示 ▨▨▨ 表示的标高为H-0.050

　　图示未表示的构造柱为:GZ1

　　混凝土强度等级:C25

$H$=4.150m

注: 板配筋图中,墙下无梁处在板底增设2Φ14
未标注的挑板分布钢筋按$\phi6@250$

TC节点大样

结施11/14

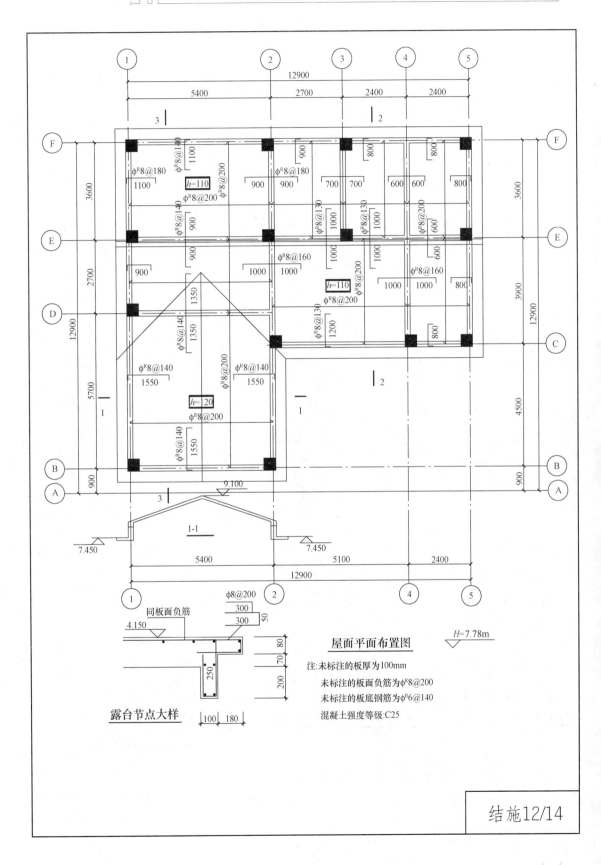

屋面平面布置图

注:未标注的板厚为100mm

未标注的板面负筋为φ8@200

未标注的板底钢筋为φ<sup>R</sup>6@140

混凝土强度等级:C25

露台节点大样

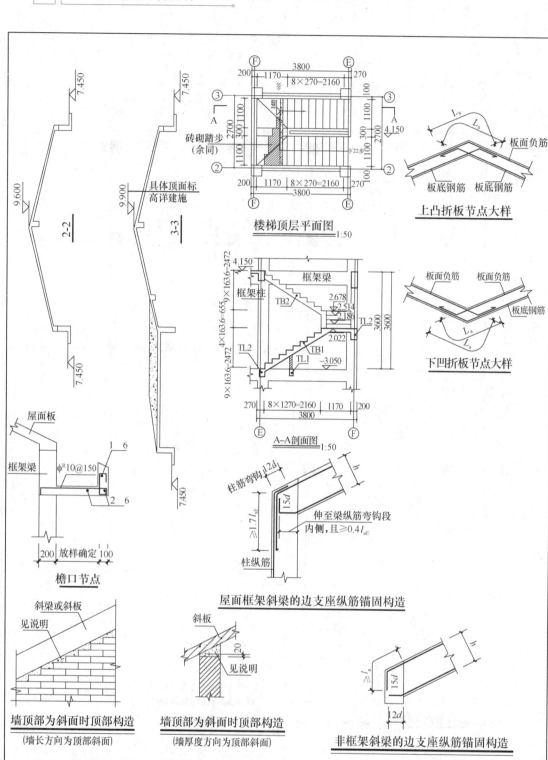

楼梯顶层平面图 1:50

上凸折板节点大样

下凹折板节点大样

A-A剖面图 1:50

檐口节点

屋面框架斜梁的边支座纵筋锚固构造

墙顶部为斜面时顶部构造
（墙长方向为顶部斜面）

墙顶部为斜面时顶部构造
（墙厚度方向为顶部斜面）

非框架斜梁的边支座纵筋锚固构造

注：坡屋面下砌体填充墙或隔墙的顶部为斜面时，待墙体砌好五天后，
　　在墙顶部两边用干硬性的C20细石混凝土塞入顶部缝内，务必嵌实。

结施13/14

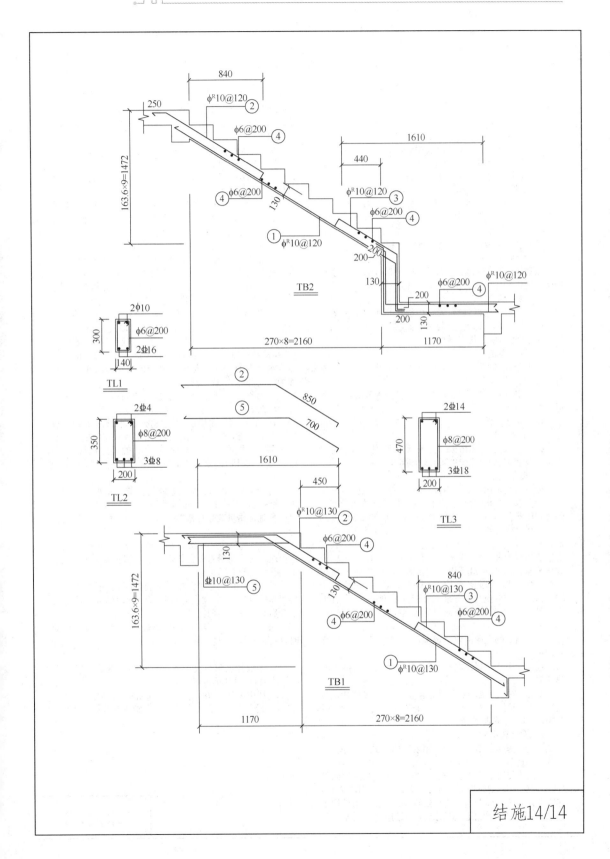

# 设计说明

一、设计依据

1. 建设单位提出的技术要求

2. 采用的规范

(1)建筑给水排水设计规范GB 50015—2003；

(2)建筑设计防火规范GB 50016—2006；

(3)住宅建筑规范GB 50368—2005；

(4)建筑灭火器配置设计规范GB 50140—2005。

3. 本项目设计组各专业提供的图纸资料及技术要求。

二、尺寸单位：管径及长度以mm计，高程以m计，高程零点：以室内底层地坪为土0.000。高程注法：给水管及热水管为营中心高程，排水管为营底高程。

三、给水系统

水源采用城市自来水，水压按0.33MPa，全部生活用水均由市网压力直接供给，每户设分户水表一只。

四、热水供应

由家用电热水器供给，设计中提出热水器的参考位置，并将热水管设计到位。若热水器实际安装位置与图纸不符，则管道应作相应调整。

五、排水系统

污雨分流，生活污水经化粪池处理后排入城市污水管。化粪池位置及容量详总平面图。

所有卫生间采用同层排水，住户的空调凝结水用管道有组织排放。

雨水详施工图。

六、消防设施

按A类火灾配置磷酸铵盐干粉灭火器。住宅按轻危险级别，每处两具；每具充装量2kg，悬挂高度1.5m。

七、设备选用

分户水表采用立式水表，设在水表箱(柜)内。

面盆选用台板式面盆，板上安装；蹲便器选用无前挡陶瓷蹲便器，延时自闭冲洗阀冲洗，自闭冲洗阀必须选带有破坏真空装置的产品；浴盆采用钢板或铸铁搪瓷浴盆，坐厕采用节水型6L低水箱坐厕；淋浴器采用带软管淋浴喷头的双管淋浴器；洗涤盆采用双联不锈钢洗涤盆；洗衣机地漏及雨水地漏采用无水封地漏，其余地漏选用UPVC深水封圆形塑料地漏，其水封深度不得小于50mm；卫生洁具应与上下水五金配件成套购置，所有卫生洁具及五金配件均须选择节水型，符合CJ 164—2002标准。

卫生洁具的色泽由业主选定，宜与建筑的内部装饰协调一致。

设计图中热水器设在厨房内，必须采用强制排风式热水器。

所有角阀及水嘴均采用铜质，陶瓷阀芯，洗衣机用的带波纹接头，阀门；DN≤40mm，为截止阀，DN≥50mm，用蝶阀，阀门均为铜质，耐压均为1.0MPa。

八、管材选用

明露在室外的给水立管采用内筋嵌入式衬塑钢管，卡式快装连接。

室内暗装的生活给水及热水管采用无规共聚聚丙烯(PP—R)给水管，热熔连接。耐压等级：冷水管为1.25MPa，热水管为1.60MPa，与阀门连接处转换为丝接。室外埋地给水管采用PE80级聚乙烯给水管，热熔连接。污水管采用PUI型UPVC硬聚氯乙烯螺旋消音排水塑料管，雨废水管均采用GD型UPVC硬聚氯乙烯排水塑料管，粘接。污雨水底部出户横管采用加厚型塑料排水管。

九、设备及管道安装

1. 卫生洁具均按国标99S304安装。

2. 各种卫生洁具五金配件的安装高度均详厨卫大样图。

3. 生活污水管在每层排水横管的下方设伸缩接头一个，污水立管底部转弯处采用两个45°弯头相连。

4. 卫生洁具应及早定货，施工时根据实际定货的洁具尺寸预留孔洞，避免事后敲凿打洞。

5. 管道穿越混凝土楼(屋)面时，应预埋钢套营，套管口径规格比管道大二号并高出地面50mm。

6. 当管道设在覆土层或回填土内时，应先将覆土层或回填土夯实后开挖管槽埋管，严禁先安管道后回填。

7. 生活冷水管设在吊顶内时，应对管道作保冷防结露措施，用CAS憎水型保温材料，保温厚度30mm。

8. 凡图中未注明的细部尺寸。拿墙(柱)安装的立营中心距墙(柱)面的距离，给水立管为80～100mm，雨污排水立管为130～150mm，其余的可由施工单位根据现场情况，依据常规处理。

9. 凡图中未注明的排水横管坡度均按标准坡度0.026敷设。

10. 管道安装完毕后，给水管及热水管应依据验收规范进行试压，试压方法按《建筑给水排水及采暖工程施工质量验收规范》GB 50242—2002的规定执行，试验压力为1.0MPa，污雨水立管和水平干管应进行罐水通球试验。

11. 给水和热水管道在系统运行前须用水冲洗和消毒，冲洗流速不小于1.5m/s，并符合《建筑给水排水及采暖工程施工质量验收规范》GB 50242—2002的规定执行。

12. 为避免住户二次装修时破坏暗埋的管道，施工单位竣工时应将所有暗敷管道的准确位置标明在竣工图上，交付建设单位。

13. 建设单位或住户在二次装修时，若用装饰材料将明露管道掩蔽，应在设有检查口和阀门的部位留有便于开启和检修的活门。

14. 安装过程中若实际情况与设计图纸不符需变动时，应告知设计人员并取得认可。

十、其他

1. 本设计说明与设计图纸具有同等效力。当二者有矛盾时，以设计单位解释为准。

2. 图中所有带撇的制图元素均与同号不带撇的对称。

3. 其余未尽事宜按有关施工及验收规范规程执行。

水施1/8

## 图 例

| 名　称 | 图　形 | 名　称 | 图　形 |
|---|---|---|---|
| 生活给水管 | —————冷水管<br>－－－－热水管<br>－·－·－·冷热水管重合 | LXS型水表 | |
| | | 通气罩 | |
| 生活排水管 | PLX-n ⟋ X表示户型 | 坐式大便器 | |
| 空调冷凝水管 | KLX-n ⟋ X表示户型 | 蹲式大便器 | |
| 阳台雨水管 | YLX-n ⟋ X表示户型 | 洗手盆 | |
| 地漏 | | 软管淋浴头 | |
| 检查口 | | 浴缸 | |
| 灭火器 | | 延时自闭式阀 | |
| 检查井 | Wn | 角阀 | |
| 截止阀 | | 放水龙头 | |

### 塑料管外径与公称直径对照表

| 公称直径 | DN15 | DN20 | DN25 | DN32 | DN40 | DN50 | DN65 | DN80 | DN100 | DN150 |
|---|---|---|---|---|---|---|---|---|---|---|
| 公称外径 | De20 | De25 | De32 | De40 | De50 | De63 | De75 | De90 | De110 | De160 |

### UPVC排水塑料管外径与公称直径对照关系

| 塑料管外径 | mm | (de) | 50 | 75 | 110 | 160 |
|---|---|---|---|---|---|---|
| 公称直径 | mm | (DN) | 65 | 65 | 100 | 150 |

### 选用图目录

| 名　称 | 国标图号 |
|---|---|
| 常用小型仪表及特种阀门选用安装 | 01SS105 |
| 卫生洁具安装 | 99S304(P22,38,62,103,118) |
| 给水塑料管安装 | 02SS405-2 |
| 建筑排水用硬聚氯乙烯(PVC-U)管道安装 | 96S406(P5,13,14,16,21) |
| 室内管道支、吊架的制作安装 | 03S402 |
| 排水设备附件制造及安装 | 04S301 |
| 雨水斗 | 01S302 |

水施2/8

119

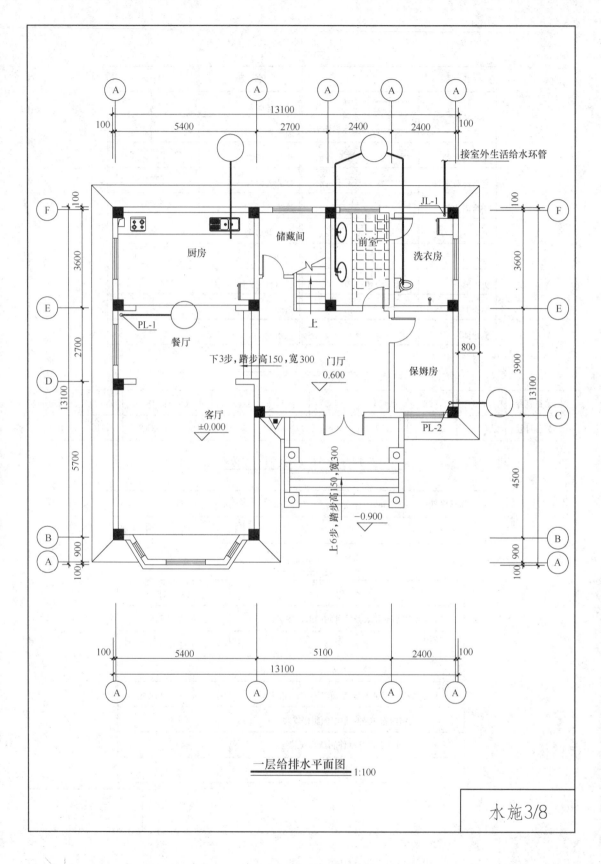

一层给排水平面图 1:100

水施3/8

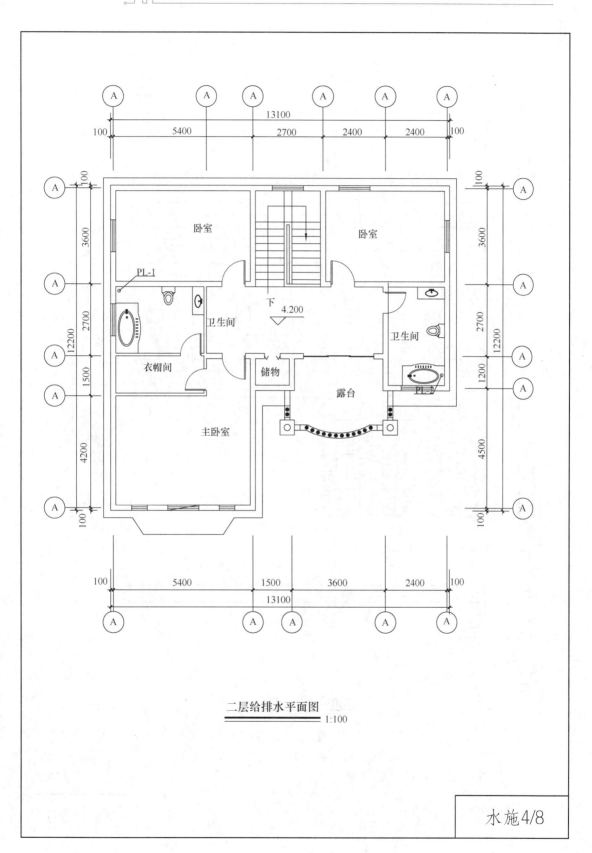

二层给排水平面图

1:100

水施4/8

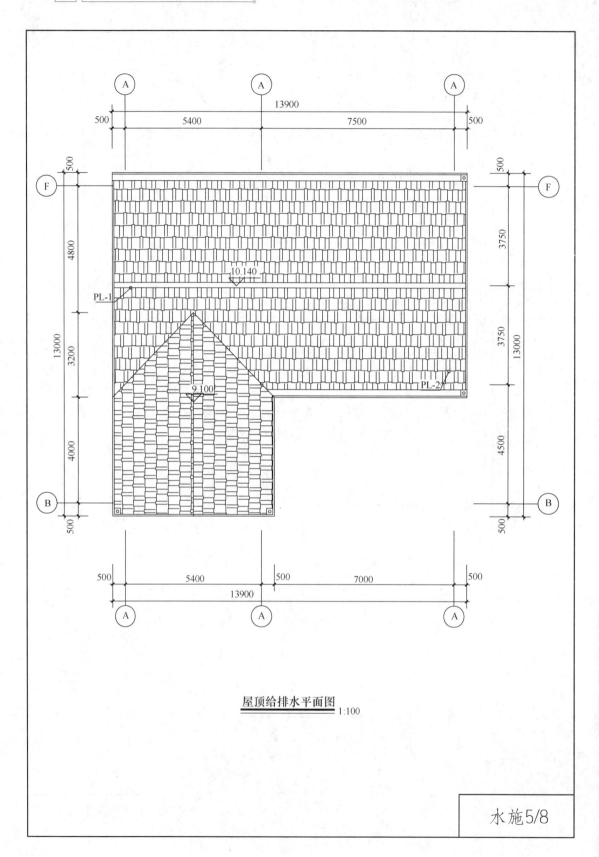

屋顶给排水平面图
1:100

水施5/8

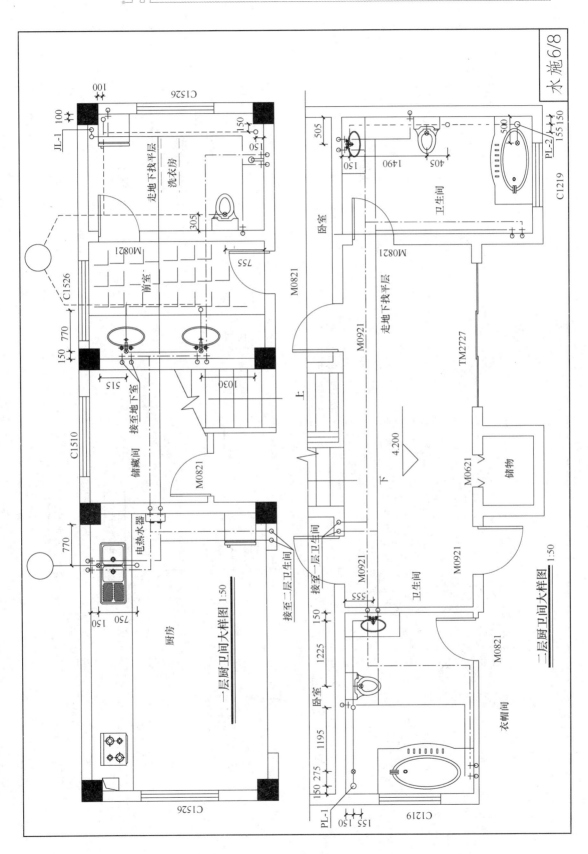

一层厨卫间大样图 1:50

二层厨卫间大样图 1:50

水施 6/8

水施7/8
排水立管展开图
RF+0.50
RF
接支管详图
H2
PL-1
PL-2
DN100
H1
DN150
-0.60
-1.80
DN150
i=0.026
两个45°弯头连接
厨卫间排水支管图
DN50
DN100
Hn-0.30
PL-1
接室外污水检查井
i=0.026
DN75
-1.80
PL-2
Hn
DN25
给水立管展开图
JL-1
H1+0.50
H1+0.30
H1
DN25
-1.60
接室外生活给水环管

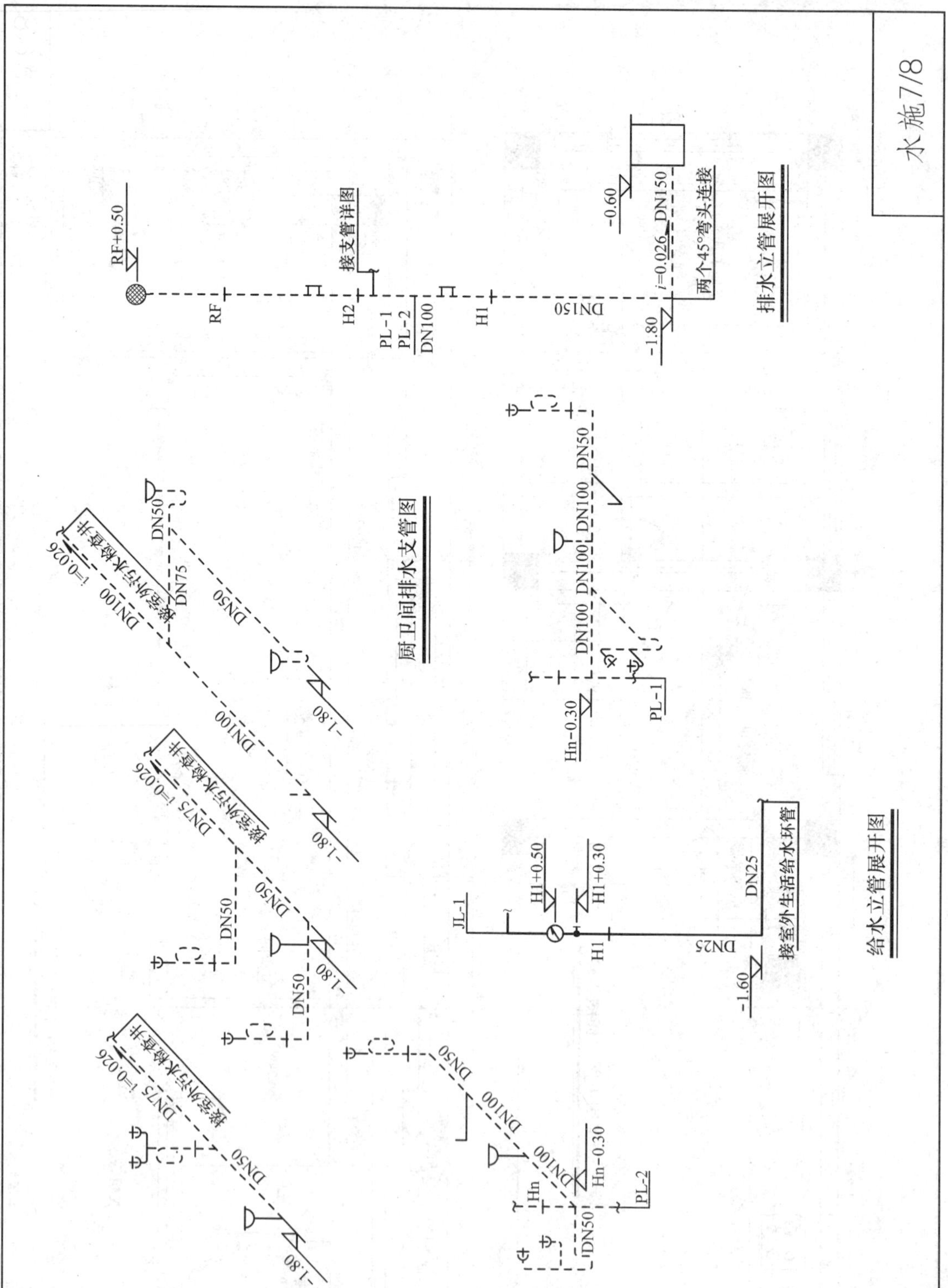

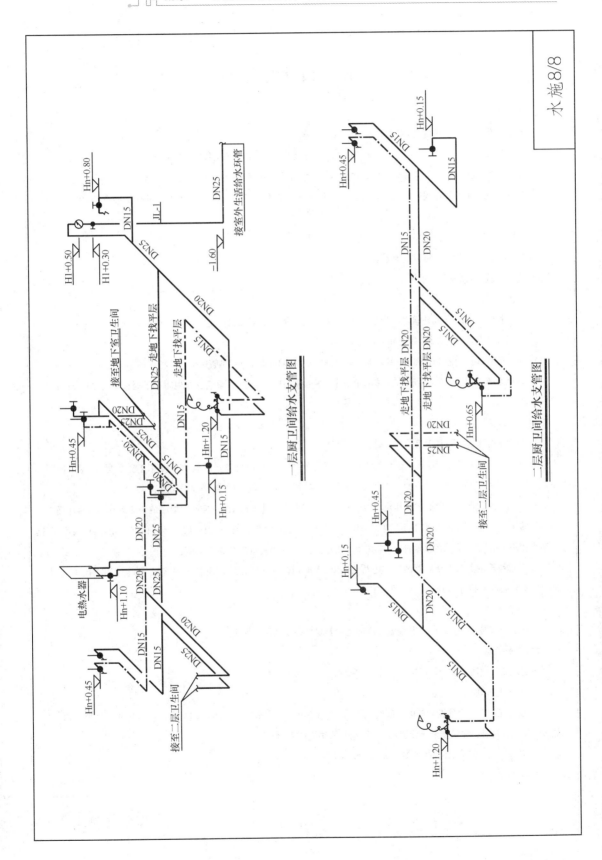

水施 8/8

一层厨卫间给水支管图

二层厨卫间给水支管图

# 电气设计说明

**一、设计依据**

1. 甲方提供的设计要求资料;有关专业提供的设计资料。

2.《民用建筑电气设计规范》JCJ 16—2008;《住宅设计规范》GB 50096—2011(2003 年版);《建筑物防雷设计规范》GB 50057—2010;《低压配电设计规范》GB 50054—2011。

3. 国家其他有关的设计规范和规程以及相关的批文和建筑专业的作业图以及相关工种提供的资料,甲方的要求。

**二、设计范围**

1. 电力系统,照明系统,防雷接地系统;

2. 电视系统,电话及网络系统。

**三、供电系统**

1. 本工程建筑高度6.6m,建筑面积为264.44 $m^2$,本工程为框架结构,地上二层。

2. 本工程负荷等级为三级,住宅部分负荷 $P_e$=15kW。

3. 本工程拟由小区变配电室引来 AC220/380V 电源,入单元总配电箱处穿钢管保护。

4. 接地系统采用 TN—S 系统,入户总电箱处作重复接地,接地形式采用联合接地电阻小于等于1欧,并作总等电位联接。

**四、照明设计**

1. 住宅部分考虑二装基本采用节能灯。

2. 照明干线除开关和标注外其余均为单相三线铜芯导线穿 PVC 阻燃管暗沿地,墙,板内暗敷,客厅,大厅照明预留二个回路,餐厅预留一个照明回路。在吊顶(闷顶)内包括二装中有电气配线,必须采用金属管配线。

3. 插座回路除标注导线根数外其余均为单相三线采用 BV—3X4mm²,卧室插座离墙端的距离为0.7m,客厅插座离墙端的距离为0.5m,开关离墙门的距离为0.15~0.2m。卫生间内壁灯回路由卫生间内插座回路引来,接地线应到位。二装中使用非白炽灯,应采用就地补偿其功率因数的措施。图中所有插座均为安全型。

4. 总进线箱的总漏电断路器的动作电流为100mA 时,其动作时间为0.3S;各分回路漏电断路器的漏电电流为30mA,动作时间不超过0.1S。

**五、设备安装**

总配电箱暗装,距地1.5m。其余安装高度见主要材料表及平面图标注。

**六、防雷接地**

本建筑按三类防雷设计,具体见屋顶防雷平面图。

**七、总等电位联接**

1. 在总配电箱入户处设总等电位联结端子箱,该箱等电位联结出线为—25×4 热镀锌扁钢,接地干线为—40×4 热镀锌扁钢。凡进出建筑物金属管道,电缆金属外皮均应作等电位联结。

2. 卫生间作局部等电位联结,参见标准图集02D501—2。

**八、弱电部分**

(一)通讯

电施1/9

1. 电话电缆,数据电缆从室外引到电话总分线箱及网络总分线箱,分线箱墙上暗装,安装底边距地 1.5m。电话及网络分线盒墙上暗设,安装高度:底边距地 0.5m。电话及网络插座出线盒,墙上暗装,安装高度为底边距地 0.3m。

2. 器件箱内放大器电源 AC220V,电源由照明配电箱独立回路引来。

3. 网络设备由网络公司根据业主要求二次设计确定,安装网络设备时需加装电子避雷器。

(二)电视

1. 楼内电视电缆由市有线电视室外管网引来,电视器件箱墙上暗装,安装高度为底边距地 1.5m,电视出线盒墙上暗设,安装高度为底边距地 0.3m。

2. 器件箱内放大器电源 AC220V,电源由照明配电箱独立回路引来。

九、施工安装要求

1. 弱电部分施工时只敷设箱,盒及保护管。

2. 弱电用插座距交流电源插座 0.3m 以上。

3. 施工时应与土建密切配合,预埋及预留,安装调试完毕后,楼板及墙体上预留洞口应用防火堵料严密封堵。

4. 凡有二装处应与二装密切配合并按规范调整插座位置。二装吊顶内应用钢管作保护管。

5. 凡属非标设备在订货以及由当地有关部门进行设计施工的相关项目时,建设单位,设计公司,有关部门及厂家应根据实际情况共同协商确定。

6. 本说明中未提及者均按各施工验收规范及规程中有关条文执行。

7. 本工程所用电器产品应采用 3C 认证产品。

十、安装方式的标注

1. 线路敷设方式的标注

穿焊接钢管 SC,穿电线管 MT,穿硬塑料管 PC,穿阻燃半硬聚氯乙烯管 FPC。

2. 导线敷设部位标注

墙内暗设 WC,墙面敷设 WS,顶板内暗设 CC,顶板面敷设 CE,地板内暗设 FC,暗敷在梁内 BC,暗敷在柱内 CLC,沿或跨梁(屋架)敷设 AB,沿柱或跨柱敷设 AC。

### 本工程选用电气标准图集目录

| 序　号 | 图册代号 | 图册名称 | 备　注 |
|---|---|---|---|
| 1 | 99D501-1 | 建筑物防雷设施安装 | 避雷带暗装 P/2-09 |
| 2 | 03D501-4 | 接地装置安装 | 基础内接地体 P/14,15 |
| 3 | 02D501-2 | 等电位联结安装 | 总等电位 P/12,13,14 浴室局部等电位 P/16 |
| 4 | D702-1～2 | 常用低压配电设备及灯具安装 | |
| 5 | 98D301-2 | 硬塑料管配线安装 | |
| 6 | 97X700 | 智能建筑弱电工程设计施工图集 | |
| 7 | 03D603 | 住宅小区建筑电气设计与施工 | |
| 8 | | 《建筑电气安装工程图集》 | |

电施2/9

| 弱电敷设管线及回路表 | | | | |
|---|---|---|---|---|
| | 回路 | 敷设导线 | 管材及管径 | 敷设方式 |
| 电视 | TV | SDVC-75-7 | PC20 | FC、WC、BC |
| | TV1 | SDVC-75-5 | PC16 | FC、WC、BC |
| | TV2 | SDVC-75-5 | PC20 | FC、WC、BC |
| 电话及网络 | TO | 1061004 | PC20 | FC、WC、BC |
| | TO1 | 1061004   RVS-2X0.5 | PC20 | FC、WC、BC |
| | TO2 | RVS-2X0.5 | PC16 | FC、WC、BC |
| 对讲 | DJ1 | RVVP-5X1.0 SDVC-75-5 | PC25 | FC、WC |

| 主要材料表 | | | | | | |
|---|---|---|---|---|---|---|
| 序号 | 图例 | 名 称 | 规 格 | 单位 | 数量 | 备 注 |
| 1 | | 户用配电箱 | | 台 | | 1.5m |
| 2 | ⊗ | 软线吊灯 | 60W | 套 | | 吸顶 |
| 3 | ⊗ | 防潮防尘灯 | 60W | 套 | | 吸顶 |
| 4 | ⊖ | 吸顶灯 | DLMX101-D | 套 | | 吸顶 |
| 5 | ⊖ | 壁灯 | DLML3-J | 套 | | 2.0m |
| 6 | | 单位单极开关 | AP86K11-10 | 个 | | 1.3m |
| 7 | | 两位单极开关 | AP86K21-10 | 个 | | 1.3m |
| 8 | | 三位单极开关 | AP86K31-10 | 个 | | 1.3m |
| 9 | | 四位单极开关 | AP86K41-10 | 个 | | 1.3m |
| 10 | | 单位单极防溅开关 | AP86K11F-10 | 个 | | 1.3m |
| 11 | | 两位单极防溅开关 | AP86K21F-10 | 个 | | 1.3m |
| 12 | | 两位两极带接地插座 | AP86Z23A10 | 个 | | 0.3m |
| 13 | K2 | 两极带接地插座(空调) | AP86Z13A16 | 个 | | 1.8m |
| 14 | R  y c | 两极带接地插座(带开关) | AP86Z223F16 | 个 | | 1.8m |
| 15 | W | 两位两极带接地插座(防溅) | AP86Z223F16 | 个 | | 1.5m |
| 16 | X | 两位两极带接地插座(防溅) | AP86Z223F16 | 个 | | 1.5m |
| 17 | | 三相带接地插座 | | 个 | | 0.3m |
| 18 | TV | 电视插座 | AP86ZTV | 个 | | 0.3m |
| 19 | TP | 电话插座 | AP86ZTP | 个 | | 0.3m |
| 20 | TO | 语音信息插座 | | 个 | | 0.3m |
| 21 | DMTX | 家用多媒体箱 | TV电视DJ对讲 TO网络TP电话 | 台 | | 0.5m |
| 22 | MEB | 总等电位分线箱 | | 台 | | 0.5m |
| 23 | LEB | 局部等电位分线箱 | | 台 | | 0.5m |

电施3/9

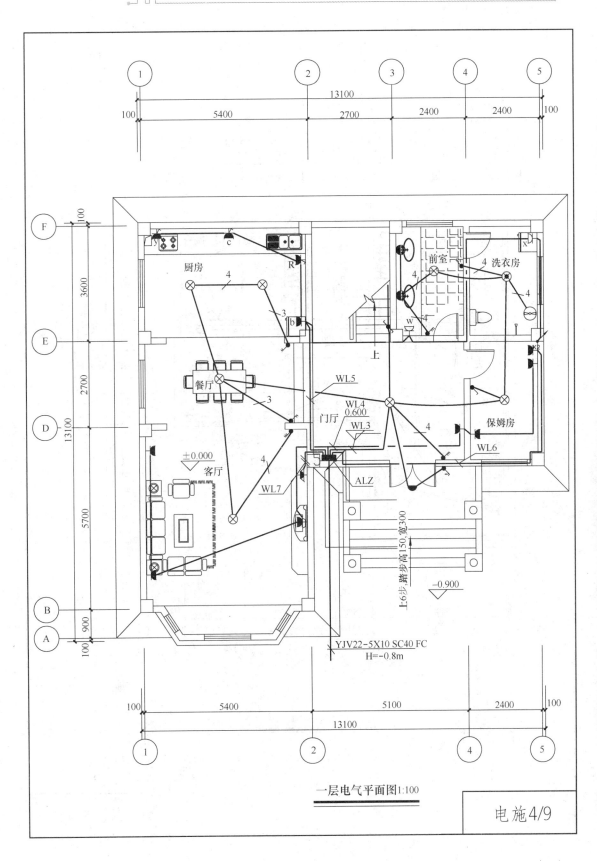

一层电气平面图1:100

电施4/9

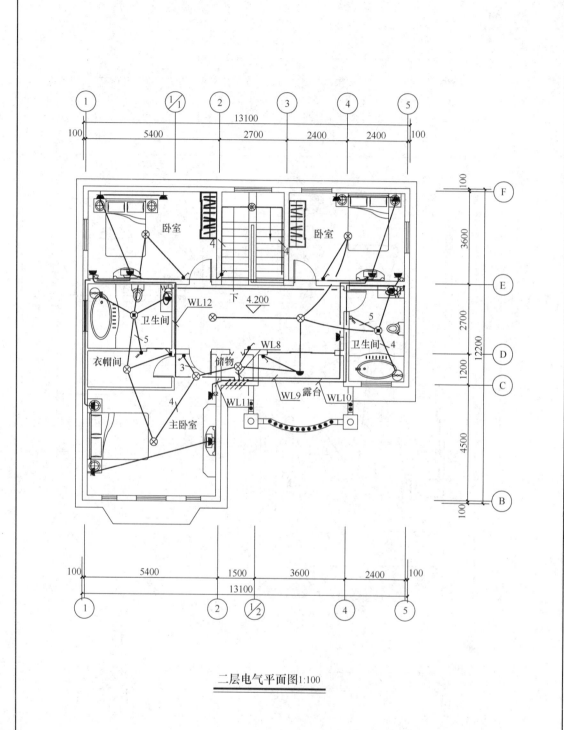

二层电气平面图1:100

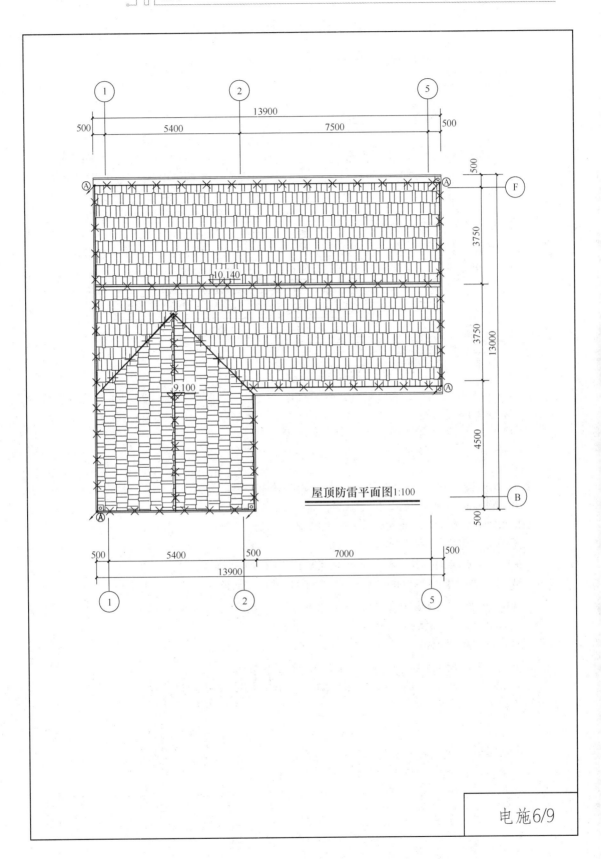

屋顶防雷平面图1:100

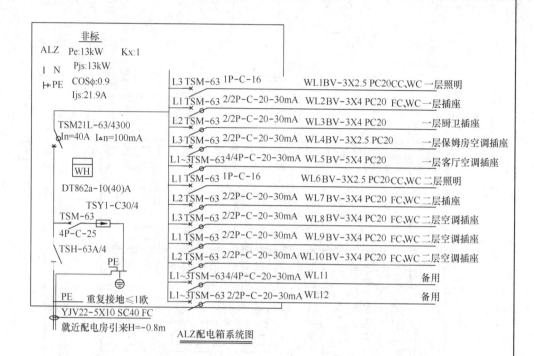

ALZ配电箱系统图

说明:

1. 本工程按三级防雷设防,在屋檐及屋脊处设置φ10钢筋作为暗设避雷带,
   要求突出屋顶的金属物件均应与避雷带形成可靠电气连接。

2. 本工程利用框架柱内4根φ12的主筋通焊作为引下线,要求引下线与
   避雷带焊接和接地体均须形成电气连接。

3. 利用基础钢筋和地圈梁做防雷和电气接地的共用接地体,基础地圈梁下层钢筋
   电气连接形成闭环,要求工频接地电阻〈1欧,若不够时,再打做人工接地。

4. 标有A处作为引下线的构造柱在底层距地 0.5m处预留 -50×5连接板,
   并与柱内主筋焊接,检测端子:距地-1.0m,焊接出镀锌扁钢-40×4
   伸出室外,距外墙1.5m。

5. 所有突出屋面的金属体均应就近与避雷装置相连,所有进出本建筑的金属
   管道,穿线钢管与PE干线,建筑物内金属构件做总等电位连接且均与环形接地体相连。

电施7/9

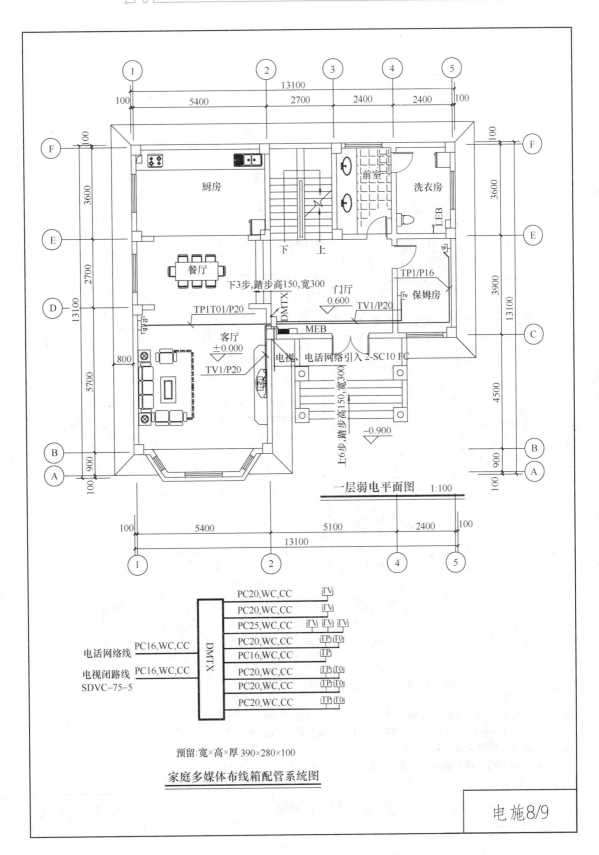

一层弱电平面图    1:100

家庭多媒体布线箱配管系统图

预留:宽×高×厚 390×280×100

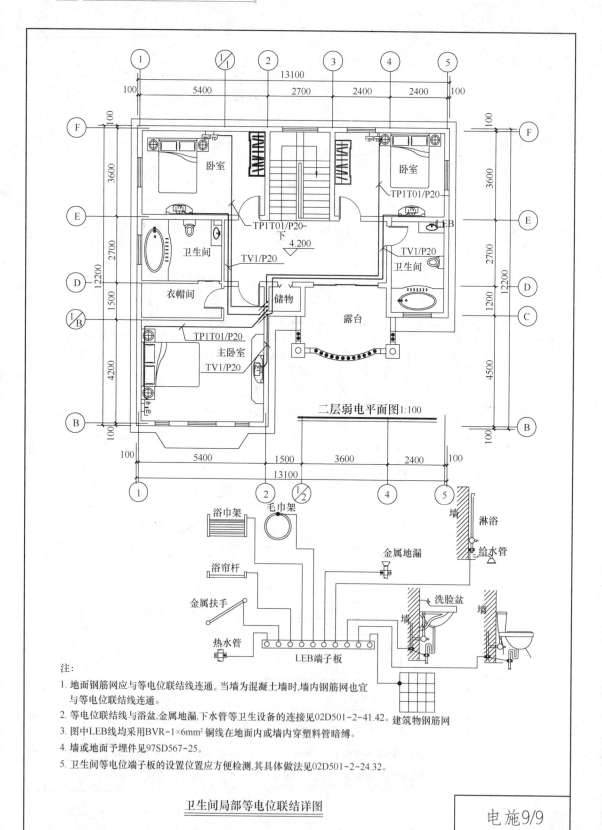

二层弱电平面图1:100

卫生间局部等电位联结详图

注:
1. 地面钢筋网应与等电位联结线连通。当墙为混凝土墙时,墙内钢筋网也宜与等电位联结线连通。
2. 等电位联结线与浴盆,金属地漏,下水管等卫生设备的连接见02D501-2-41.42.
3. 图中LEB线均采用BVR-1×6mm² 铜线在地面内或墙内穿塑料管暗缚。
4. 墙或地面予埋件见97SD567-25.
5. 卫生间等电位端子板的设置位置应方便检测,其具体做法见02D501-2-24.32.

电施9/9

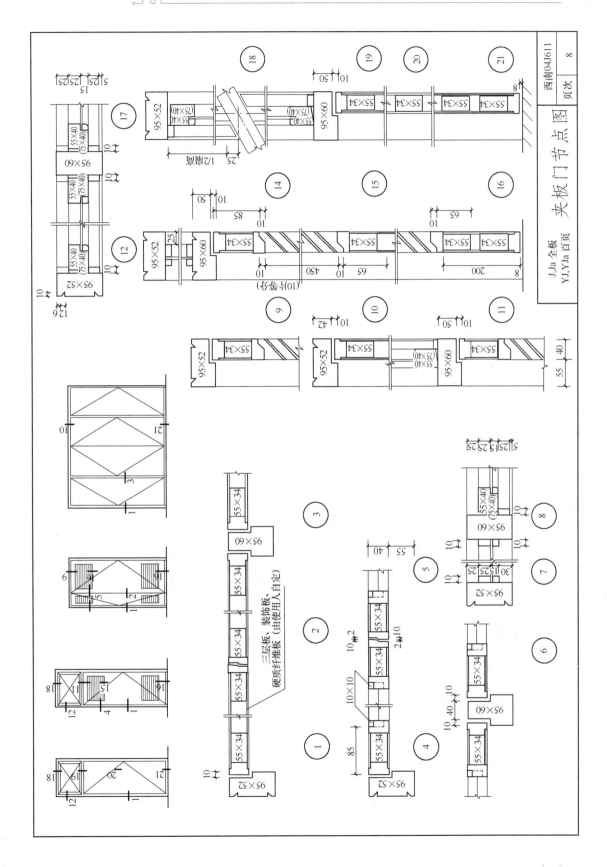

| 名称代号 | 图例 | 材料厚度及做法 | 附注 |
|---|---|---|---|
| 面砖饰面<br>砖基层<br>**5407** | 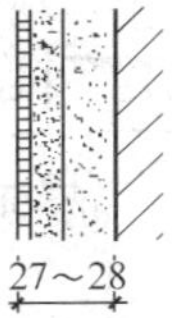 27~28 | 14厚1:3水泥砂浆打底、两次成活、扫毛或划出纹道。<br>8厚1:0.15:2水泥石灰膏砂浆（内掺建筑胶或专业胶粘剂）。贴外墙砖1:1水泥砂浆勾缝。 | |
| 面砖饰面<br>混凝土基层<br>**5408** |  27~28 | 刷界面处理剂。<br>14厚1:3水泥砂浆打底、两次成活、扫毛或划出纹道。<br>8厚1:0.15:2水泥石灰膏砂浆（内掺建筑胶或专业胶粘剂）。贴外墙砖1:1水泥砂浆勾缝。 | 面砖颜色及种类按工程设计。<br>分格线贴法及缝宽颜色在立面图上表示。 |
| 面砖饰面<br>加气混凝土基层<br>**5409** | 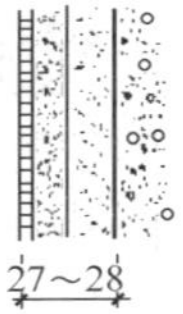 27~28 | 基层清扫干净、填补缝隙缺损并均匀润湿。<br>刷界面处理剂。<br>14厚1:3水泥砂浆打底、两次成活、扫毛或划出纹道。<br>8厚1:0.15:2水泥石灰膏砂浆（内掺建筑胶或专业胶粘剂）贴外墙砖1:1水泥砂浆勾缝。 | 面砖颜色及种类按工程设计。<br>分格线贴法及缝宽颜色在立面图上表示。 |
| 拼碎大理石饰面<br>砖基层<br>**5410** | 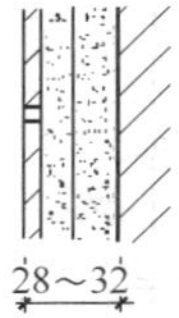 28~32 | 13厚1:3水泥砂浆打底、两次成活、7厚1:3水泥砂浆找平。<br>1:1.5水泥砂浆粘贴大理石（粘贴前应试拼），灰缝刮平。 | |

外墙装修（十二）

西南04J516

页次　68

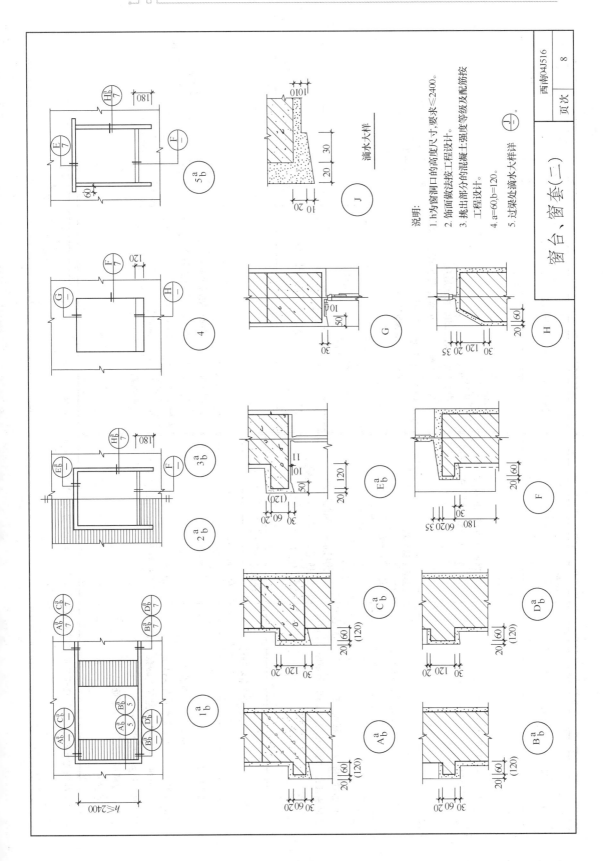

滴水大样

J

说明：
1. h为窗洞口的高度尺寸，要求≤2400。
2. 饰面做法按工程设计。
3. 挑出部分的混凝土强度等级及配筋按工程设计。
4. a=60,b=120。
5. 过梁处滴水大样洋。

窗台、窗套(二)

西南04J516

页次 8

| P01 | 刮腻子喷涂料顶棚 | 燃烧性能等级 | A、B₁ |
|---|---|---|---|
| | | 总　厚　度 | |

说明：
1. 涂料品种和颜色由设计定
2. 适用于一般库房、锅炉房等
3.（注1）

1. 现浇钢筋混凝土板底腻子刮平
2. 喷涂料

| P02 | 抹缝喷涂料顶棚 | 燃烧性能等级 | A、B₁ |
|---|---|---|---|
| | | 总　厚　度 | 13、16 |

说明：
1. 涂料品种、颜色由设计定
2. 适用于一般库房、锅炉房等
3.（注1）

1. 预制钢筋混凝土板底抹缝，1：0.3：3水泥石灰砂浆打底，纸筋灰（加纸筋6%）罩面一次成活
2. 喷涂料

| P03 | 纸筋灰喷涂料顶棚 | 燃烧性能等级 | A、B₁ |
|---|---|---|---|
| | | 总　厚　度 | |

说明：
1. 涂料品种和颜色由设计定
2.（注1）

1. 基层清理
2. 刷水泥浆一道（加胶粘剂适量）
3. 4厚1：0.5：2.5水泥石灰砂浆
4. 6、9厚1：1：4水泥石灰砂浆（现浇基层6厚，预制基层9厚）
5. 2厚纸筋石灰浆（加纸筋6%）
6. 喷涂料

| P04 | 混合砂浆喷涂料顶棚 | 燃烧性能等级 | A、B₁ |
|---|---|---|---|
| | | 总　厚　度 | 15、20 |

说明：
1. 涂料品种和颜色由设计定
2.（注1）

1. 基层清理
2. 刷水泥浆一道（加胶粘剂适量）
3. 10、15厚1：1：4水泥石灰砂浆（现浇基层10厚，预制基层15厚）
4. 4厚1：0.3：3水泥石灰砂浆
5. 喷涂料

| P05 | 水泥砂浆喷涂料顶棚 | 燃烧性能等级 | A、B₁ |
|---|---|---|---|
| | | 总　厚　度 | 14、19 |

说明：
1. 涂料品种和颜色由设计定
2. 适用于相对湿度较大的房间，如水泵房、洗衣房等
3.（注1）

1. 基层清理
2. 刷水泥浆一道（加胶粘剂适量）
3. 10、15厚1：1：4水泥石灰砂浆（现浇基层10厚，预制基层15厚）
4. 3厚1：2.5水泥砂浆
5. 喷涂料

注：涂料为无机涂料时，燃烧性能等级为A级，有机涂料湿涂覆比＜1.5kg/m² 时为B₁级

**顶棚饰面做法**

| 西南04J515 | |
|---|---|
| 页次 | 12 |

**内墙饰面做法**

西南04J515　页次 4

## N01　大白浆平缝墙面

| 燃烧性能等级 | A |
| --- | --- |
| 总厚度 | |

说明：颜色由设计定

1. 清水砖墙原浆刮平缝
2. 喷水白浆或色浆

## N02　大白浆凹缝墙面

| 燃烧性能等级 | A |
| --- | --- |
| 总厚度 | |

说明：颜色由设计定

1. 清水砖墙 1：1 水泥砂浆勾凹缝
2. 喷水白浆或色浆

## N03　纸筋石灰浆喷涂料墙面

| 燃烧性能等级 | A、B₁ |
| --- | --- |
| 总厚度 | 18 |

说明：
1. 涂料品种、颜色由设计定
2.（注1）

1. 基层处理
2. 8 厚 1：2.5 石灰砂浆，加麻刀 1.5%
3. 7 厚 1：2.5 石灰砂浆，加麻刀 1.5%
4. 2 厚纸筋石灰浆，加纸筋 6%
5. 喷涂料

## N04　混合砂浆喷涂料墙面

| 燃烧性能等级 | A、B₁ |
| --- | --- |
| 总厚度 | 22 |

说明：
1. 涂料品种、颜色由设计定
2.（注1）

1. 基层处理
2. 9 厚 1：1：6 水泥石灰砂浆打底扫毛
3. 7 厚 1：1：6 水泥石灰砂浆垫层
4. 5 厚 1：0.3：2.5 水泥石灰砂浆罩面压光
5. 喷涂料

## N05　混合砂浆刷乳胶漆墙面

| 燃烧性能等级 | B₁、B₂ |
| --- | --- |
| 总厚度 | 22 |

说明：
1. 乳胶漆品种、颜色由设计定
2. 乳胶漆湿涂覆比＜1.5kg/m² 时，为 B₁ 级

1. 基层处理
2. 9 厚 1：1：6 水泥石灰砂浆打底扫毛
3. 7 厚 1：1：6 水泥石灰砂浆垫层
4. 5 厚 1：0.3：2.5 水泥石灰砂浆面压光
5. 刷乳胶漆

## N06　混合砂浆贴壁纸墙面

| 燃烧性能等级 | B₁、B₂ |
| --- | --- |
| 总厚度 | 22 |

说明：
1. 壁纸品种、颜色由设计定
2.（注2）

1. 基层处理
2. 9 厚 1：1：6 水泥石灰砂浆打底扫毛
3. 7 厚 1：1：6 水泥石灰砂浆垫层
4. 5 厚 1：0.3：2.5 水泥石灰砂浆罩面压光
5. 满刮腻子一道，磨平
6. 补刮腻子，磨平
7. 贴壁纸

## N07　水泥砂浆喷涂料墙面

| 燃烧性能等级 | B₁ |
| --- | --- |
| 总厚度 | 19 |

说明：
1. 涂料品种、颜色由设计定
2.（注1）

1. 基层处理
2. 7 厚 1：3，水泥砂浆打底扫毛
3. 6 厚 1：3，水泥砂浆垫层
4. 5 厚 1：2.5 水泥砂浆罩面压光
5. 喷涂料

注1：涂料为无机涂料时，燃烧性能等级为 A 级；有机涂料湿涂覆比＜1.5kg/m² 时，为 B₁ 级
注2：壁纸重量＜300g/m² 时，其燃烧性能等级为 B₁ 级

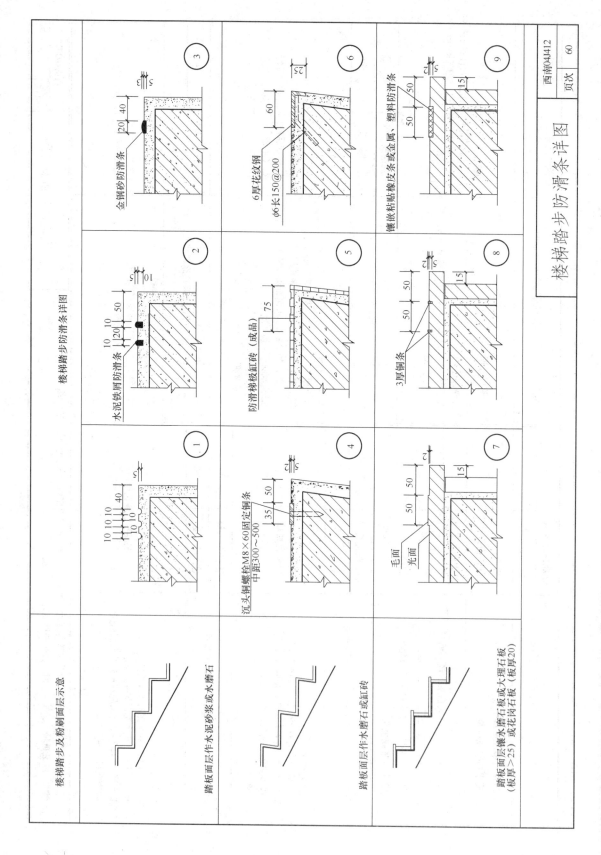

楼梯踏步防滑条详图

楼梯踏步及粉刷面层示意

踏板面层作水泥砂浆或水磨石

踏板面层作水磨石或缸砖

踏板面层镶水磨石板或大理石板
（板厚＞25）或花岗石板（板厚20）

① 水泥铁屑防滑条

② 水泥铁屑防滑条

③ 金钢砂防滑条

④ 沉头铜螺栓M8×60固定铜条
中距300～500

⑤ 防滑梯板缸砖（成品）

⑥ 6厚花纹钢
φ6长150@200

⑦ 毛面 光面

⑧ 3厚铜条

⑨ 镶嵌粘贴橡皮条或金属、塑料防滑条

楼梯踏步防滑条详图

西南04J412
页次 60

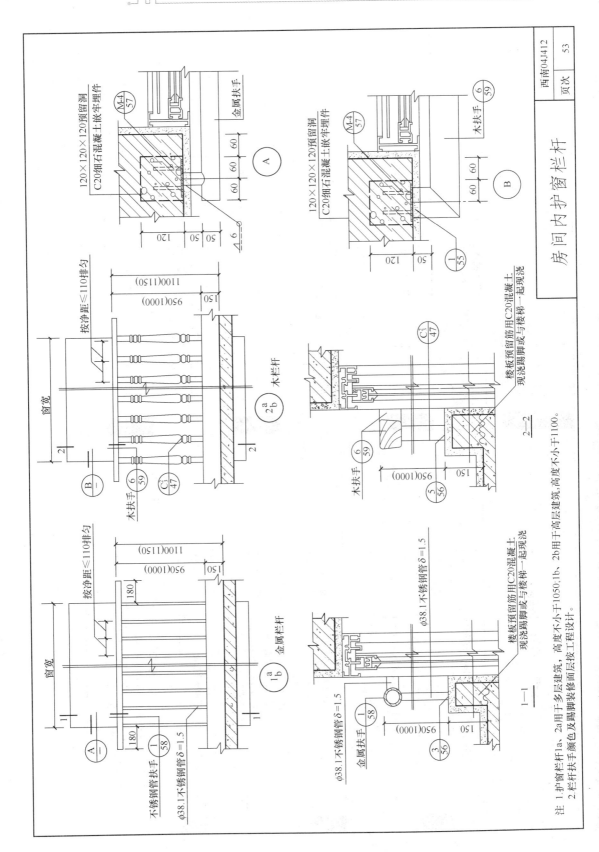

西南04J412　页次　53

房间内护窗栏杆

# 地面 楼面 踢脚板

表1

| 编号 | 名称 | 构造做法 | 总厚 | 备注 |
|---|---|---|---|---|
| 3101 a b | 水泥砂浆地面 | 提浆地面<br>80（100）厚C20混凝土面层铁板赶浆提浆赶光<br>素土夯实基土 | 总厚 80/100 | |
| 3102 a b | 水泥砂浆地面 | 水泥砂浆地面<br>20厚1：2水泥砂浆面层铁板赶光<br>水泥浆结合层一道——注1<br>80（100）厚C10混凝土垫层<br>素土夯实基土 | 总厚 101/121 | |
| 3103 | 水泥砂浆地面 | 20厚1：2水泥砂浆面层铁板赶光<br>改性沥青一布四涂防水层——注4<br>100厚C10混凝土垫层找坡表面赶平<br>素土夯实基土 | 总厚 123 | 有防水层 |

注1：
a 为80厚混凝土
b 为100厚混凝土

| 编号 | 名称 | 构造做法 | 总厚 | 荷载 | 备注 |
|---|---|---|---|---|---|
| 3104 | 水泥砂浆楼面 | 20厚1：2水泥砂浆面层铁板赶光<br>水泥浆结合层一道——注1<br>结构层 | 总厚 21 | 0.4kN/m² | |
| 3105 | 水泥砂浆楼面 | 20厚1：2水泥砂浆面层铁板赶光<br>改性沥青一布四涂防水层，最薄处20厚<br>1：3水泥砂浆找坡层<br>水泥浆结合层一道——注1<br>结构层 | 总厚 ≥44 | ≤0.84kN/m² | 有防水层 |
| 3106 | 水泥砂浆楼面 | 20厚1：2水泥砂浆面层铁板赶光<br>水泥浆结合层一道——注1<br>50厚C10细石混凝土敷管找平层结构层 | 总厚 71 | 1.6kN/m² | 有敷管层 |
| 3107 | 水泥砂浆楼面 | 20厚1：2水泥砂浆面层铁板赶光<br>改性沥青一布四涂防水层——注4<br>50厚C10混凝土敷管找平层结构层 | 总厚 ≥73 | ≤1.64kN/m² | 有防水层及敷管层 |

| 西南04J312 | |
|---|---|
| 地面 楼面 踢脚板 | 页次 4 |

# 卷材防水屋面

| 名称代号 | 构造简图 | 材料及做法 | 备注 |
|---|---|---|---|
| 卷材防水屋面 2201$^a_b$ | | 1. 撒铺绿豆砂一层<br>2. 沥青类卷材（a. 三毡四油、b. 二毡三油）<br>3. 刷冷底子油一道<br>4. 25 厚 1：3 水泥砂浆找平层<br>5. 结构层 | 一道防水<br>二毡三油<br>只用于Ⅳ防水等级，三毡四油可用于Ⅲ级<br>0.85kN/m² |
| 卷材防水屋面 2202 | | 1. 20 厚 1：2.5 水泥砂浆保护层，分格缝间距≤1.0m<br>2. 改性沥青或高分子卷材一道，同材性胶粘剂二道（卷材一种类按工程设计）<br>3. 刷底胶剂一道（材料性同上）<br>4. 25 厚 1：3 水泥砂浆找平层<br>5. 结构层 | 一道防水<br>用于Ⅲ<br>0.95kN/m² |
| 卷材防水屋面（非上人）（a. 保温、b. 不保温取消 5、6、7）2203$^a_b$ | | 1. 20 厚 1：2.5 水泥砂浆保护层，分格缝间距≤1.0m<br>2. 改性沥青卷材一道，同材性胶粘剂二道（材料按工程设计）<br>3. 刷底胶剂一道（材料性同上）<br>5. 25 厚 1：3 水泥砂浆找平层<br>6. 水泥膨胀珍珠岩或水泥膨胀蛭石预制块或现浇用乳化沥青铺贴、（材料及厚度按工程设计）<br>7. 隔汽层 1. 2. 3. 4. 5（按工程设计）<br>8. 1：3 水泥砂浆找平层（厚度：预制板 20，现浇板 15）<br>9. 结构层 | 二道防水<br>保温<br>2.23kN/m²<br>不保温<br>0.90kN/m² |

| 名称代号 | 构造简图 | 材料及做法 | 备注 |
|---|---|---|---|
| 卷材防水屋面（非上人保温） 2204 | | 1. 2. 3. 4 同 2203<br>5. 20 厚沥青砂浆找平层<br>6. 沥青膨胀珍珠岩现浇或预制块、预制块用乳化沥青铺贴（材料及厚度按工程设计）<br>7. 隔汽层 1. 2. 3. 4. 5（按工程设计）<br>8. 1：3 水泥砂浆找平层（厚度：预制板 20，现浇板 15） | 二道防水<br>1.71kN/m² |
| 卷材防水屋面（上人）（a. 保温、b. 不保温取消 6. 7. 8）2205$^a_b$ | | 1. 35 厚 590×590 钢筋混凝土预制板或铺地面砖<br>结合层<br>2. 10 厚 1：2.5 水泥砂浆<br>护层<br>3. 20 厚 1：3 水泥砂浆保护层<br>4. 5. 6. 7. 8. 9. 10. 11 同 2203（2. 3. 4. 5. 6. 7. 8. 9） | 二道防水<br>保温<br>3.01kN/m²<br>不保温<br>1.68kN/m² |

注：1. 屋面宜由结构放坡，亦可用材料找坡（见第 3 页第九条），并按工程设计；保温层干燥有困难时，须设排汽孔。<br>2. 保温层或涂膜等厚度按第 4 页第三条 3 规定。<br>3. 卷材或涂层见第 5 页第十五条，隔离层见第 8 页（二）。<br>4. 隔汽层见第 5 页第十五条。<br>5. 备注栏方框内数值为结构层以上材料总重量（其中，水泥膨胀珍珠岩或水泥膨胀蛭石按 80 厚计算）。

**卷材防水屋面类型表（一）**

| 西南 03J201-1 | |
|---|---|
| 页次 | 17 |

| 名称代号 | 构造简图 | 材料及做法 | 备注 |
|---|---|---|---|
| 筒板瓦屋面 同上（卧瓦） 2517ac | | 1~3，同2515；4. 改性沥青卷材一道，厚≥3；5. 15厚1:3水泥砂浆找平层；6. 钢筋混凝土屋面板 | 两道防水 适用于Ⅱ级，屋面防水有保温隔热层 |
| 筒板瓦屋面 同上（卧瓦） 2518ac | | 1~5，同2517；6. 保温层或隔热层；7. 改性沥青涂膜，隔汽层厚≥1；8. 15厚1:3水泥砂浆找平层；9. 钢筋混凝土屋面板 | 两道防水 适用于Ⅱ级，屋面防水有保温隔热层 |
| 高级装饰瓦屋面 a. 中式琉璃瓦 b. 彩色饰面筒板瓦 c. 玻纹装饰瓦 d. 彩面瓦 e. 釉面西瓦（卧瓦） 2519ac | | 1. 装饰瓦屋面，品种及颜色见工程设计，铺砌按各种瓦的要求施工；2. 1:3水泥砂浆卧瓦层，（最薄处25）内配φ6@500×500钢筋网；3. 15厚1:3水泥砂浆找平层；4. 钢筋混凝土屋面板 | 一道防水 适用于Ⅲ级，屋面防水无保温隔热层 |
| 高级装饰瓦屋面 同上（卧瓦） 2520ae | | 1~3，同2519；4. 保温层或隔热层；5. 改性沥青涂膜，隔汽层厚≥1；6. 15厚1:3水泥砂浆找平层；7. 钢筋混凝土屋面板 | 一道防水 适用于Ⅲ级，屋面防水有保温隔热层 |
| 高级装饰瓦屋面 同上（卧瓦） 2521ae | | 1~3，同2519；4. 改性沥青卷材一道，厚≥3；5. 15厚1:3水泥砂浆找平层；6. 钢筋混凝土屋面板 | 两道防水 适用于Ⅱ级，屋面防水无保温隔热层 |
| 高级装饰瓦屋面 同上（卧瓦） 2522ae | | 1~5，同2521；6. 保温层或隔热层；7. 改性沥青涂膜，隔汽层；8. 15厚1:3水泥砂浆找平层；9. 钢筋混凝土屋面板 | 两道防水 适用于Ⅱ级，屋面防水有保温隔热层 |

注：1、2同第4页。

瓦屋面类型表

西南03J201-2 页次 7

西南 03J201-2　页次 6

## 瓦屋面类型表

| 名称代号 | 构造简图 | 材料及做法 | 备注 |
|---|---|---|---|
| 平瓦屋面 同上（卧瓦）三 2510af三 | | 1~3、同2509 4.保温层或隔热层，隔汽层厚 5.改性沥青涂膜 ≥1 6.15厚1:3水泥砂浆找平层 7.钢筋混凝土屋面板 | 一道防水 适用于Ⅲ级，屋面防水有保温隔热层 |
| 平瓦屋面 同上（卧瓦）三 2511af三 | | 1~3、同2509 6.改性沥青卷材一道，厚≥3 7.改性沥青涂膜≥1 8.15厚1:3水泥砂浆找平层 9.钢筋混凝土屋面板 | 两道防水 适用于Ⅲ级，屋面防水有保温隔热层 |
| 平瓦屋面 同上（卧瓦）三 2512af三 | | 1~5、同2511 6.保温层或隔热层，隔汽层厚 7.改性沥青涂膜 ≥1 8.15厚1:3水泥砂浆找平层 9.钢筋混凝土屋面板 | 两道防水 适用于Ⅲ级，屋面防水无保温隔热层 |
| 筒板瓦屋面 a.黏土筒板瓦 b.水泥筒板瓦 c.彩色饰面筒板瓦（挂瓦）三 2513ac三 | | 1.筒板瓦屋面，品种及颜色按工程设计，搭接二分之一铺砌，瓦现用柴泥填筑，石灰砂浆填缝 2.40×50椽条，@230~250视瓦的规格决定，用水泥钉固定@500 3.钢筋混凝土屋面板或摸条，当用屋面板时，上铺35厚C15细石混凝土找平层，配φ6@500×50钢筋网 | 一道防水 适用于Ⅲ级，屋面防水无保温隔热层 |
| 筒板瓦屋面 同上（挂瓦）三 2514ac三 | | 1~2、同2513 3.35厚C15细石混凝土找平层，配φ6@500×500钢筋网 4.保温层或隔热层，隔汽层厚 5.改性沥青涂膜 ≥1 6.15厚1:3水泥砂浆找平层 7.钢筋混凝土屋面板 | 一道防水 适用于Ⅲ级，屋面防水有保温隔热层 |
| 筒板瓦屋面 同上（卧瓦）三 2515ac三 | | 1.筒板瓦屋面，品种及颜色工程设计，瓦现用卧瓦砂浆填筑，石灰砂浆卧缝 2.1:3水泥砂浆卧瓦层（最薄处25）内配φ6@500×500钢筋网 3.15厚1:3水泥砂浆找平层 4.钢筋混凝土屋面板 | 一道防水 适用于Ⅲ级，屋面防水有保温隔热层 |
| 筒板瓦屋面 同上（卧瓦）三 2516ac三 | | 1~3、同2515 4.保温层或隔热层，隔汽层厚 5.改性沥青涂膜 ≥1 6.15厚1:3水泥砂浆找平层 7.钢筋混凝土屋面板 | 一道防水 适用于Ⅲ级，屋面防水无保温隔热层 |

注：1、2同第4页。

瓦屋面类型表

| 名称代号 | 构造简图 | 材料及做法 | 备注 |
|---|---|---|---|
| 平瓦屋面 同上（钢挂瓦条挂瓦） 2507af | | 1～4，同2501 5. 改性沥青卷材一道，厚≥3 6. 15厚1:3水泥砂浆找平层 7. 钢筋混凝土屋面板 | 两道防水 适用于Ⅱ级，屋面防水无保温隔热层 |
| 平瓦屋面 同上（钢挂瓦条挂瓦） 2508af | | 1～6，同2507 7. 保温层或隔热层 8. 改性沥青涂膜，厚≥1 9. 15厚1:3水泥砂浆找平层 10. 钢筋混凝土屋面板 | 两道防水 适用于Ⅱ级，屋面防水有保温隔热层 |
| 平瓦屋面 同上（卧瓦） 2509af | | 1. 瓦屋面，品种及颜色详工程设计 2. 1:3水泥砂浆卧瓦层（最薄处25）内配 φ6@500×500钢筋网 3. 15厚1:3水泥砂浆找平层 4. 钢筋混凝土屋面板 | 一道防水 适用于Ⅲ级，屋面防水无保温隔热层 |

注：1、2、3 同第 4 页。

| 名称代号 | 构造简图 | 材料及做法 | 备注 |
|---|---|---|---|
| 平瓦屋面 同上（木挂瓦条挂瓦） 2504af | | 1～6，同2503 7. 保温层或隔热层 8. 改性沥青涂膜，隔汽层厚≥1 9. 15厚1:3水泥砂浆找平层 10. 钢筋混凝土屋面板 | 两道防水 适用于Ⅱ级，屋面防水有保温隔热层 2504af |
| 平瓦屋面 同上（钢挂瓦条挂瓦） 2505af | | 1. 瓦屋面品种及颜色详工程设计 2. 钢挂瓦条 L30×4，中距按瓦材规格，用3.5×40水泥钉固定在垫块和找平层上（不露钉头） 3. 顺水条-25×5，中距600 4. 35厚C15细石混凝土找平层配筋φ6@500×500钢筋网 5. 钢筋混凝土屋面板 | 一道防水 适用于Ⅲ级，屋面防水无保温隔热层 |
| 平瓦屋面 同上（钢挂瓦条挂瓦） 2506af | | 1～4，同2505 5. 保温层或隔热层 6. 改性沥青涂膜，隔汽层厚≥1 7. 15厚1:3水泥砂浆找平层 8. 钢筋混凝土屋面板 | 一道防水 适用于Ⅲ级，屋面防水有保温隔热层 |

# 附录二　中学食堂工程建筑、结构、给水排水、电照施工图西南地区标准图选用

## 施工图设计总说明

一、设计依据

1. 甲方所提供的方案设计基础资料，主要有：
1）××市中小学灾后重建建设工程化建设项目移交书——××初中；
2）学校校舍建筑功能用房分配表；
3）规划用地红线图和地形图；
4）××市中小学校灾后重建项目施工图设计任务书。
2. ××市教育局关于全市中小学灾后重建规划指导意见（征求意见稿）的相关要求。
3. 当地规划部门审批通过的方案设计文件。
4. 建设单位与我院签订的2009035号《建设工程设计合同》。
5. 现行的国家有关建筑设计规范、规程和规定，主要有：
《中小学校建筑设计规范》（GBJ 99—86）；
《民用建筑设计通则》（GB 50352—2005）；
《建筑设计防火规范》（GB 50016—2006）；
《城市道路和建筑物无障碍设计规范》（JGJ 50—2001）；
《公共建筑节能设计标准》（GB 50189—2005）。

二、项目概况

1. 本工程子项为××初中，属××中学，项目位于××镇，设计的主要范围和内容为该项目建筑单体和总平面的设计，结构，给排水，电气，通风的设计。
2. 本项目54班2700人九年制学校，总用地55.7亩，高度9.45m，总建筑面积9913.76m²。本子项为食堂，建筑层数2层，建筑面积：1000.1m²，设计使用人数：200人。
3. 本项目耐火等级为二级。
4. 建筑结构形式为框架结构，合理使用年限为50年，抗震设防烈度为7度。

三、竖向设计

1. 本单体±0.000设计标高值为绝对标高456.57。
2. 本工程所在地地势平坦，场地内基本无高差。
3. 各层标注标高为建筑完成面高，结构完成面标高以图面标注为准。
4. 本工程标高处为结构完成面高，特殊部位详见平面注标为准。
等有找坡处为结构完成面标高。总平面尺寸以m为单位，其他尺寸以mm为单位。

四、墙体工程

1. 墙体的基础部分见结构施工，承重钢筋混凝土墙体见结构施工图。
2. 外围护墙和卫生间墙为页岩多孔砖，墙厚200；其他内隔墙为页岩空心砖，墙厚200；其构造和技术要求详见结构设计说明。
3. 墙身防潮层：在室内地坪下约60处做20厚1：2水泥砂浆内加3%～5%防水剂的墙身防潮层。
4. 填充墙砌筑时，墙体下部须预先砌三皮实心砖（门窗洞口四周采用页岩实心砖砌筑）；墙垛除注明外，均为宽100钢筋混凝土构造柱（做法同构造柱），柱边<300时均改为同标号混凝土。
5. 墙体留洞及封堵：
墙体留洞见建施和设备；砌筑墙体预留洞过梁见结施说明；预留洞的封堵：混凝土墙留洞的封堵见结施，其条砌筑墙留洞待管道设备安装完毕后，用C20细石混凝土填实；
所有室内箱体留洞需在箱背面封以φ4钢丝网二层，箱顶做过梁。
6. 两种材料的墙体交接处（如梁、柱与墙），应在做饰面前用加钉300宽0.8厚9×25孔镀锌金属网防止裂缝。
7. 室内墙面、柱面内阳角和门洞口的阳角用1：2水泥砂浆抹护角，每侧宽50，高2000。

五、防水工程

1. 楼层防水：
（1）厨房采用0.8厚两组复合防水卷材；采用水泥砂浆内掺3%～5%防水剂作为防水层。
（2）凡有地漏或地沟的房间，楼地面找坡坡向地漏或地沟，坡度1.0%。
（3）所有带防水层房间根部应预先浇筑150高，与墙同厚的C20素混凝土墙带（门洞处除外）。
（4）凡管道穿过此类房间时，须预埋套管，高出地面50，套管周边200范围内设加强层。
（5）地漏四周，穿地面或屋面防水层范围内做平层与找平层同顶留宽10，深7的凹槽，并嵌填密封材料。

建施1/12

九、油漆涂料工程

1. 室内外露明金属件的油漆同件的油漆为酚醛防锈漆 2 道后再做同室内外部位相同颜色的调合漆罩面，见西南 04J312，43 页，3289，凡与砖（砌块）或混凝土接触的木质表面均满涂防腐剂。

2. 各项油漆均由施工单位制作样板，经确认后进行封闭，并据此进行验收。

十一、无障碍设计

设计范围：城市道路和建筑物无障碍设计规范》（JGJ 50—2001）。

本工程无障碍设计主要考虑包括入口、坡道、散水、室外台阶、雨蓬、室外设施）、外挑檐，具体做法见建施图。

十二、建筑节能

设计依据：《公共建筑节能设计标准》（GB 50189—2005）。

设计范围主要为餐厅部分、厨房、储藏室、楼梯间等处可以不考虑。

但功能用房的围护结构保温、外墙保温墙面的交接必须有防形成冷桥，具体设计见节能设计说明，保温材料的交接必须在阴阳角，以保证墙面的平整。

十三、建筑消防

设计依据：《中小学校建筑设计规范》（GB 50016—2006）。

《建筑设计防火规范》（GBJ 99—86）；

本工程耐火等级为二级，施工过程中应严格按照设计要求施工，尤其在涉及疏散门、走道、楼梯的设施，所采用的材料应同时满足《建筑设计防火规范》对材料燃烧等级的要求。

加有安全防患的设施，所采用的材料应同时满足《建筑内部装修设计防火规范》（GB 50222—95）对材料燃烧等级的要求。

十四、建筑设备、设施工程

本工程所有设备、设施应由建设土建施工应以最终订货后的厂家提供的技术资料作为依据。

十五、卫生防疫

1. 本工程根据××县卫生防疫部门审查提供的厨房布置方案进行设计，使用中应注意生熟、洁污流线不交叉。

2. 厨房所有设备应符合卫生防疫的要求、油烟高空排放。

十六、其他施工注意事项

1. 图中所选用标准图所有结构大样的预埋件、预留洞、楼梯、平台栏杆、门窗建筑配件等，在施工组织中应与各工种切配合后，确认无误方可施工、避免事后打凿。

2. 预埋木砖及贴邻墙体的木质面均做防腐处理，露明铁件均做防锈处理。

3. 楼板留洞的封堵：待设备管线安装完毕后，用 C20 细石混凝土封堵密实，管道竖井每层进行封堵。

4. 室内外装修材料的规格、色彩、质地需经建设单位与设计单位认可后方可大面积装修，如发现设计施工图中有矛盾或未详之处，二次装修不得影响结构安全及建筑防火设计。

5. 在土建施工过程中，如发现设计施工图有矛盾或不详之处，应及时通知设计单位，以便及时变更为准。

6. 施工中应严格执行国家各项施工质量验收规范。

2. 内墙防水：详见工程做法表。

（1）卫厨房采用 0.8 厚水泥复合防水卷材，1200 高；

（2）凡有水房间的内墙床应采用水泥砂浆。

3. 屋面防水：详见工程做法表。

（1）屋面防水执行《屋面工程质量验收规范》（GB 50207—2002）。

（2）防水等级Ⅲ级，一道设防，采用 4 厚 SBS 改性沥青耐水卷材，防水层耐用年限为 10 年。

（3）出屋面管道或泛水口下穿墙管、安装后用细石钢性混凝土封严，目管道周围留凹槽嵌填嵌缝封闭料，水落口周围 500 直径范围内增设柔性附加层与防水层固定密封，水泥砂浆加强层或柔性保护层。

刚性防水层之间预留凹槽嵌填嵌缝封闭料。

4. 外墙防水：详见工程做法表。

（1）穿过外墙管道的嵌缝材料，外缘门窗洞口外侧掺细丝纤维 0.9kg/m³。

嵌填嵌缝封闭材料，并嵌填密封材料。

（2）外墙抹灰水泥砂浆中掺杆拉丝纤维 0.9kg/m³。

六、门窗工程

1. 建筑外门窗气密性能为 4 级。门窗选材、颜色、玻璃见"门窗表"附注。

2. 门窗玻璃的选用应遵照《建筑玻璃应用技术规程》（JGJ 113）和《建筑安全玻璃管理规定》发改运行 [2003] 2116 号及地方主管部门的有关规定。

3. 门窗立面均表示洞口尺寸、门窗加工尺寸要按照装修墙面包雇子以调整。

4. 内外墙门窗立置际注明外均居于墙中。

5. 门窗玻璃大于 0.5m²、窗玻璃大于 1.5m²，须使用安全玻璃。

6. 防火门应按据图纸由消防主管部门认定单位供样及安装详图，经甲方和设计人员认可后方可施工。防火门采用木制防火门。

7. 厨房对外所有门窗均需加设铁制防鼠的钢丝网片。

七、防雷工程

参建设单位和设计单位的各项相关要求。

敷设的钢丝网均应采用镀锌钢丝网并用金属锚固与端头金属附用防雷接地。

八、内装修工程

1. 内装修工程执行《建筑内部装修设计防火规范》（GB 50222—95）、楼地面工程分执行《建筑地面设计规范》（GB 50037）。

2. 楼地面构造交接处和地坪面高度变化处，除图中另有注明者外，均位于齐平门扇开启处。

3. 厨房到各房间及厨房外部各处完成地面均成高差。

4. 内装修选用构造交接处和施工单位制作样板和选样，经确认后进行封样，并据此进行验收。

# 建筑工程做法表

| 编号 | 部位 | 工程做法 | 备注 |
|---|---|---|---|
| 地面1 | 厨房所有房间 | 1) 素土夯实，100厚C10混凝土垫层，起点厚15，坡度1%<br>2) 1:3水泥砂浆找坡兼找平层<br>3) 0.8厚丙纶复合防水卷材，上翻高度1800<br>4) 20厚1:3干硬性水泥砂浆结合层，表面撒水泥粉<br>5) 8~10厚地砖，干水泥擦缝。（地砖采用防滑地砖300×300） | 素土回填深度如超过4m，在混凝土垫层上部加筋φ6.5@250钢筋网 |
| 地面2 | 体育器材室 | 1) 素土夯实，100厚C10混凝土垫层表面铁板赶光<br>2) 30厚1:2.5水泥豆石面层表面铁板赶光 | |
| 楼面1 | 二楼售餐、更衣间餐厅楼梯间 | 1) 素土夯实，100厚C10混凝土垫层（或钢筋混凝土板）<br>2) 20厚1:3干硬性水泥砂浆结合层，表面撒水泥粉<br>3) 8~10厚地砖，干水泥擦缝。（地砖采用防滑地砖600×600，楼梯为楼踏步） | |
| 顶棚1 | 所有房间 | 1) 钢筋混凝土屋面板<br>2) 素水泥浆一道甩毛（内掺建筑胶）<br>3) 5厚1:0.5:3水泥石灰膏砂浆打底<br>4) 腻子两遍<br>5) 白色乳胶漆一底两遍 | |
| 内墙1 | 除厨房操作间外所有房间<br>墙裙高度:1200 | 1) 14厚1:0.5:3水泥石灰膏砂浆分遍抹平<br>2) 2厚面层腻子分遍刮平<br>3) 白色乳胶漆一底两遍<br>4) 刷素水泥浆一道<br>3) 5厚1:2建筑胶水泥砂浆结合层<br>4) 5~7厚330×250白色墙面砖（贴面前充分浸湿）<br>5) 白水泥擦缝 | |
| 内墙2 | 厨房操作间 | 1) 刷素水泥浆一道<br>2) 5厚1:2建筑胶水泥砂浆结合层<br>3) 5~7厚330×250白色墙面砖（贴面前充分浸湿）<br>4) 白水泥擦缝 | |
| 外墙1 | 保温外墙面（贴面砖） | 1) 墙基层处理（不平整处用1:2.5水泥砂浆找平）<br>2) 3厚专用胶粘剂<br>3) 聚苯乙烯板保温层，厚度详节能说明<br>4) 界面剂一道<br>5) 1.2厚镀锌铁膨胀管自攻螺钉及尼龙垫板固定专用尼龙膨胀管自攻螺钉砂浆分两次抹<br>6) 20厚聚合物砂浆分两抹外墙面砖<br>7) 专用胶粘剂贴外墙面砖 | （做法见西南05J1103 40页）面砖选用亚光通体砖 |
| 外墙3 | 非保温外墙面面砖 | 1) 12厚1:3水泥砂浆打底划出纹道<br>2) 6厚1:2.5水泥砂浆粘贴面层（内掺建筑胶）<br>3) 贴6~8厚小规格外墙饰面砖<br>4) 1:1水泥掺色砂浆勾缝 | 面砖选用亚光通体砖 |
| 外墙5 | 女儿墙内侧墙面 | 1) 12厚1:3水泥砂浆打底划出纹道<br>2) 6厚1:2.5水泥砂浆抹平 | |
| 屋面1 | 非上人平屋面（有保温） | 1) 钢筋混凝土屋面板<br>2) 1:6水泥炉渣找坡层，起点厚30<br>3) 25厚1:3水泥砂浆找平层<br>4) 刷冷底子油两道<br>5) 挤塑聚苯板保温层（厚度见节能说明）<br>6) 20厚1:3水泥砂浆找平层<br>7) 4厚SBS防水卷材<br>8) 20厚1:2水泥砂浆保护层，分格缝<1000 | |
| 屋面2 | 非上人平屋面（无保温） | 1) 钢筋混凝土屋面板<br>2) 1:6水泥炉渣找坡层，起点厚30<br>3) 25厚1:3水泥砂浆找平层<br>4) 刷冷底子油两道<br>5) 4厚SBS防水卷材<br>8) 20厚1:2水泥砂浆保护层，分格缝<1000 | 用于气囱 |

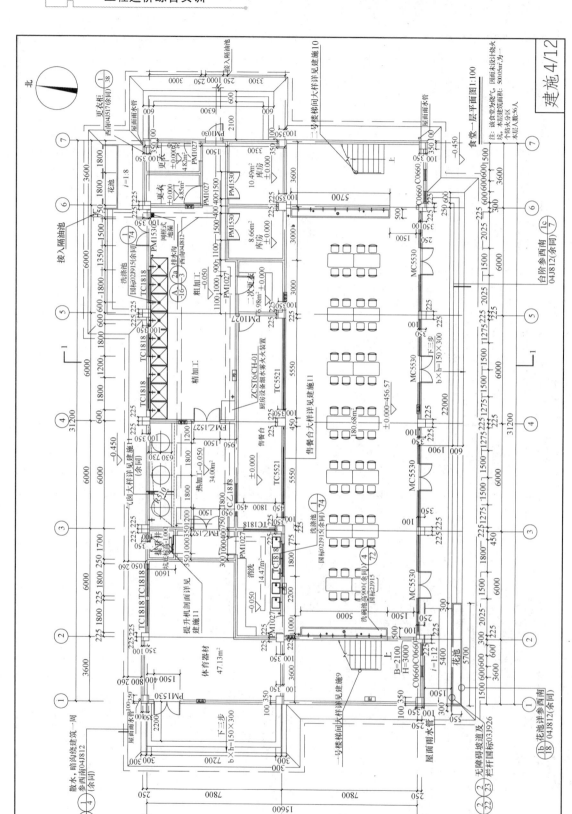

食堂一层平面图1:100

建施4/12

注：该食堂为燃气，因用末设计燃气火坑，因本层建筑面积：5000㎡,为个防火分区。本层人数:56人

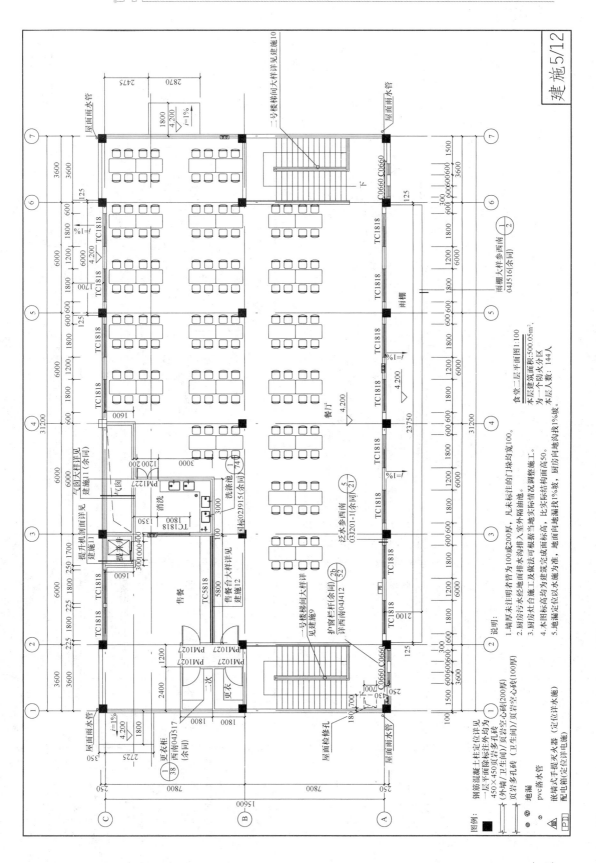

建施 5/12

食堂二层平面图1:100

本层建筑面积:500.05m²，
为一个防火分区
本层人数：144人。

说明：
1.墙厚未注明者为100或200厚，凡未标注的门垛均宽100。
2.厨房污水经地面排水沟排入室外隔油池。
3.厨房柱台施工及做法可根据当地实际情况调整施工。
4.本图标高均为建筑完成面标高，比实际结构面高50。
5.地漏定位以水施为准。地面向地沟找坡1%坡，厨房向地沟找1%坡。

图例：
钢筋混凝土柱定位详见
一层平面（外墙除标注外均为
450×450页岩多孔砖(200厚)
页岩多孔砖（卫生间）/页岩空心砖(100厚)
地漏
pvc落水管
嵌墙式手提灭火器（定位详水施）
配电箱(定位详电施)

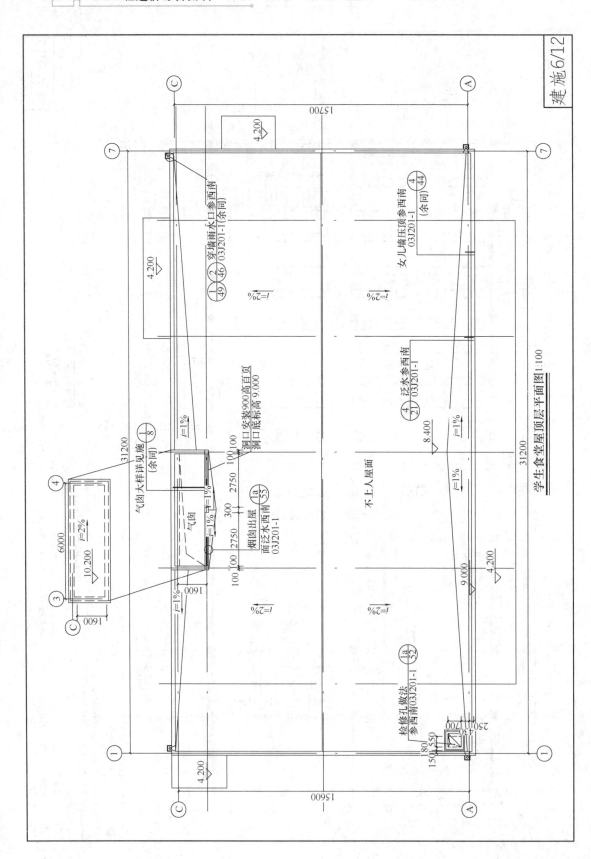

学生食堂屋顶层平面图 1:100

建施 6/12

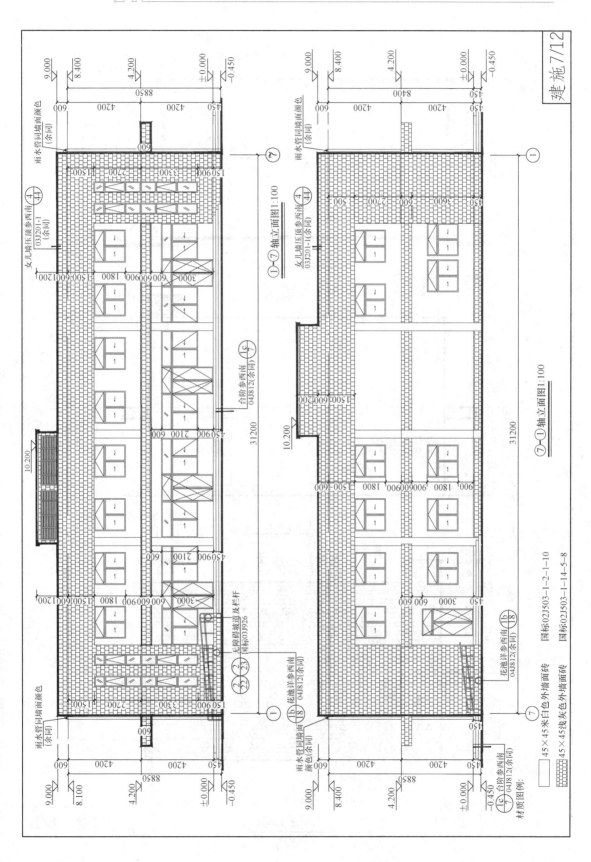

建施 7/12

①—⑦轴立面图1:100

⑦—①轴立面图1:100

材质图例：

45×45米白色外墙面砖　　国标02J503-1-2-1-10

45×45浅灰色外墙面砖　　国标02J503-1-14-5-8

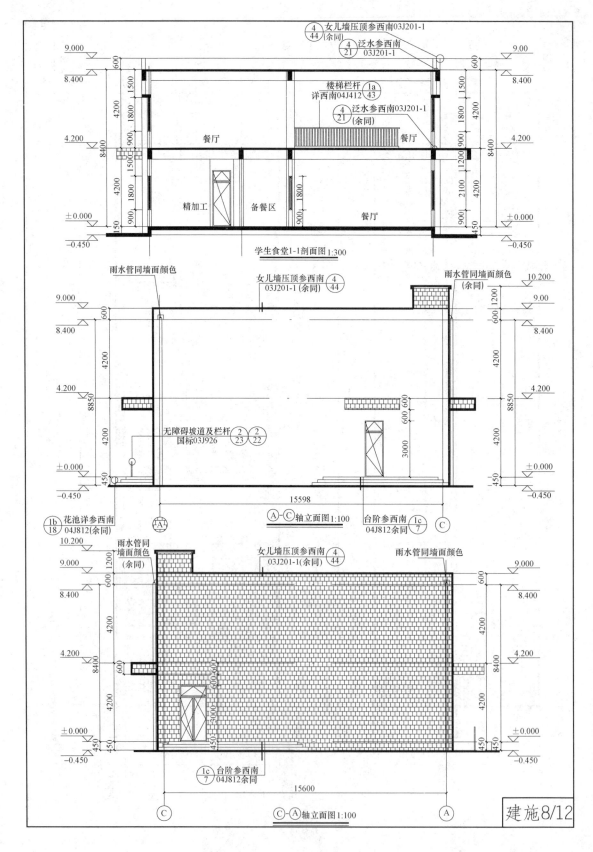

学生食堂1-1剖面图1:300

Ⓐ-Ⓒ轴立面图1:100

Ⓒ-Ⓐ轴立面图1:100

建施8/12

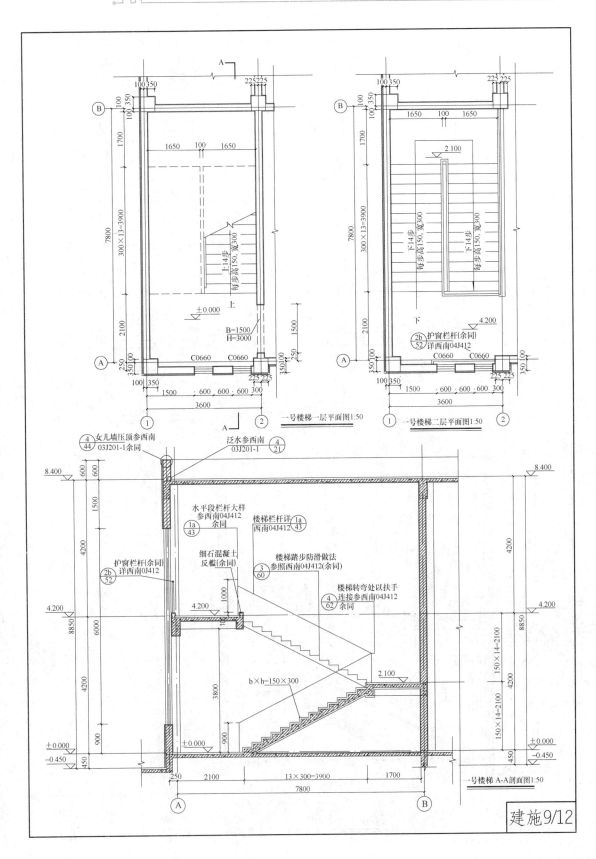

一号楼梯一层平面图1:50

一号楼梯二层平面图1:50

一号楼梯 A-A剖面图1:50

建施9/12

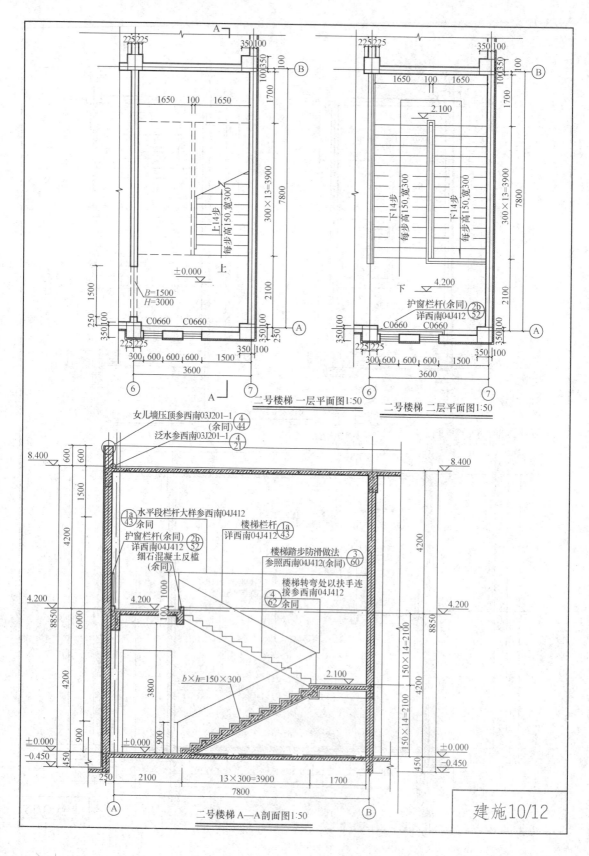

二号楼梯 一层平面图1:50

二号楼梯 二层平面图1:50

二号楼梯 A—A剖面图1:50

建施10/12

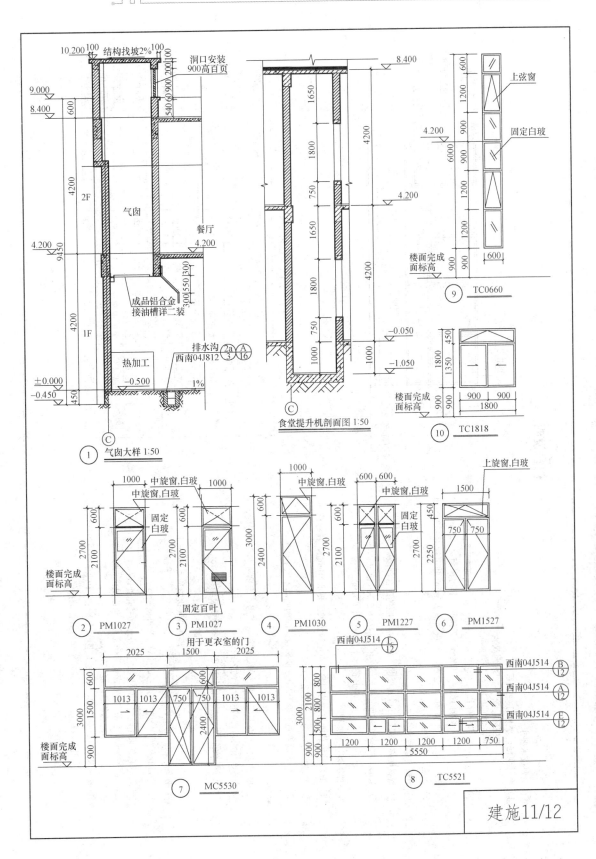

① 气囱大样 1:50

食堂提升机剖面图 1:50

⑨ TC0660

⑩ TC1818

② PM1027

③ PM1027

④ PM1030

⑤ PM1227

⑥ PM1527

⑦ MC5530

⑧ TC5521

建施11/12

## 门窗说明：

1. 型材主要技术要求：
   1) 型材规格：平开门—60系列
      推拉门、窗—60系列双轨
      平开窗、上悬窗—60系列
   2) 主型材壁厚：平开门、平开窗—可视面≥2.8mm，非可视面≥2.5mm；
      推拉门窗—可视面≥2.5mm，非可视面≥2.2mm；
      平开窗、上悬窗—可视面≥2.5mm，非可视面≥2.2mm。
   3) 颜色：乳白色。

2. 增强型钢主要技术要求：
   1) 型材规格：采用开口式型钢，与型材内腔的配合间隙＜1mm。
   2) 壁厚：根据风压确定平开门，推拉门最小2.0mm。
      平开窗、上悬窗最小1.5mm。

3. 五金件主要技术要求：
   1) 五金件承载能力须与门窗扇重量和抗风压要求相匹配，其标称承载能力须大于门窗扇实际重量1.5倍；
   2) 门窗扇的锁点不少于门窗扇2个，两锁点之间的距离不大于800mm。

4. 玻璃：
   1) 除卫生间、淋浴间、盥洗间、楼梯、库房、走廊等非空调房间，玻璃的选用应符合节能设计的要求；
   2) 下列位置门内外侧采用钢化玻璃：门的单块玻璃≥0.5m²；
      窗的单块玻璃≥1.5m²；
      落地窗窗底边距地≤500mm。

5. 密封胶条、密封毛条：
   1) 密封胶条采用改性聚氯乙烯(PVC)弹性密封条；
   2) 密封毛条采用经过紫外线隐定性处理和硅化处理的平板加片型丙纶纤维异型长毛绒毛条；成毛密度为中密度，颜色黑色，底板宽度9.8mm，底板厚度1.0mm，毛条总厚度9.0mm。

6. 密封胶：采用I级、硅酮类—全年施工型—湿气固化、中性单组分弹性密封胶。使用部位：门窗框与建筑洞口内外侧的接缝处。

7. 其他：推拉门须设置使用和耐久性要求的铝合金滑轨。

## 门窗统计表

| 类别 | 编号 | 名称 | 洞口尺寸 宽 | 洞口尺寸 高 | 个数 | 备注 | 详图号 |
|---|---|---|---|---|---|---|---|
| 门 | FMZ1027 | 乙级防火门 | 1000 | 2700 | 1 | | 参照西南04J611 |
| | FMZ1527 | 乙级防火门 | 1500 | 3000 | 2 | | 参照西南04J611 |
| | PM1027 | 塑钢平开门 | 1000 | 2700 | 10 | 用于更衣室时带亮子带观察窗 | 参照西南04J611 |
| | PM1030 | 塑钢平开门 | 1000 | 3000 | 1 | | 参照西南04J611 |
| | PM1227 | 塑钢平开门 | 900 | 2700 | 1 | | 参照西南04J611 |
| 门带窗 | PM1530 | 塑钢平开门 | 1500 | 3000 | 4 | | 参照西南04J611 |
| | MC5530 | 塑钢门带窗 | 5550 | 3000 | 4 | | 参照西南04J611 |
| 窗 | TC0660 | 塑钢推拉窗 | 600 | 6000 | 4 | | 参照西南04J611 |
| | FCZ1818 | 乙级防火窗 | 1800 | 1800 | 1 | | 参照西南04J611 |
| | TC1818 | 塑钢推拉窗 | 1800 | 1800 | 22 | | 参照西南04J611 |
| | TC5521 | 塑钢推拉窗 | 5550 | 2100 | 2 | | 参照西南04J611 |
| | TC5818 | 塑钢推拉窗 | 5800 | 1800 | 1 | | 参照西南04J611 |

西南04J514 (L/12) 西南04J514 (B/12) 西南04J514 (A/12) 西南04J514 (E/12)

TC5818

楼面完成面标高

建施12/12

# 结构设计总说明

一、工程概况：
本工程位于××县，由多栋独立单体组成。本子项为学生食堂（地上2层）。地面以上房屋高度为8.350m，使用功能为食堂，采用钢筋混凝土框架结构。

二、自然条件：
1.基本风压：$W_0=0.30kN/m^2$（50年一遇）。
2.基本雪压：$S_0=0.10kN/m^2$（50年一遇）。
3.建筑场地类别：Ⅱ类。
4.抗震设防烈度为7度，多遇地震分组为第三组，特征周期为0.45s。多遇地震影响系数最大值为0.08，结构阻尼比为5%。设计地震动加速度为0.10g。设计基本地震加速度值为0.10g，设计地震分组为第三组，特征周期为0.45s。

三、建筑结构安全等级及设计使用年限：
1.建筑结构安全等级：二级。
2.设计使用年限：50年。
3.地基基础设计等级：丙级。
4.建筑抗震设防类别：乙类抗震措施按8度的要求采取。
5.框架抗震等级：二级。

四、建筑构件的耐火极限：二级。主要结构构件的耐火极限：柱2.5小时；梁2.0小时；楼板1.5小时。

五、设计依据：本子项设计计算采用中国建筑科学研究院，编制单位中国建筑科学研究院，程序SATWE。版本号2006年9月版。

六、本子项设计遵循的主要规范、规程：

| 《建筑结构可靠度设计统一标准》 | GB 50068-2001 |
| 《建筑结构荷载规范》 | GB 50009-2001 (2006年版) |
| 《混凝土结构设计规范》 | GB 50010-2002 |
| 《建筑地基基础设计规范》 | GB 50007-2002 |
| 《建筑工程抗震设防分类标准》 | GB 50223-2008 |
| 《建筑抗震设计规范》 | GB 50011-2001(2008年版) |
| 《混凝土结构技术规程》 | JGJ 94-2008 |
| 《冷轧带肋钢筋混凝土结构技术规程》 | JGJ 95-2003 |

七、荷载：
1.设计采用的楼、屋面活荷载标准值：(kN/m²)

| | 餐厅、售饭、更衣 | 2.5 |
| 食堂 | 消防 | 4.0 |
| | 楼梯 | 2.5 |
| 屋面 | | 0.5 |

（2）混凝土上人屋面

不上人屋面

2.其他荷载：
隔音板、挑檐、雨篷、施工或检修集中荷载为1.0kN。一个集中荷载，水平荷载：栏杆顶部水平荷载：为1.0kN/m，每隔1m。
3.施工和使用过程中不得超过上述荷载。

八、地基与基础：
1.本子项采用柱下独立基础，详细施工003。
2.待基坑开挖后护坡桩降水基坑工程的设计内容。
3.持力层为原状土，持力层为老土层，每层厚度不大于250mm，用砂浆类主或改良性膨胀土分层分实夯填，压实系数不应小于0.94，严禁用建筑垃圾及腐殖土等回填。
4.基础详见基础图。

九、材料：
1.混凝土：

| 基础 | C25 |
| 构造柱、过梁、压顶圈梁 | ±0.000以下C25 ±0.000以上C20 |
| 柱、梁、板、楼梯 | C30 |

2.钢筋：HPB235(φ)，HRB335(φ)，冷轧带肋CRB550级钢筋(φ)。钢筋的抗拉强度实测值与屈服强度实测值的比值不应小于1.25；钢筋的屈服强度实测值与屈服强度标准值的比值不应大于1.3，且钢筋在最大拉力下的总伸长率实测值不应小于9%。
3.焊条：Q235B。
4.预埋铁件：Q235B。
5.吊环采用HPB235钢筋，不得采用其他钢筋。
6.填充墙材料：
（1）一般以内采用强度等级MU5页岩空心砖（块体密度等级<9.0kN/m³）采用强度等级MU10页岩多孔砖。
（2）外墙及卫生间（120mm以下部分）采用强度等级MU10强度砖。(砌体重力密度不应大于16.4kN/m³)
（3）砌筑砂浆：采用FM5水泥砂浆，±0.000以上M5混合砂浆。
7.卫生间用表M5水泥砂浆，±0.000以下结构构件与建筑地坪之间的高差不济混凝土回填。

十、结构混凝土耐久性的基本要求：地及梁、地及柱、基础的环境类别为二类，地面以上结构环境类别为一类。其他为一类。结构混凝土耐久性的基本要求见下表一：

表1 结构混凝土耐久性的基本要求

| 环境类别 | 最大水灰比 | 最小水泥用量 kg/m³ | 最大氯离子含量 kg/m³ | 最大碱含量 kg/m³ |
| 一 | a | 0.60 | 250 | 0.3 | 3.0 |
| 二 | | 0.65 | 225 | 1.0 | 不限制 |

注：1.氯离子含量系指其占水泥用量的百分率。
2.当使用非碱活性骨料时，对混凝土中最大碱含量可不作限制。
3.预应力混凝土中最大氯离子含量为0.06%，最小水泥用量为300kg/m³。

十一、
1.受力钢筋的混凝土保护层厚度(mm)（有特殊要求者详图）

| 基础（承台） | | 40 |
| 柱、基础梁 | | 30 |
| 梁 | | 25 |
| 板 | | 15 |

2.受力钢筋的保护层厚度不应小于受力钢筋的公称直径。
3.纵向受力钢筋的最小锚固长度$l_a$=40$l_a$(C20)、35$l_a$(C25)、30$l_a$(C30)、28$l_a$(C35)、25$l_a$(>C40)，$d$为钢筋的公称直径。任何情况下纵向受拉钢筋的锚固长度不应小于200mm。CRB550钢筋的最小锚固长度$l_a$=40$l_a$(C20)、35$l_a$(C25)、30$l_a$(C30)、28$l_a$(C35)、34页。

板、墙分布钢筋保护层厚度不应小于15mm；基础中纵向受力钢筋的混凝土保护层厚度不应小于40mm。施工中应采取措施保证钢筋的保护层厚度且不得超厚。端板中分布钢筋保护层厚度不应小于（10mm，且不应小于10mm，柱、墙纵向受力钢筋的保护层厚度≥15mm，梁、柱主筋的混凝土保护层厚度≥15mm。

十二、图示与施工：
1.梁、柱、剪力墙的钢筋构造详见国家建筑标准设计图集03G101-1图集35~68页。当纵向钢筋直径≥28mm时，应采用机械连接。
2.梁、柱、剪力墙平法施工图的制图规则及标准构造大样详见《混凝土结构施工图平面整体表示方法制图规则和构造详图》(03G101-1)。本表未注明的图集均为此图集。

1.梁、柱：
2.梁：
（1）梁纵向受力筋构造详见图集第54~56、61页，及附注清筋及吊筋侧面。
（2）非框架梁构造详见图集第62、63页。
（3）剪力墙(L)的配筋构造详见图集第65、66页。
（4）框架梁箍筋构造详见图集第67页。
（5）梁、板下部有构造柱时，在与构造柱对应位置处的梁、板下部预埋焊接钢筋、数量和直径均同构造柱纵筋。
（6）梁上部有悬挑梁时，应将该结构平面布置图为准。梁柱施工图需满足图集第66页。悬挑梁部悬挑构造不允许做大样，当悬挑长度大于2m应起拱，起拱值按100%为可取标准。
（7）悬挑梁配筋构造大样详见图集第66页。悬挑梁端部悬挑构造不允许做大样，当悬挑长度大于2m应起拱，起拱值按100%为可取标准。
（8）当悬挑应力较大时，梁外侧纵筋的纵向配筋应相应的弯折，置于柱或梁内侧。
（9）梁的跨度大于4m时，跨度中应起拱，跨度中起拱2‰起拱。
（10）框架梁、次梁钢筋（图中以N表示者）应分别插入梁顶（图中所标注抗扭纵筋剪力墙计算长度$l_n$）。
（11）梁柱肋宽b×h≥450H按梁截面配筋率"设置构造腰筋，图中另行注明者除外。

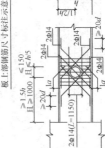

结施2/13

悬挑梁根部配筋构造大样
当1500≤L<2100时设置①号钢筋 2Φ14
当L≥2100时设置②、③号钢筋分别为 2Φ14

梁柱节点混凝土浇筑大样

板上洞孔混凝土浇筑大样

梁上洞口补强示意

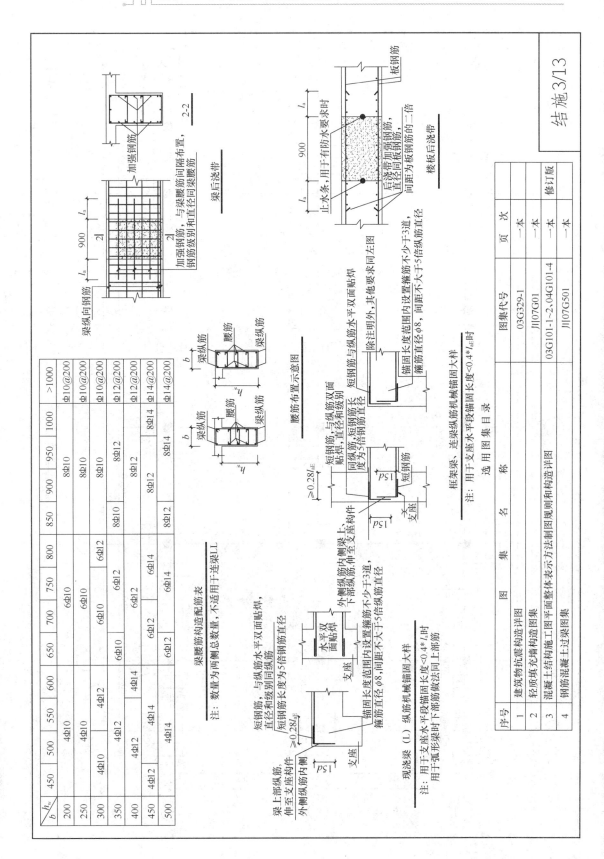

结施3/13

选用图集目录

| 序号 | 图 集 名 称 | 图集代号 | 页 次 |
| --- | --- | --- | --- |
| 1 | 建筑物抗震构造详图 | 03G329-1 | 一本 |
| 2 | 轻质填充墙构造图集 | JЛ07G01 | 一本 |
| 3 | 混凝土结构施工图平面整体表示方法制图规则和构造详图 | 03G101-1-2,04G101-4 修订版 | 一本 |
| 4 | 钢筋混凝土过梁图集 | JЛ07G501 | 一本 |

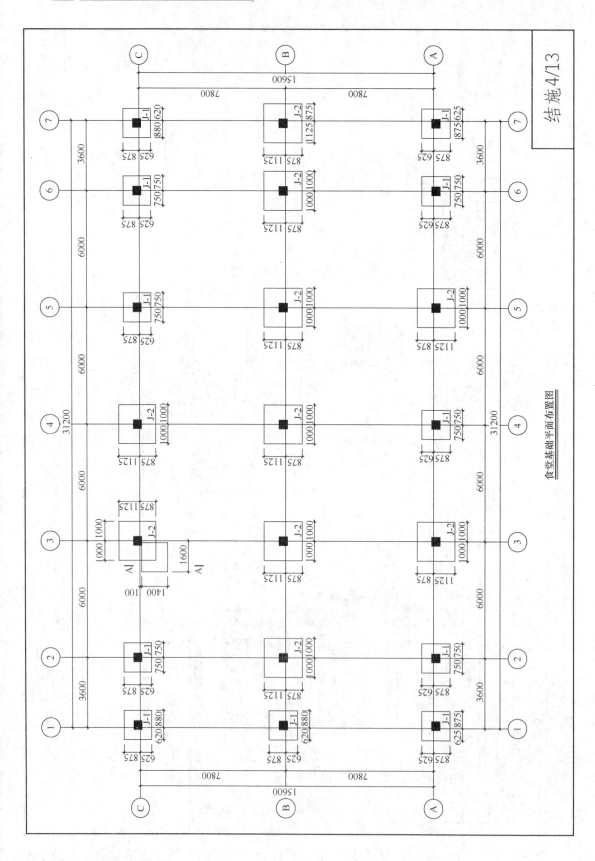

结施 4/13

食堂基础平面布置图

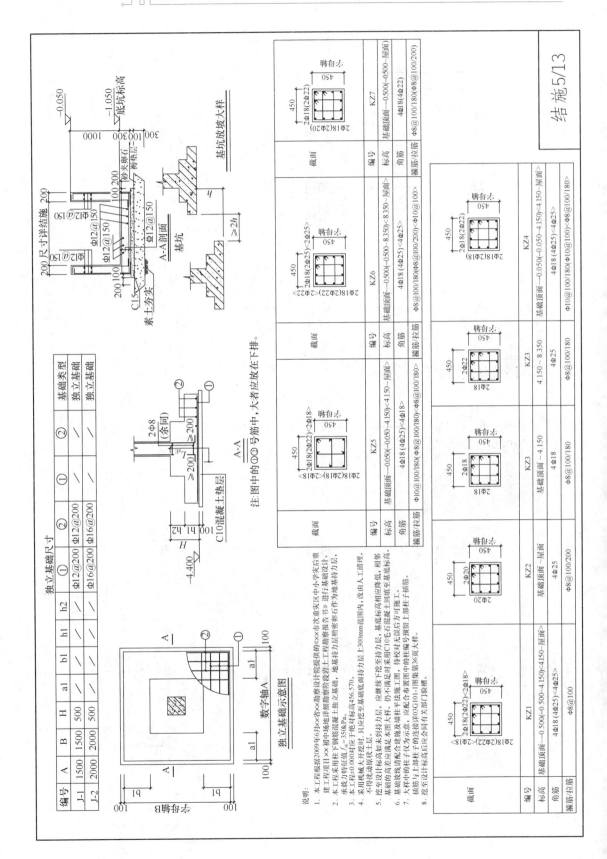

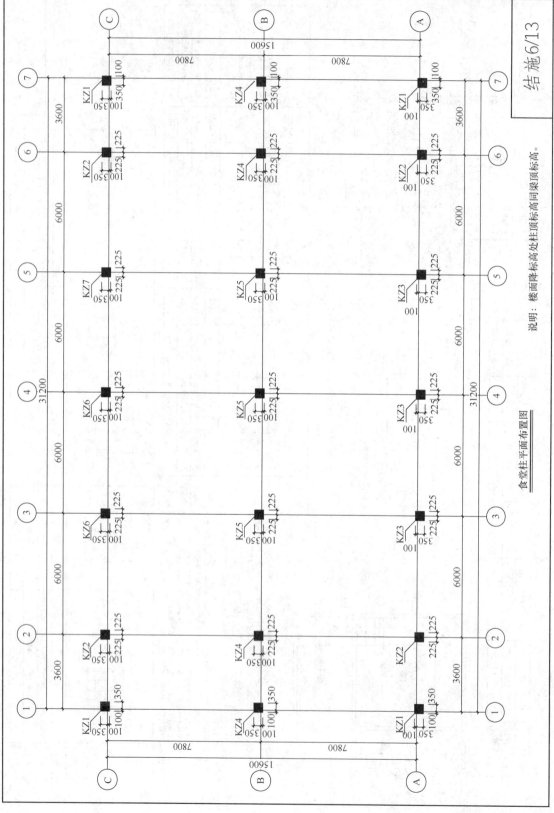

食堂柱平面布置图

说明：楼面降标高处柱顶标高同梁顶标高。

结施6/13

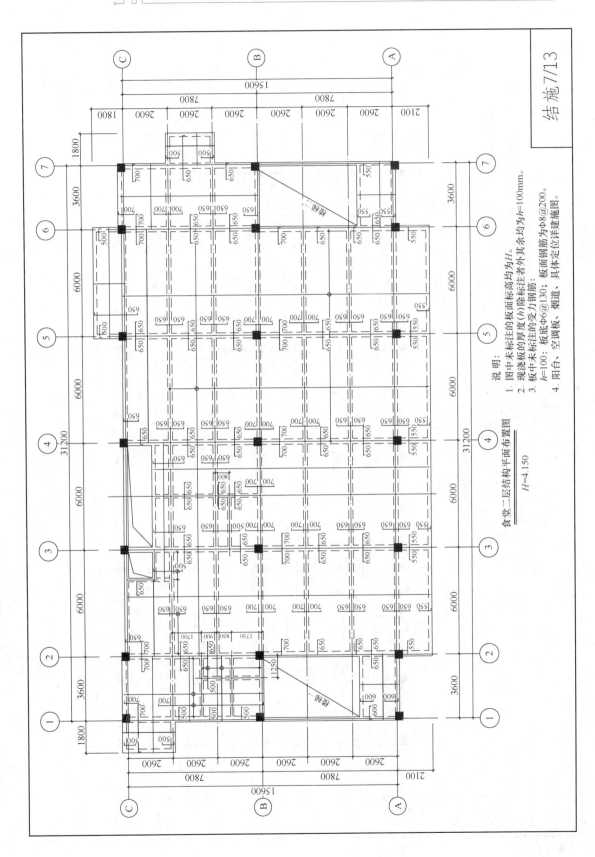

结施 7/13

说明:
1. 图中未标注的板面标高均为H。
2. 现浇板的厚度(h)除标注者外其余者均为h=100mm。
3. 板中未标注的受力钢筋:
   h=100: 板底Φ6@130;
   板面钢筋为Φ8@200。
4. 阳台、空调板、烟道、具体定位详建施图。

食堂二层结构平面布置图
H=4.150

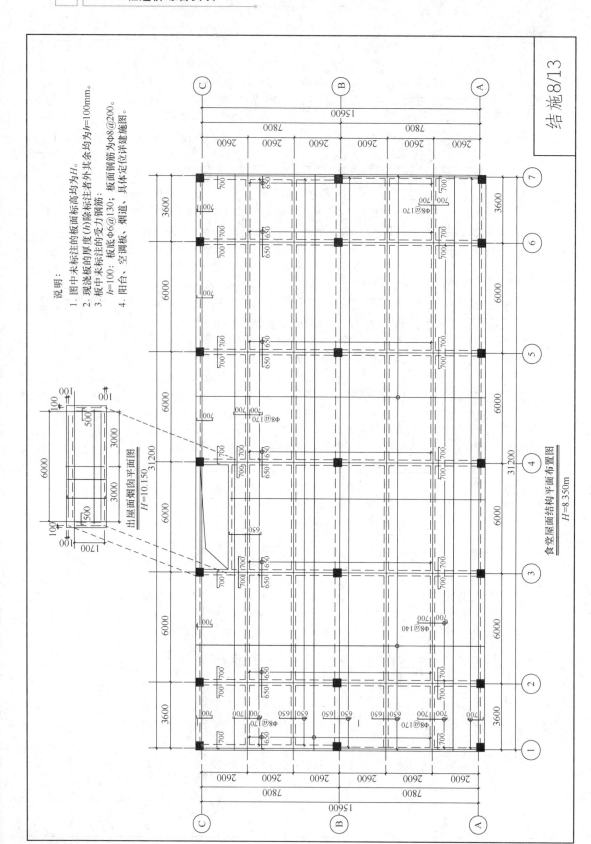

结施 8/13

食堂屋面结构平面布置图
H=8.350m

出屋面烟囱平面图
H=10.150
31200

说明：
1. 图中未标注的板面标高均为H。
2. 现浇板的厚度（h）除标注者外其余均为h=100mm。
3. 板中未标注的受力钢筋：
   h=100：板底Φ6@130；板面钢筋为Φ8@200。
4. 阳台、空调板、烟道、具体定位详建施图。

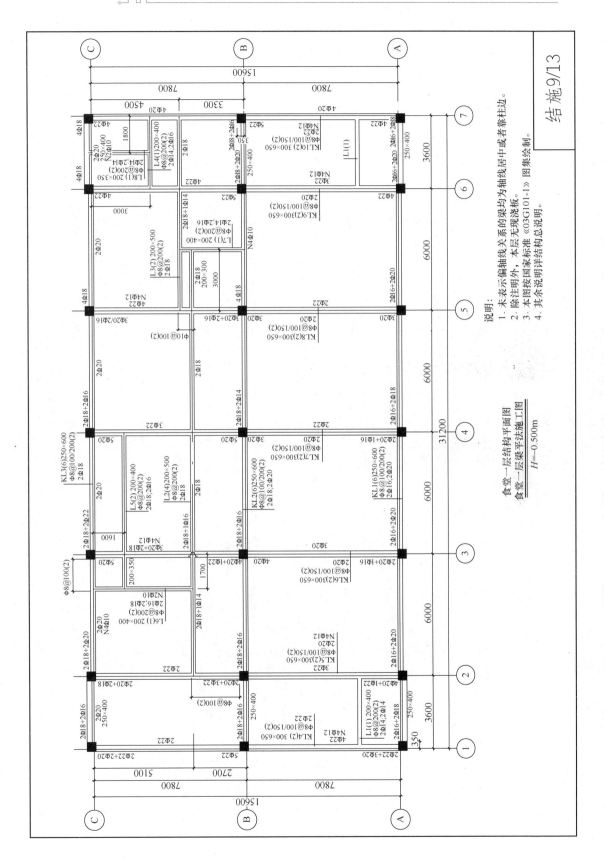

结施9/13

食堂一层结构平面图
食堂一层梁平法施工图
H=−0.500m

说明：
1. 未表示偏轴线关系的梁均为轴线居中或靠柱边。
2. 除注明外，本层无现浇板。
3. 本图按国家标准《03G101-1》图集绘制。
4. 其余说明详结构总说明。

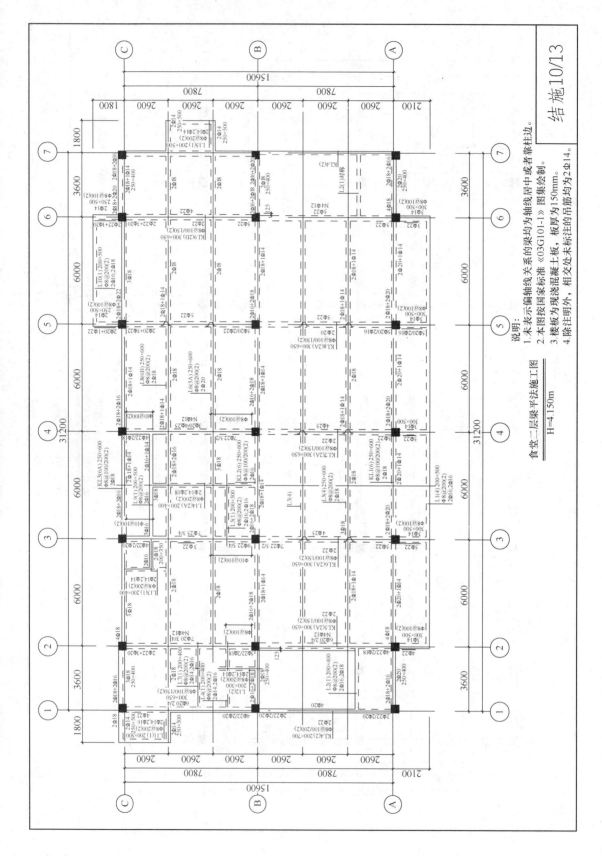

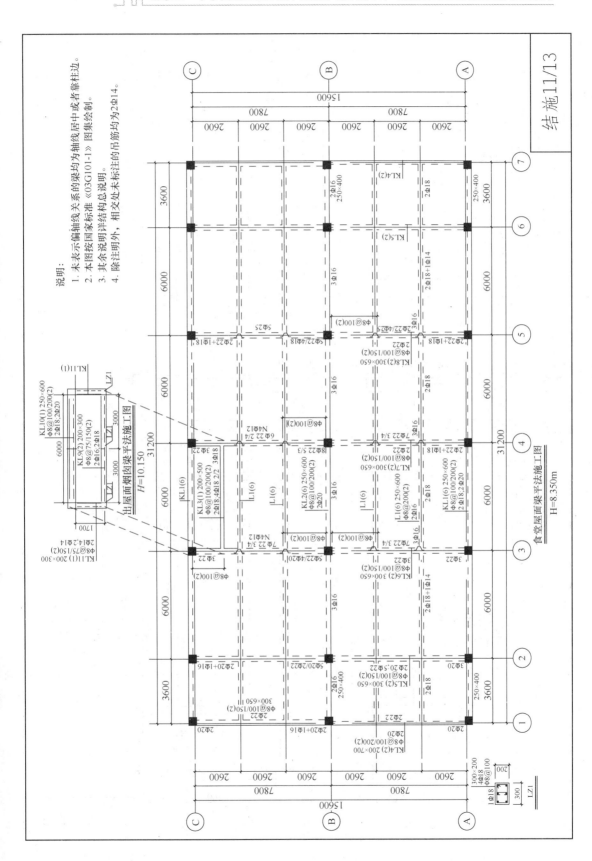

食堂屋面梁平法施工图 H=8.350m

出屋面烟囱图梁平法施工图 H=10.150

说明：
1. 未表示偏线关系的梁均为轴线居中或者靠柱边。
2. 本图按国家标准《03G101-1》图集绘制。
3. 其余说明详结构总说明。
4. 除注明外，相交处未标注的吊筋均为2Φ14。

结施11/13

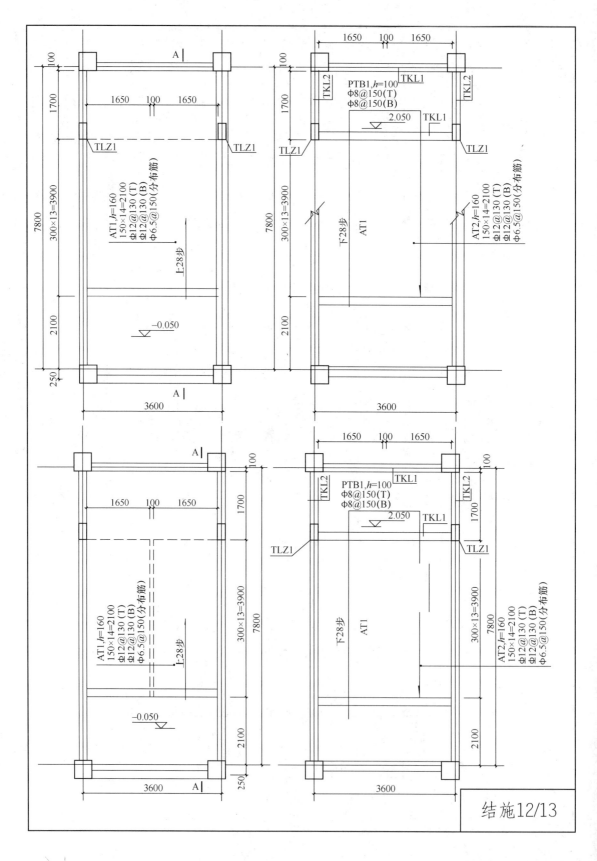

结施12/13

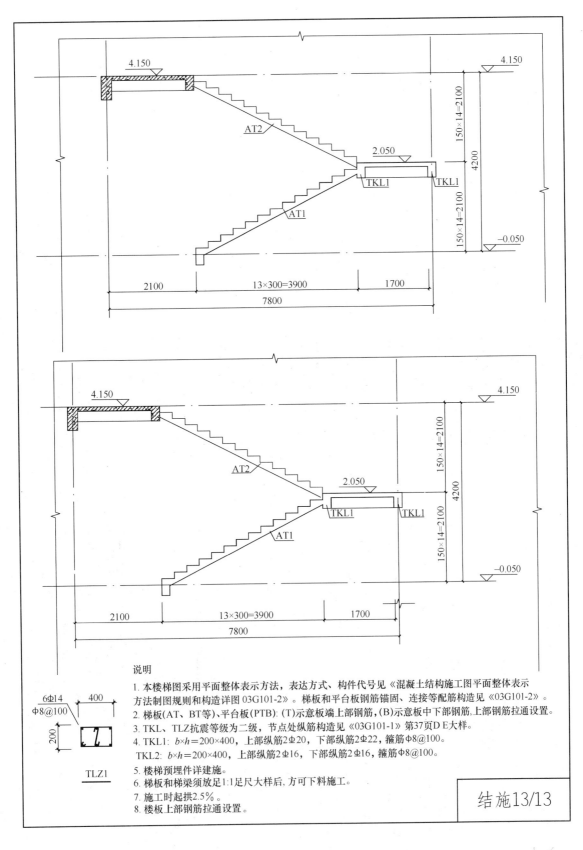

说明

1. 本楼梯图采用平面整体表示方法，表达方式、构件代号见《混凝土结构施工图平面整体表示
方法制图规则和构造详图 03G101-2》。梯板和平台板钢筋锚固、连接等配筋构造见《03G101-2》。

2. 梯板(AT、BT等)、平台板(PTB)：(T)示意板端上部钢筋，(B)示意板中下部钢筋，上部钢筋拉通设置。

3. TKL、TLZ抗震等级为二级，节点处纵筋构造见《03G101-1》第37页D E大样。

4. TKL1：$b×h=200×400$，上部纵筋2Φ20，下部纵筋2Φ22，箍筋Φ8@100。

TKL2：$b×h=200×400$，上部纵筋2Φ16，下部纵筋2Φ16，箍筋Φ8@100。

5. 楼梯预埋件详建施。

6. 梯板和梯梁须放足1:1足尺大样后，方可下料施工。

7. 施工时起拱2.5%。

8. 楼板上部钢筋拉通设置。

6Φ14
Φ8@100
400
200

TLZ1

结施13/13

171

# 设计说明

## 一、设计依据

### (一)规范

1. 建筑给水排水设计规范(GB 50015—2003)
2. 中小学校建筑设计规范(GBJ 99—2003)
3. 建筑设计防火规范(GB 50016—2006)
4. 建筑灭火器配置设计规范(50140—2005)
5. 厨房设备细节提供的本工程有关资料和设计任务书;

(二)建设单位提供的本工程有关资料和设计资料;

(三)相关和有关工种提供的作业图和有关资料;

## 二、设计范围

本设计范围为该建筑内给水排水管道系统、室外详总平面子顶 该建筑体积4300m³。

## 三、管道系统

### (一)生活给水系统

1. 建设单位提供为城市自来水,设计要求管径点水压力为0.15MPa。
2. 生活给水系统
本建筑最高日用水量22.0m³/d,最大小时用水量2.75m³/h。

### (二)生活污水系统

1. 采用生活污水系统,厨房污水经过隔油池处理后排至市政污水管网。
按照《建设项目环境影响报告表》要求:校区生活污水均接至室内散水沟,再进入室外污水系统处理后排至市政污水管网。最高日排水量17.60m³/d。

### (三)消防设计

1. 按照《建筑设计防火规范》(GB 50016—2006) 本建筑体积小于10000m³,可不设室内消火栓系统;雨水口及立管设置业详建。
2. 本楼设计防火量为小于15L/s。
3. 本楼设严重危险级配置灭火器,每个设置点为5kg装手提式磷酸铵盐干粉灭火器具。
4. 本楼餐厅面积大于500m²,厨房设细喷雾灭火装置。

## 四、管材及其敷设

### (一)给水及其连接

#### 1. 生活给水管

支管采用内衬塑嵌套式衬塑钢管,卡环连接。
和安装均应符合《建筑给水聚丙烯管道工程技术规范》(GB/T50349—2005) 的要求。
所有管道阀门等附件连接,DN≤50采用螺纹,DN>50采用法兰连接。

| PP-R管冷热水管公称管径与实际管径对照表 | | | | | | | | | | |
|---|---|---|---|---|---|---|---|---|---|---|
| 公称管径 | DN15 | DN20 | DN25 | DN32 | DN40 | DN50 | DN70 | DN80 | DN100 | |
| 冷水管 | 外径×壁厚 | 20×23 | 25×23 | 32×29 | 40×37 | 50×46 | 63×5.8 | 75×6.8 | 90×8.2 | 100×10 |
| 热水管 | 外径×壁厚 | 20×41 | 25×51 | 32×6.5 | 40×8.1 | 50×10.1 | 63×12.7 | 75×15.1 | 90×18.1 | 110×22.1 |

## 五、管材及管道连接

立管采用无规共聚聚丙烯管(PP-R)、S4系列,热熔连接。

2. 排水管:污水管、雨水管采用UPVC排水塑料管,粘接;
管材及安装应满足《建筑排水硬聚氯乙烯管道工程技术规程》(CJJ/T 29—98)的要求。

### (二)管道敷设

1. 公共卫生间给水排水立管为明设给水支管暗设于顶棚或墙体。
2. 给水立管穿楼板时,应设套管,安装在楼板内的套管,其顶部应高出装饰地面20mm;安装在卫生间内的套管,其顶部应高出装饰地面50mm,底部应与楼板底部相平。
3. 雨水管,排水管穿楼板应预留孔洞,管道安装完后将孔洞严密封堵实,立管周围应设高出楼板面设计标高10~20mm的阻水圈。
4. 所有管道穿越基础时,应于留洞口,管顶上空净空≥0.15m。
5. 污水管与横管连接时,不得采用正三通和正四通;污水立管与排出管连接处宜采用2个45°弯头或90°斜三通,小专管·立管应设伸缩节。

### (三)管道坡度

1. 给水支管坡度为0.026,干管为0.015。
2. 给水管接0.002的坡度或坡进水装置。

### (四)管道支吊架

1. 给水、排水管道详见《建筑给水排水及采暖工程施工质量验收规范》GB 50242—2002之规定设置支吊架。

### (五)管道试验

1. 给排水管道应按《建筑给水排水及采暖工程施工质量验收规范》GB 50242—2002进行冲洗和消毒。
2. 给排水管道应按《建筑给水排水及采暖工程施工质量验收规范》GB 50242—2002之规定做水压试验。
3. 污水及雨水管应按《建筑给水排水及采暖工程施工质量验收规范》GB 50242—2002的要求做灌水试验和通球试验。
4. 生活给水管道试验压力均为0.6MPa。

### 五、阀门及附件

1. 生活给水管上采用全铜质阀门,公称压力为1.0MPa。管径DN≤50采用J41H-1.0, DN>50时,采用闸阀Z15W—10T。止回阀采用H44T—2.0。
2. 卫生间用真空畅通加存水弯,存水弯封高度不小于50mm,清扫口与地面平。

### 六、卫生洁具

本工程所用卫生洁具均采用陶瓷制品,龙头为陶瓷阀芯,卫生器具及配件应选用节水型,定货之前应复核其洞口尺寸是否与预留孔洞相符。

## 七、其他

1. 图中所注尺寸除管长、标高以m计外,其余以mm计。
2. 本图所注管道标高为管中标高。
3. 施工中应与土建公司和其他专业公司密切合作,合理安排施工进度,及用预留孔洞及预埋套管。

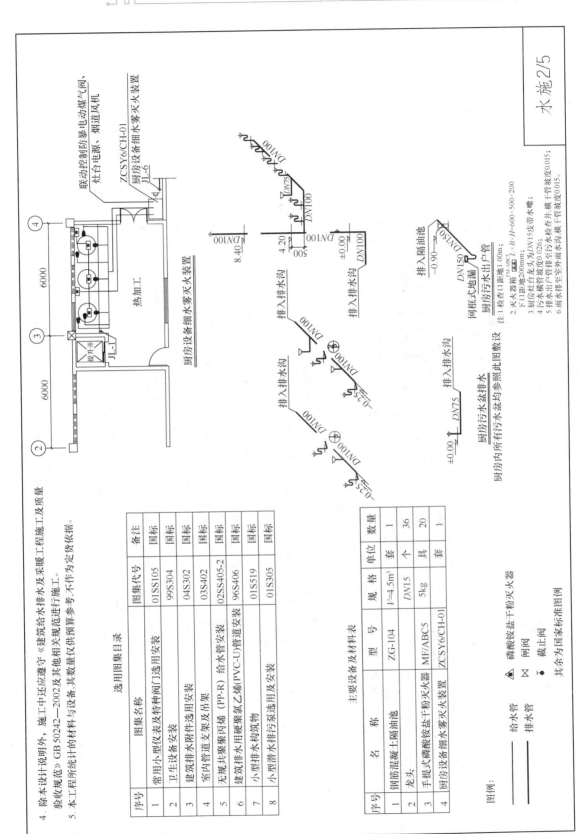

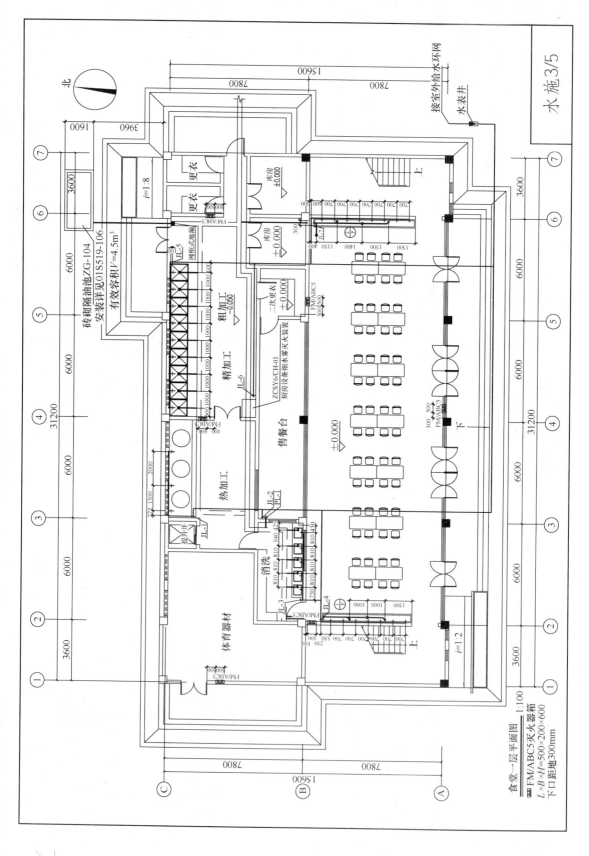

食堂一层平面图 1:100

FM/ABC5灭火器箱
$L×B×H=500×200×600$
下口距地300mm

水施 3/5

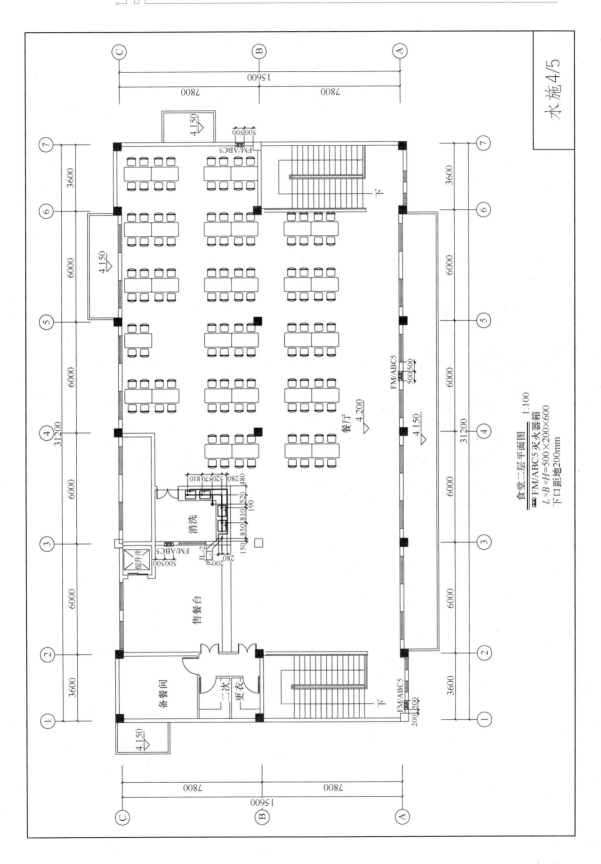

食堂二层平面图　1:100

▨ FM/ABC5灭火器箱
$L×B×H=500×200×600$
下口距地200mm

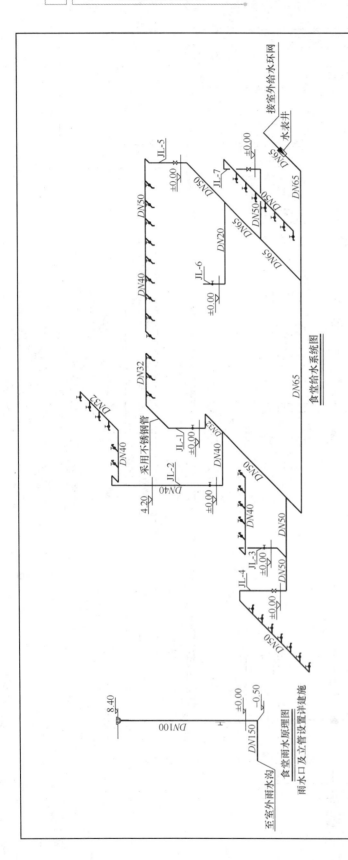

食堂给水系统图

食堂雨水原理图
雨水口及立管设置设置详建施

至室外雨水沟

| 卫生洁具 | 距完成面标高 | 采用图索引 |
|---|---|---|
| 厨房洗涤盆龙头 | 1000mm | 99S304-7 |
| 厨房洗涤池龙头 | 1000mm | 99S304-15 |
| 洗脸盆角阀 | 450mm | 99S304-40 |
| 蹲便器冲洗阀 | 825mm | 99S304-83 |
| 污水盆龙头 | 800mm | 99S304-16 |
| 灶台龙头 | 1200mm | |

水施 5/5

## 弱电设计说明

### 一、工程概况及设计依据

1. 本项目位于××镇。原占地55亩，项目用地南侧为武阳中路，项目地块大致呈不规则多边形。地势平坦。本项目为加建教学楼。一栋食堂，一栋学生宿舍。

   本子项为食堂，建筑面积992m²，层数：二层，高度：8.4m，建筑结构形式采用钢筋混凝土框架结构。

2. 建设单位提供的设计要求。

3. 国家及地方的现行规程、规范及标准
   《民用建筑电气设计规范》JGJ 16—2008
   《中小学校建筑设计规范》GB50099—2011
   《建筑物电子信息系统防雷技术规范》（GB 50343—2012）
   《有线电视系统工程技术规范》（GB50200—1994）
   《建筑工程设计文件编制深度规定》（2008年版）
   《工程建设标准强制性条文，房屋建筑部分》2002年版
   《成都市教育局文件【2008】41号》

### 二、设计范围：电话系统，有线电视系统，广播系统。

本次设计包括：电话系统，有线电视系统，广播系统。

### 三、电话系统

1. 由当地电信部门引一根电话电缆至本建筑电话箱。
2. 电话电缆由一根Φ40引入钢管，在一层公共部位设置电话箱。
3. 由电话箱引出的所有线路均穿阻燃型硬质塑料管敷设，线路敷设在地面、楼板或墙体内。
   电话插座均为嵌墙暗设，标高距地（完成地面）300mm。

### 四、有线电视系统

1. 电视信号由室外城镇有线电视信号引来。系统采用862MHz（双向）高隔离度的邻频传输系统。
2. 前端设备有线电视箱设置在一层公共部位。
3. 用户端各频道电平控制在64±4dB之间，图像清晰度应在四级以上。
4. 干线采用SYWV-75-9，支线采用SYWV-75-5。所有线路均为嵌墙暗设。电视插座及地板，地板插座在室内，电视插座均为嵌墙暗设，标高距地（完成地面）0.80m。

### 五、广播系统

本工程仅预留管线，控制线路及方式由成都主校广播厂家提供。本学校校铃采用广播代替。

### 六、接地

各电用设备及接地均从总接地端子箱起，用BV（1×6）PC25引至各设备，本工程采用共用接地体，其接地电阻R不大于10欧。

### 七、其他

1. 所有弱电系统引入入口端设过电压保护装置。
2. 在土建施工时，电气安装人员应密切配合土建施工工作，不得在土建施工完成后再行剔槽打洞。

---

3. 本工程按国家照明配电现行规范及技术标准进行施工验收。必须符合《建筑电气工程施工质量验收规范》GB50303—2002。
4. 本设计所标注电气设备及元器件型号仅表示电气参数，甲方采购时应通过比选，选用符合国家认证要求的合格产品。
5. 由室外埋地进入建筑物的强、弱电线路均穿钢管保护，钢管伸出建筑外墙1.5m。
6. 强电插座和弱电插座水平间距不小于200mm。
7. 本工程厨房不采用可燃气体作为燃料，不涉及设置可燃气体报警装置问题。

### 主要设备及材料表

| 序号 | 名称 | 型号 | 规格 | 单位 | 数量 | 图例 | 备注 |
|---|---|---|---|---|---|---|---|
| 1 | 双管防水防尘荧光灯 | | 2×36W | 个 | 19 | | 管吊 H=3.0m |
| 2 | 双管荧光灯 | PAK-A02-135-A | 2×36W | 个 | 76 | | 管吊 H=3.0m |
| 3 | 电扇 | φ1200 | 80W | 个 | 24 | | 管吊 H=3.0m |
| 4 | 调速开关 | PAK-V8EI1 | 220V 220W | 个 | 24 | | 嵌墙式 H=1.3m |
| 5 | 单联单控暗装开关 | PAK-V81/1 | 250V 10A | 个 | 10 | | 嵌墙式 H=1.3m |
| 6 | 双联单控暗装开关 | PAK-V82/1 | 250V 10A | 个 | 8 | | 嵌墙式 H=1.3m |
| 7 | 三联单控暗装开关 | PAK-V83/1 | 250V 10A | 个 | 1 | | 嵌墙式 H=1.3m |
| 8 | 暗装单相二、三级安全型插座 | PAK-V8/10US | 250V 10A | 个 | 22 | | 嵌墙式 H=2.8m |
| 9 | 暗装单相二、三级安全型插座 | 带防溅盒 | 250V 10A | 个 | 10 | | 嵌墙式 H=1.5m |
| 10 | 防水节能吸顶灯 | PAK-D15-122C-CA | 32W节能灯 | 个 | 9 | | 管吊 H=3.0m |
| 11 | 应急灯（自带蓄电池） | — | 32W节能灯 | 个 | 10 | | 壁挂式 H=2.8m |
| 12 | 出口指示灯（自带蓄电池） | PAK-Y01-104D01 | LED光源 | 个 | 5 | | 门上 H=0.5m |
| 13 | 疏散指示灯（自带蓄电池） | PAK-Y01-104D01 | LED光源 | 个 | 4 | | 嵌墙式 H=-0.5m |
| 14 | 热释电红外感应吸顶灯 | GD105系列 | 32W节能灯 | 个 | 6 | | 吸顶 |
| 15 | 配电箱 | | | 个 | 2 | | H=1.5m |

施工单位应对材料表中的数量进行核实，确认无误后，才能订货。

### 主要设备及材料表

| 序号 | 图例 | 名称 | 型号 | 单位 | 数量 | 备注 |
|---|---|---|---|---|---|---|
| 1 | | 扬声器（3W） | | 个 | 9 | 吸顶式 |
| 2 | | 电视插座 | | 个 | 4 | 嵌墙式 H=2.8m |
| 3 | | 电话插座 | | 个 | 3 | 嵌墙式 H=0.3m |
| 4 | | 电视箱 | | 个 | 1 | 嵌墙安装 H=1.5m |
| 5 | | 电话分线箱 | | 个 | 1 | 嵌墙安装 H=1.5m |
| 6 | | 广播分配端子箱 | | 个 | 1 | 嵌墙安装 H=1.5m |

施工单位应对材料表中的数量进行核实，确认无误后，才能订货。有线电视、广播等弱电系统预留管路到位，设备安装由当地政府或学校自行实施。

电施 1/15

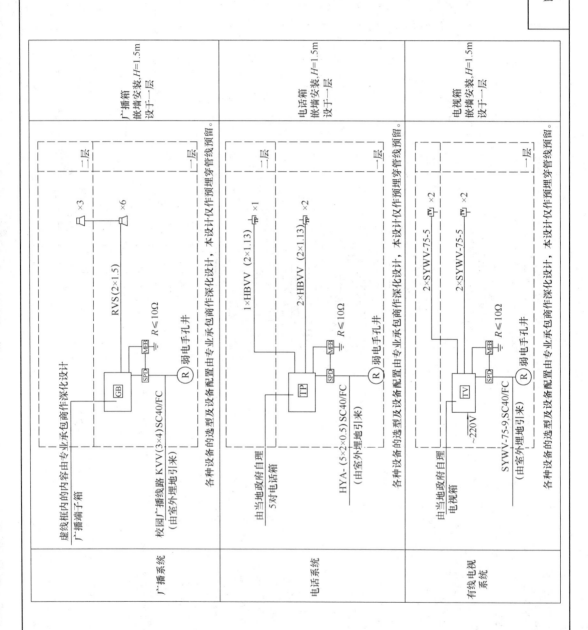

# 强电设计说明

## 一、工程概况及设计依据

1. 本项目位于××镇。原占地伍5.7亩，项目用地南侧为武阳中路，项目地块大致呈不规则多边形，地势平坦。本项目为加建项目，含两栋教学楼，一栋食堂，一栋学生宿舍。本子项为食堂，建筑面积：992m²，层数：二层，高度：8.4m，建筑结构形式为钢筋混凝土框架结构。

2. 建设单位提供的设计要求。

3. 相关专业提出的用电要求。

4. 民用建筑电气设计规程、规范及标准

《民用建筑电气设计规范》JGJ16—2008，

《低压配电设计规范》(GB 50054—2011)，

《供配电系统设计规范》(GB 50052—2009)，

《工程建设标准强制性条文，房屋建筑部分》2002年版，

《建筑物防雷设计规范》(GB 50057—2010)，

《中小学校建筑设计规范》GB50099—2011，

《建筑设计防火规范》(GB 50016—2006)，成都教育局文件【2008】41号。

## 二、设计范围

电气设计包括：供配电、照明、应急照明、建筑物防雷、接地系统及安全措施。

## 三、电源

本工程电源电压220/380V，采用TN-C-S系统。普通用电均为三级负荷，应急照明为消防负荷，也属三级负荷，由备用箱变埋地引入1个进线回路。

## 四、设备安装

1. 配电箱开关箱明装墙安装，做法详国标图90D702-1。

2. 一般插座选用安全型二、三孔组合暗装插座。

器具灯具，风扇均采用杆吊式安装。荧光灯均配电子整流器，以减少噪声及频闪，电子整流器灯管选用高效节能型（T8）灯管。

3. 室内灯具，其谐波不大于15%，三次谐波不大于7%；厨房设防水防尘灯（配节能型光源），荧光灯及高效节能（T8）灯管。

4. 走道选用热释放外应急灯（配节能型），餐厅设备蓄电池，低于设2.4m的灯具及 I 类灯具。

5. 应急照明和疏散指示灯具均自带蓄电池，供电时间不小于30min；凡低于2.4m的灯具及 I 类灯具。

6. 照明功率密度

| 房间或场所 | 照明功率密度（W/m²） | 对应照度值(lx) |
|---|---|---|
| 餐厅 | 11 | 200 |
| 厨房 | 13 | 200 |

## 五、线路选择及敷设方式

电源进户线采用YJV-0.6/1kV型电力电缆，进户处钢管穿墙保护户内线路采用BV-450/750V型铜芯电线电缆或YJV-0.6/1kV型电缆，末端照明及末端照明用及插座回路采用BV-450/750V型铜芯电缆，除末端照明用及插座回路外，铜芯电线穿管保护；穿管管径应符合2.5mm2铜芯线穿管径：

2.2 应急照明回路均穿镀锌钢管保护户内户处穿镀锌钢管保护PVC塑料管暗敷设在顶板或地板内。

2.3 根穿PC20;4.5根穿PC25。所有的线路均穿PC25。配管管径应在施工前进行核实是否匹配适度，无误后，才能进行施工数设。

## 六、防雷

本工程年预计雷击次数N=0.0223次/a，属人员密集的公共建筑，按三类防雷建筑考虑。所有防雷设施均暗敷设，避雷带采用-25×4镀锌扁钢管设在屋面，屋檐等部。防雷引下线在柱主筋在基础独立基础连接时，应采用低压流体热镀锌钢管保护。

造柱内直径不小于Φ12的两根主筋（不小于Φ12的两根主筋），设2根主筋在墙内利用构造柱内直径不小于Φ16的两根主筋。利用结构构柱的主筋将结构独立基础内的钢筋接连通，并在室面作接地体，并与防雷引下线接连通。防雷引下线间距0.5m处设防雷接地测试点，焊接连通作等电位连接。测试点的具体位置详图中有关标注。凡伸出屋面的所有金属管道及金属构件等设施均应与避雷带作焊接连通。

点，具体做法见03D501-1中相关页次。

## 七、接地及安全保护

1. 电源系统为TN-C-S系统。电源进户PEN线重复接地，要求接地电阻不大于10欧。中性线(N)与地保护线（PE）从总配电箱开始分别设置。

2. 本工程电源总等电位连接，并预留MEB端子板，所有预埋地引入的金属管道，进户低源电箱，进户MEB板连接，作总等电位接地处理。做法详国标图集02D501-2,13页。PE线均应与MEB板连接。

3. 本工程防雷接地，接地保护与及弱电接地共用接地装置。要求接地电阻不大于10欧。接地电阻应与实测，应增设接地极。做法详03D501-4,11页。

4. 接地(PE)、线在插座间不串联连接。

5. 本建筑各系统防浪涌通过电压防浪涌通过电压防雷设施均应穿金属管保护。

## 八、其他

1. 在土建施工时，电气安装人员应作好预留孔洞工作，不得在土建施工完成后再行剔槽打洞。

2. 补充图例：FC—地面内暗设，WC—墙体内暗设，CC—顶板内暗设，PC—阻燃型硬质塑料管，SC—低压流体钢管保护（要求壁厚不小于1.5mm）。

3. 本工程按照国家电气现行规范及技术标准进行施工验收。MT-JDG型镀锌钢管必须符合GB 50303—2002。

4. 本设计中所标注电气设备及元器件型号仅表示电气参数，甲方购买时应通过过达国家认证要求的合格产品。

5. 由室外埋地引入建筑物的强、弱电线路均有钢管保护。钢管伸出建筑外端1.5m。

6. 强电插座和弱电插座水平间距不小于200mm。

进行施工预埋理敷设。

1. 本工程年预计雷击次数……吊顶内所有敷强电线路均应穿金属管保护。

2. 穿线钢管选型：当穿线钢管外径不大于32mm时，采用JDG型镀锌钢管（要求壁厚不小于1.5mm）。当穿线钢管外径大于32mm时，采用低压流体热镀锌钢管（要求壁厚不小于1.5mm）。

3. 吊顶内所有敷强电线路均应穿金属管保护。

电施 4/15

| 箱号及系统名称 | 主回路 | 控制原理 | 箱体型号及安装方式 |
|---|---|---|---|
| ALcfz<br>配电箱系统图 | Pe=35kW<br>Kx=0.9,cosφ=0.8<br>Pjs=31.5kW<br>Ijs=59.7A<br>YJV-4×25-SC50<br>SSM31L-100S/4300<br>SSG1-160/3  63A,300mA,0.4S<br>SSB65-63/3P-25C<br>SIWOU-40/3P<br><br>L1 SSB65-63/1P-16C    WE1  ZR-BV-3×2.5 JGD20 1层应急照明<br>L2    "         WE2    "        2层应急照明<br>SSB65-63/3P-32C     WL1  BV-5×16 PC40      3kW      1ALcf1<br>"              WL2    "               15kW     1ALcf2<br>"              WL3    "               6kW      2ALcf1<br>SSB65-63/3P-25C     WL4  BV-5×10 PC32      5kW      2ALcf2<br>L3 SSB65-63/2P-16C   WL5  BV-3×2.5 PC20    弱电电源<br>L1 SSB65-63/1P-16C   WL6                   备用<br>L2 SSB65LE-63/2P-20C WL7 | | XMR-箱体<br>嵌墙安装<br>H=1.5m |
| 应急灯接线图 | | | |
| TN-C-S电源系统<br>进户处做法 | 电源进户总箱<br>L1 L2 L3 N PE<br>R≤10欧  总等电位箱<br>TN-C-S电源系统进户处做法<br>用于ALcf箱 | | |

电施 5/15

续

| 箱号及系统名称 | 主回路 | 控制原理 | 箱体型号及安装方式 |
|---|---|---|---|

1ALcf1
照明配电箱
系统图

ALcf1 WL1
SSB65H-63A-3P
Pe=3kW
Kx=0.9,cosφ=0.85
Pjs=2.7kW
Ijs=4.8A

L1　SSB65-63/1P-16C　WL1　　BV-3×2.5 PC20　照明
L2　"　　　　　　　WL2　　"　　　"
L3　"　　　　　　　WL3　　"　　　"　风扇
L1　SSB65LE-63/2P-20C　WL4　BV-3×4 PC25　插座
L2　"　　　　　　　WL5　　"　　备用
L3　SSB65-63/1P-16C　WL6　"　　"

XMR-箱体
嵌墙安装
H=1.5m

1ALcf2
照明配电箱
系统图

ALcf2 WL2
SSB65H-63A-3P
Pe=15kW
Kx=0.9,cosφ=0.8
Pjs=13.5kW
Ijs=25.5A

L1　SSB65-63/1P-16C　WL1　　BV-3×2.5 PC20　照明
L2　"　　　　　　　WL2　　"
L3　SSB65LE-63/2P-20C　WL3　"　　"
L1　　　　　　　　WL4
L2　SSB65LE-63/2P-20D　WL5　BV-3×4 PC25　插座
L3　　　　　　　　WL6　"
SSB65LE-63/4P-10D　WL7　"　备用
　　　　　　　　WL8　"　　"

XMR-箱体
嵌墙安装
H=1.5m

续

| 箱号及系统名称 | 主回路 | 控制原理 | 箱体型号及安装方式 |
|---|---|---|---|
| 2ALcf1<br>照明配电箱<br>系统图 | ALcfz,WL3 SSB65H-63A-3P<br>Pe=6kW<br>Kx=0.9,cosφ=0.85<br>Pjs=5.4kW<br>Ijs=9.6A<br><br>L1 SSB65-63/1P-16C　WL1　BV-3×2.5 PC20　照明<br>L2　〃　WL2　〃　〃<br>L3　〃　WL3　〃　〃<br>L1　〃　WL4　〃　〃<br>L2　〃　WL5　〃　〃<br>L3　〃　WL6　〃　〃<br>L1　〃　WL7　〃　〃<br>L2　〃　WL8　〃　风扇<br>L3　〃　WL9　〃　〃<br>L1 SSB65LE-63/2P-16C　WL10　〃　插座<br>L2　〃　WL11　〃　〃<br>L3　〃　WL12　备用 | | XMR-箱体<br>嵌墙安装<br>H=1.5m |
| 2ALcf2<br>提升机配电箱<br>系统图 | ALcfz,WL4 SSB65H-63A-3P<br>Pe=5kW<br>Kx=1,cosφ=0.8<br>Pjs=5kW<br>Ijs=9.5A | | XMR-箱体<br>嵌墙安装<br>H=1.5m |

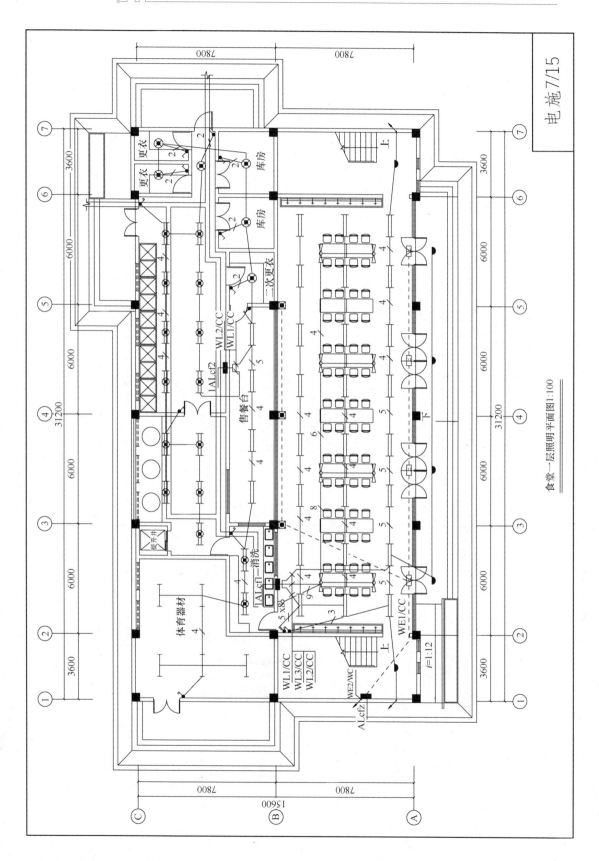

食堂一层照明平面图1:100

电施7/15

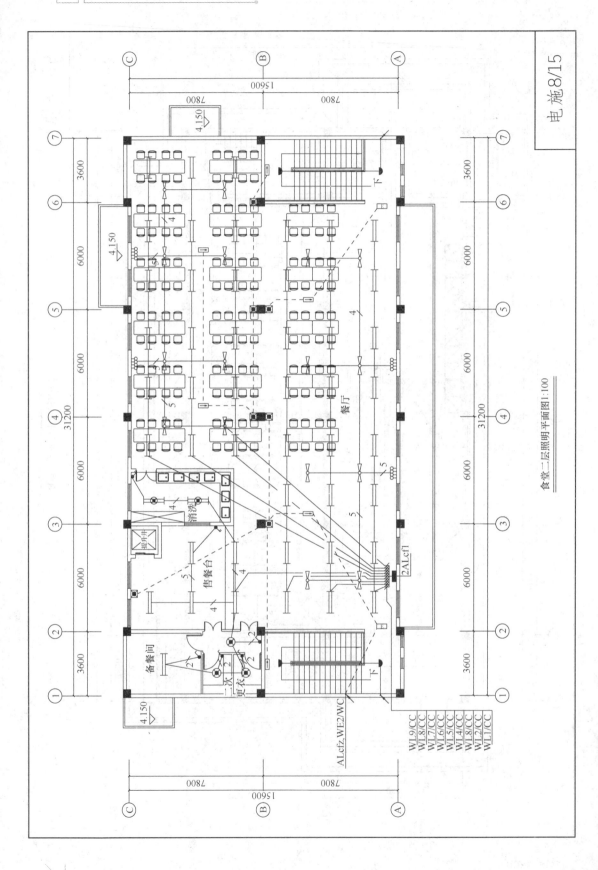

食堂二层照明平面图1:100

电施 8/15

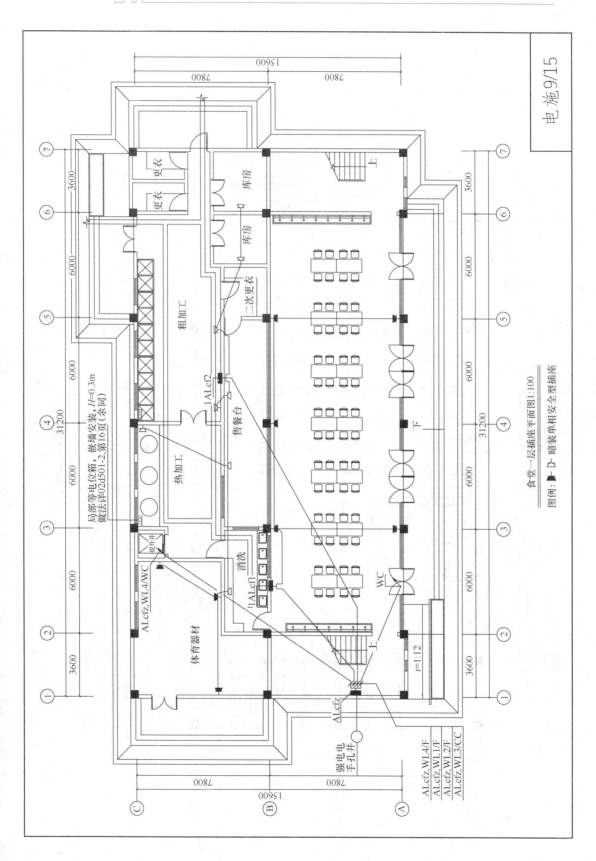

食堂一层插座平面图1:100

图例：▮Ｄ 暗装单相安全型插座

电施 9/15

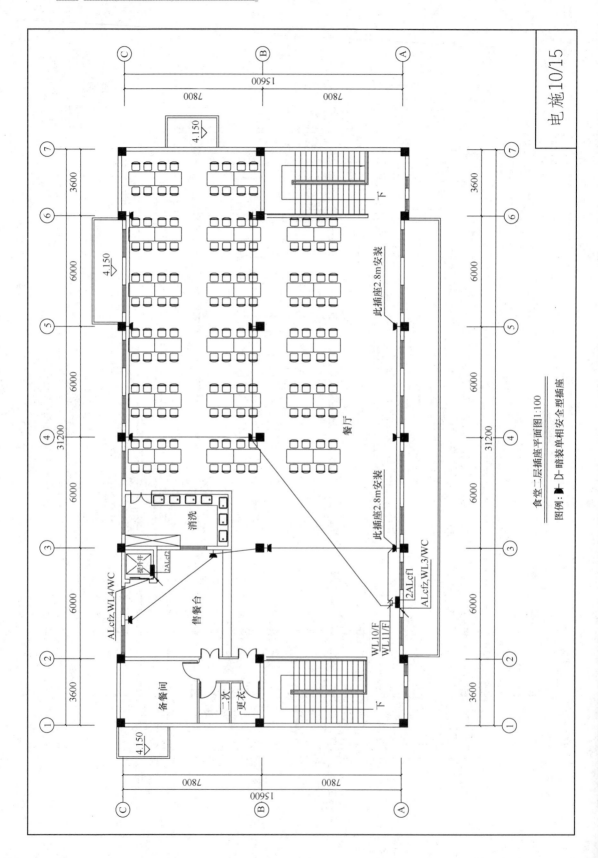

食堂二层插座平面图图1:100
图例：■ D-暗装单相安全型插座

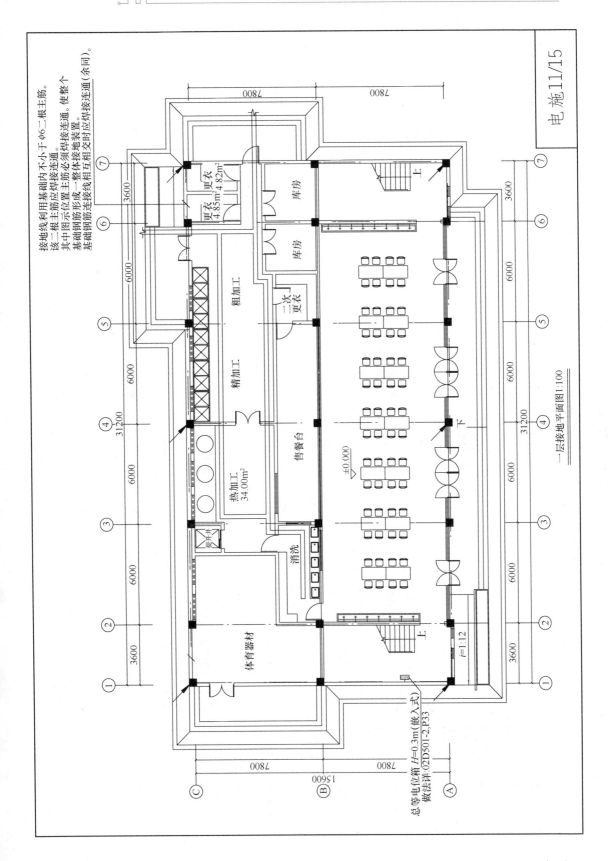

电施11/15

一层接地平面图1:100

接地线利用基础内不小于φ6二根主筋。该二根主筋应焊接连通。其中图示位置必须主筋接地连通。使整个基础钢筋形成一整体接地装置。基础钢筋连接线相互相连接时应焊接连通（余同）。

总等电位箱 H=0.3m（嵌入式）
做法洋02D501-2,P33

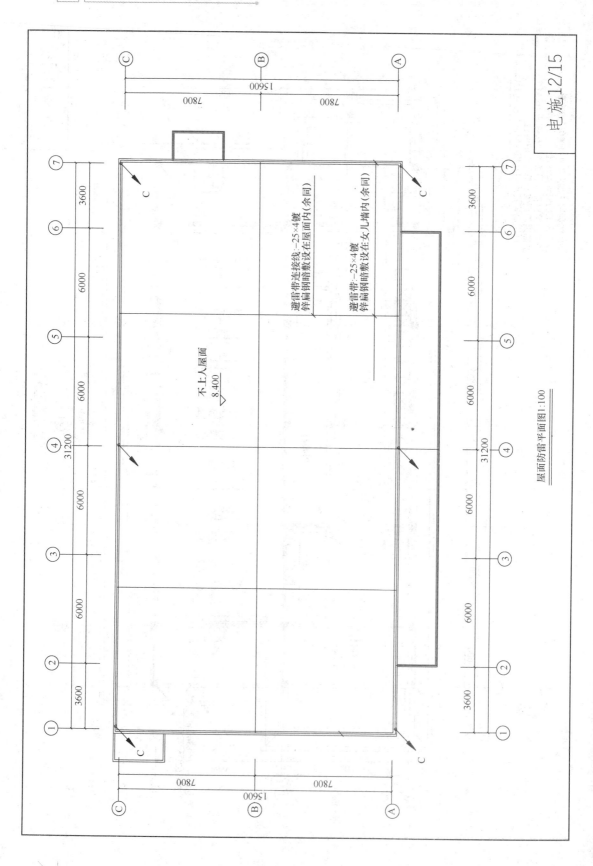

屋面防雷平面图1:100

电施12/15

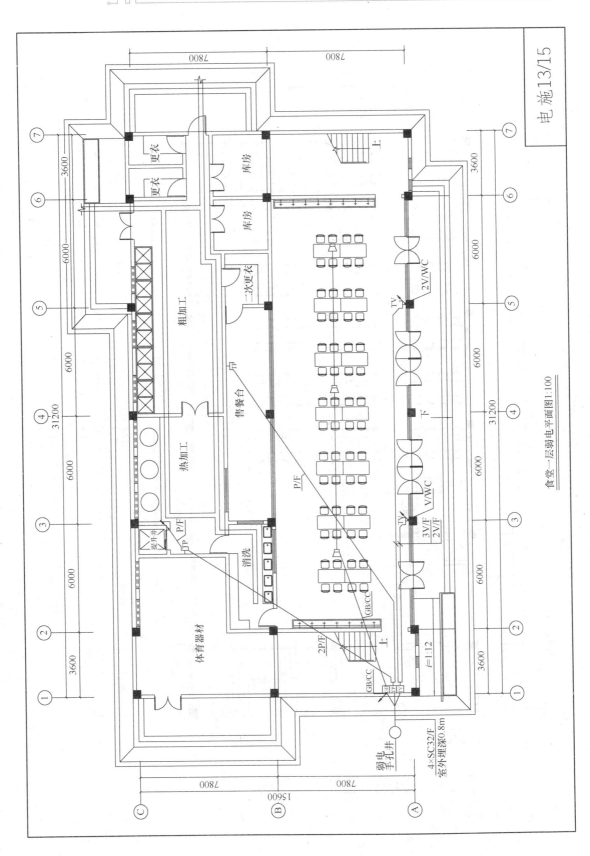

食堂一层弱电平面图1:100

电施13/15

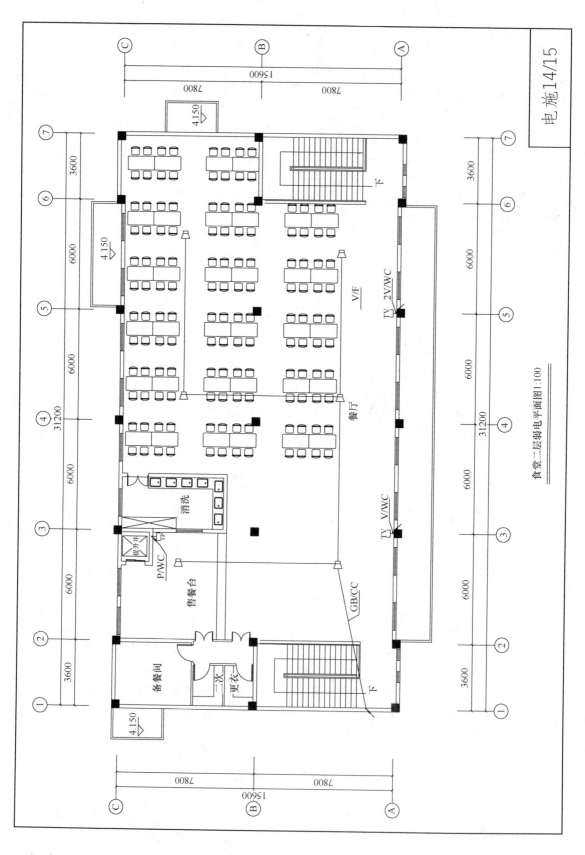

食堂二层弱电平面图1:100

电施14/15

电施15/15

| 线型图例符号 | 名称 | 线路线数 |
|---|---|---|
| V | 有线电视线路 | SYWV-75-5 PC20 |
| 2V | 有线电视线路 | 2×SYWV-75-5 PC20 |
| 3V | 有线电视线路 | 3×SYWV-75-5 PC25 |
| GB | 广播线路 | RVS (2×1.5) -PC20 |
| P | 电话线路 | HBVV-2×1.13 PC20 |
| 2P | 电话线路 | 2×HBVV-2×1.13 PC20 |
| 3P | 电话线路 | 3×HBVV-2×1.13 PC25 |

图例对照表

| □V 电视插座 | H=2.8m |
|---|---|
| □P 电话插座 | H=0.3m |
| □ 扬声器 | 吸顶 |

接地说明

1. 本工程防雷接地、安全保护接地及各弱电系统接地共用接地装置。接地电阻不大于10欧姆，施工完后需用实测，若达不到要求可用用人工检测点加引人工接地极。

2. 图中●为该处利用建筑物柱内主筋（每柱二根，不小于φ16）作防雷引下线，上端与防雷带、避雷网钢筋焊通，下端与基础钢筋焊接。请施工单位配合土建按本要求做好引下线。本工程防雷接地、保护接地、电子设备接地等所有接地系统均共用接地装置。

3. 本建筑物采用总电位及等电位联结，楼内所有导电部分要与等电位箱连接。电子设备接地采用总电位及等电位联结，楼内所有导电部分要与等电位箱连接。电子设备接地在室外距地0.5m设接地母线，做法参见《03D501-3》。所有进出建筑物的金属管道均采用-40×4的镀锌扁钢与防雷装置就近的等电位箱焊接。

防雷说明

1. 本工程雷击次数为0.0223次/a，因此按三类防雷设计。

2. 图中●为该处利用建筑物柱内主筋（每柱二根，不小于φ16）作防雷引下线，下端与基础钢筋做好引下线。请施工单位配合土建按本要求做好引下线。本工程防雷接地、保护接地、电子设备接地等所有接地系统均共用接地装置。

3. 图中C为该处引下线在室外距地0.5m设接地测试点，与柱内作防雷引下线的主筋焊接并与基础钢筋焊通。做法参见《03D501-3》。

4. 接地用金属构件应采用焊接连接，搭接长度：圆钢不小于6倍直径，扁钢不小于2倍宽度。

5. 除利用结构钢筋外，其余接地用的接地线、铁件、避雷网均镀锌，避雷网均焊接。施工时要求建筑物一周基础钢筋均连通。

6. 凡突出屋面的金属物体均与避雷带作可靠连接。

7. 重直敷设的金属管道及金属构件的顶端和底端应与防雷装置作可靠连接。

8. 应密切配合土建施工，电气施工人员应随时注意钢筋施工情况，检查土建施工人员是否按本图施工。

| 序号 | 图例 | 名　称 | 备　注 |
|---|---|---|---|
| 1 | | 双管荧光灯 | H=3.0m |
| 2 | | 电风扇 | H=3.0m |
| 3 | | 调速开关 | H=1.3m |
| 4 | | 单联单控暗装开关 | H=1.3m |
| 5 | | 双联单控暗装开关 | H=1.3m |
| 6 | | 三联单控开关 | H=1.3m |
| 7 | | 出口指示灯（自带蓄电池） | 门上0.5米 管H=2.8m |
| 8 | | 疏散指示灯（自带蓄电池） | H=0.5米 管H=2.8m |
| 9 | | 双管防水应急照明灯顶棚灯 | H=3.0m |
| 10 | | 壁挂式应急照明灯自带蓄电池 | H=2.8m |
| 11 | | 热释电红外感应吸顶灯 | 吸顶 |

适用图集目录

| 序号 | 图　集　名　称 | 图集代号 | 备　注 |
|---|---|---|---|
| 1 | 硬塑料管配线安装 | 98D301-2 | 国标图集 |
| 2 | 钢管配线安装 | 03D301-3 | 国标图集 |
| 3 | 等电位联结安装 | 02D501-2 | 国标图集 |
| 4 | 接地装置安装 | 03D501-4 | 国标图集 |

适用图集目录

| 序号 | 图　集　名　称 | 图集代号 | 备　注 |
|---|---|---|---|
| 1 | 建筑电气工程设计常用图形和文字符号 | 00DX001 | 国标图集 |
| 2 | 特殊灯具安装 | 03D702-3 | 国标图集 |
| 3 | 常用灯具安装 | 96D702-2 | 国标图集 |
| 4 | 常用低压配电设备安装 | 90D702-1 | 国标图集 |
| 5 | 硬塑料管配线安装 | 98D301-2 | 国标图集 |
| 6 | 钢管配线安装 | 03D301-3 | 国标图集 |
| 7 | 35kV及以下电缆敷设 | 94D101-5 | 国标图集 |
| 8 | 等电位联结安装 | 99D501-1 | 国标图集 |
| 9 | 建筑物防雷设施安装2003局部修改版 | 99(03)D501-1 | 国标图集 |
| 10 | 等电位联结安装 | 02D501-2 | 国标图集 |
| 11 | 利用建筑物金属体做防雷引下线及接地装置安装 | 03D501-3 | 国标图集 |
| 12 | 接地装置安装 | 03D501-4 | 国标图集 |

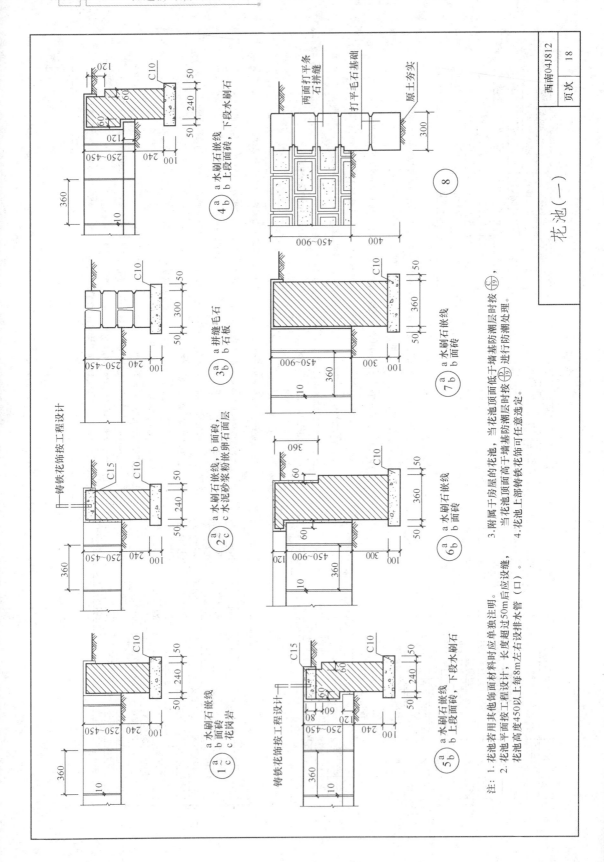

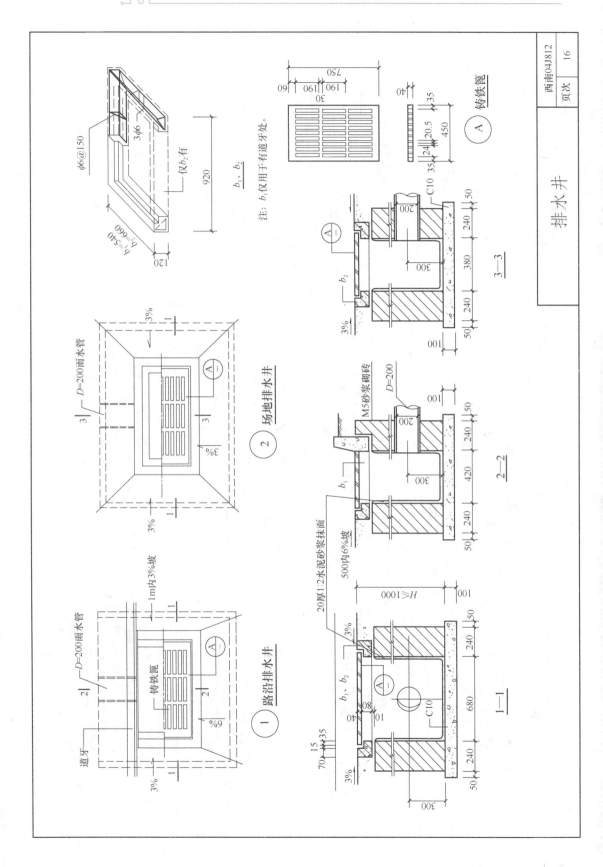

排水井

西南04J812

页次 16

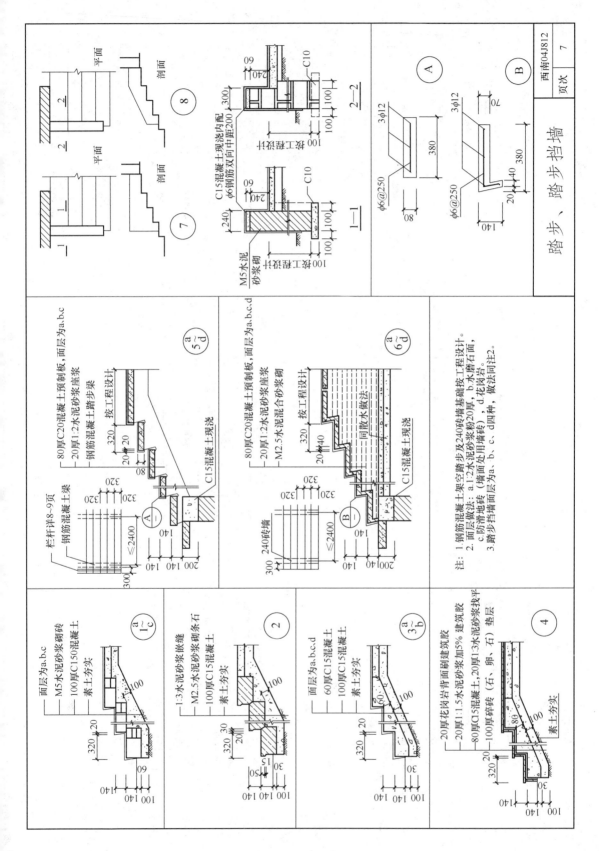

踏步、踏步挡墙

西南04J812　7

页次

注：
1. 钢筋混凝土架空踏步及240砖墙基础按工程设计。
2. 面层做法：a.1:2水泥砂粉20厚，b.水磨石面，c.花岗地砖，d.防滑地砖。（墙面处用墙面层为a、b、c、d四种，做法同注2。
3. 踏步挡墙墙面层为a.b.c.d。

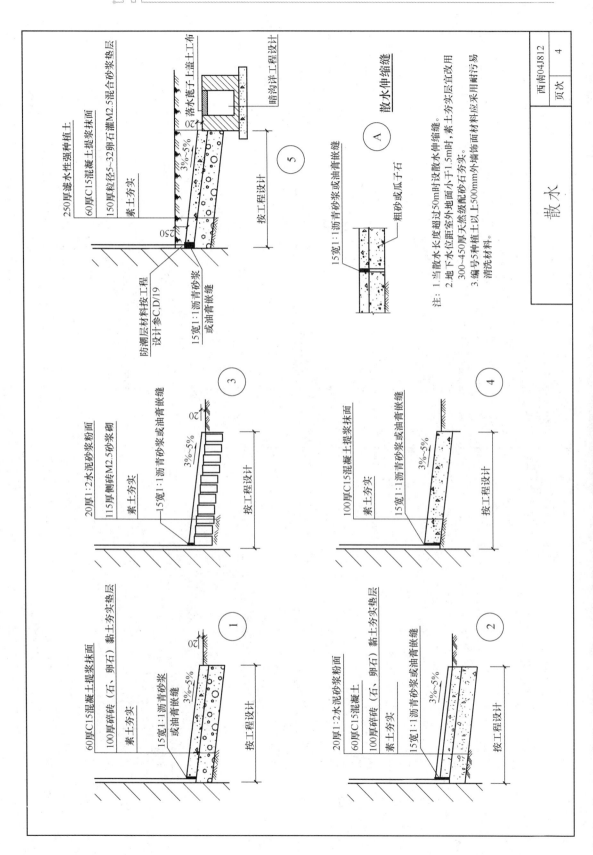

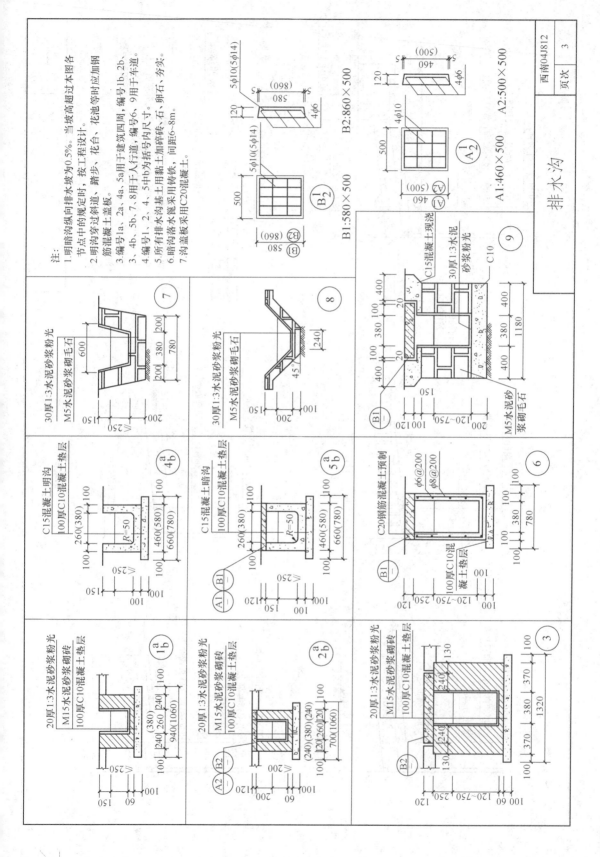

排水沟

西南04J812

页次　3

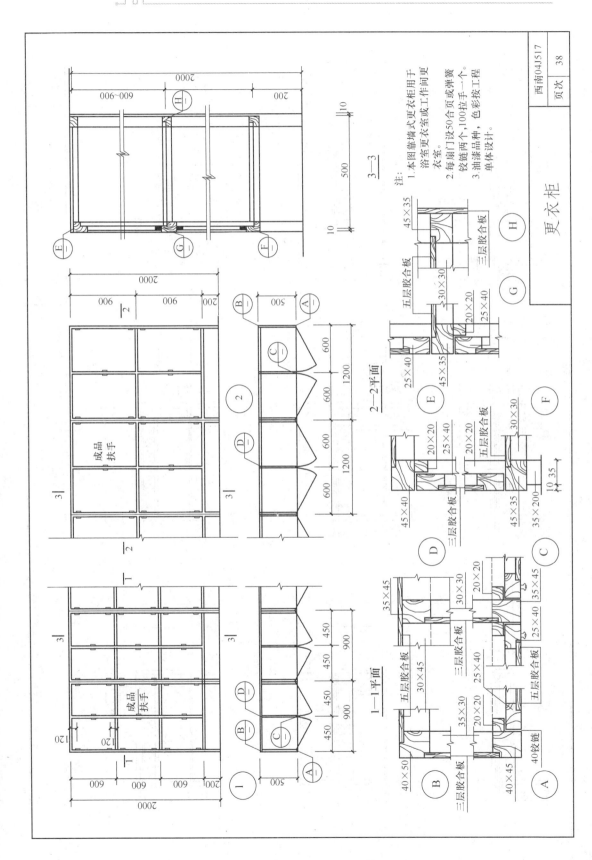

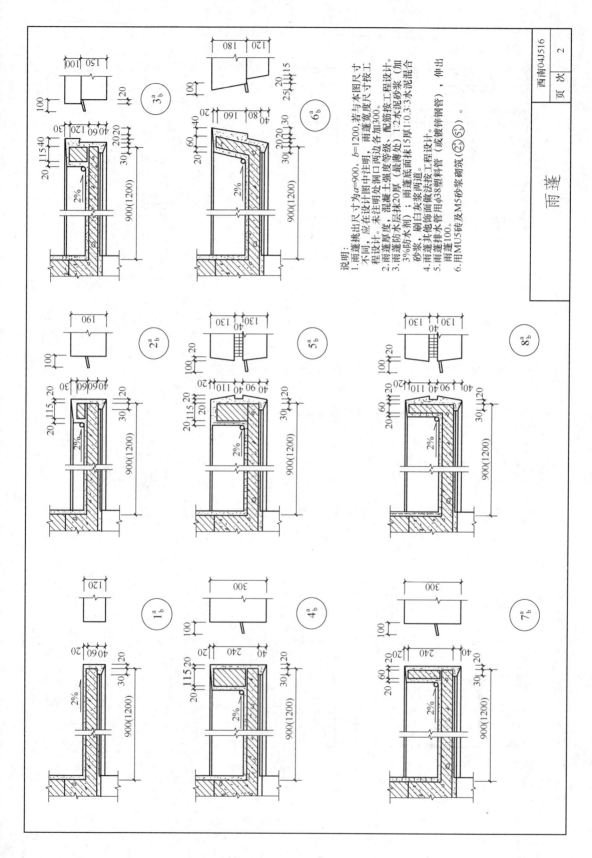

说明：
1. 雨蓬挑出尺寸为a=900，b=1200，若与本图尺寸不同，应在设计中注明。雨蓬宽度尺寸按工程设计。未注明处洞口两边各加300。
2. 雨蓬板厚度，混凝土强度等级、配筋按工程设计。
3. 雨蓬防水层抹20厚（最薄处），雨蓬底面抹15厚1:0.3:3水泥混合砂浆（加3%防水剂）；雨蓬底面抹15厚1:0.3:3水泥混合砂浆，刷白灰浆两道。
4. 雨蓬其他饰面做法按工程设计。
5. 雨蓬排水管用φ38塑料管（或镀锌钢管），伸出雨蓬底面100。
6. 用MU5砖及M5砂浆砌筑（2⃝5⃝）。

雨蓬

西南04J516　页 次　2

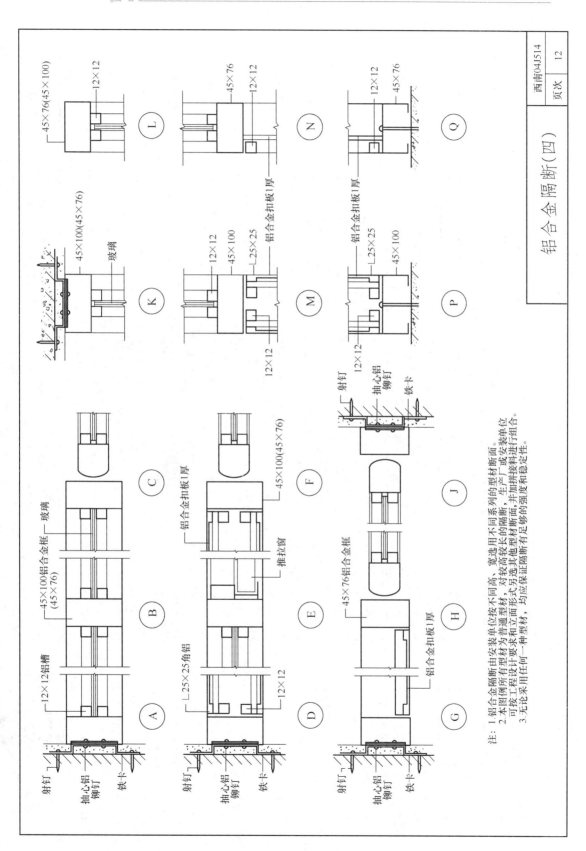

铝合金隔断（四）

西南04J514　12

页次

注：1. 铝合金隔断由安装单位按不同高、宽选用不同系列的型材断面。
　　2. 本图例所有型材断面为普通型材，对较高较长的隔断，生产厂或安装单位可按工程设计要求和立面形式另选其他型材断面，并加拼接料进行组合。
　　3. 无论采用任何一种型材，均应保证隔断有足够的强度和稳定性。

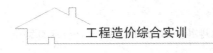
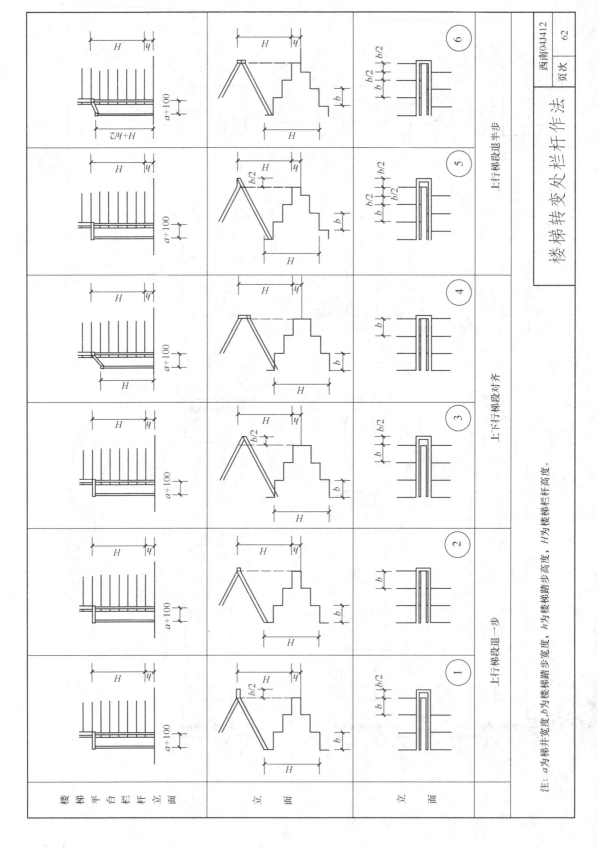

楼梯转变处栏杆作法

西南04J412

页次 62

注：a为梯井宽度，b为楼梯踏步宽度，h为楼梯踏步高度，H为楼梯栏杆高度。

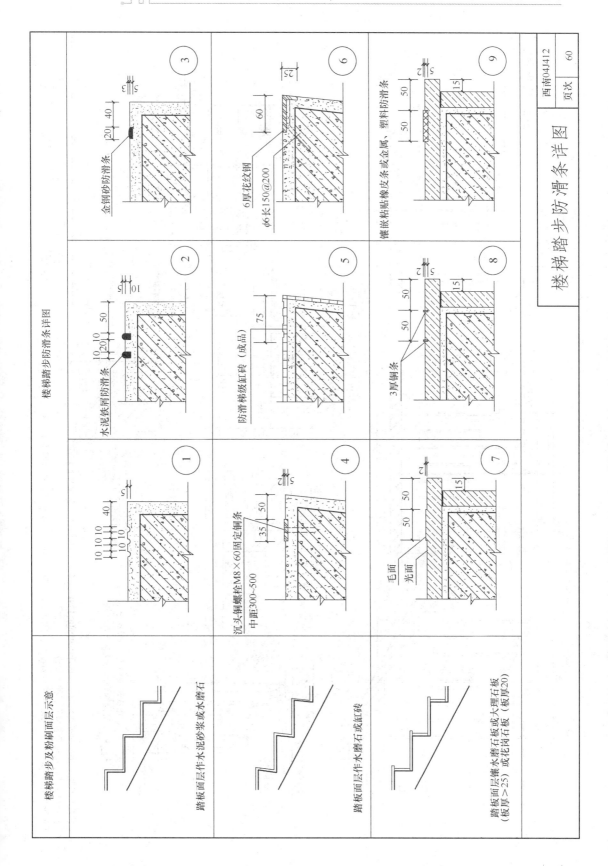

楼梯踏步及粉刷面层示意

踏板面层作水泥砂浆或水磨石

踏板面层作水磨石或缸砖

踏板面层镶水磨石或大理石板 或花岗石板（板厚20）（板厚>25）

楼梯踏步防滑条详图

① 10 10 10 10 10 40

② 水泥铁屑防滑条 10 10 10 20 50

③ 金刚砂防滑条 20 40

④ 沉头铜螺栓M8×60固定铜条 中距300~500 35 50

⑤ 防滑缸级缸砖（成品）75

⑥ 6厚花纹钢 φ6长150@200 60 125

⑦ 毛面 光面 50 50 15

⑧ 3厚铜条 50 50 15

⑨ 镶嵌粘贴橡皮条或金属、塑料防滑条 50 50 50 15

楼梯踏步防滑条详图

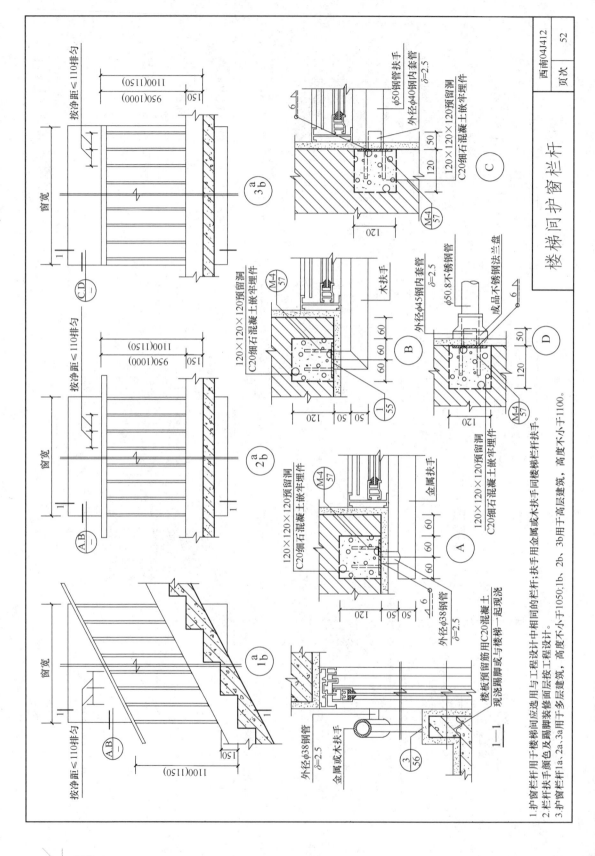

楼梯间护窗栏杆

1.护窗栏杆用于楼梯间应选用与工程设计中相同的栏杆;扶手用金属或木扶手同楼梯栏杆扶手。
2.栏杆扶手颜色及踢脚按楼面层装修工程设计。
3.护窗栏杆1a、2a、3a用于多层建筑,高度不小于1050;1b、2b、3b用于高层建筑,高度不小于1100。

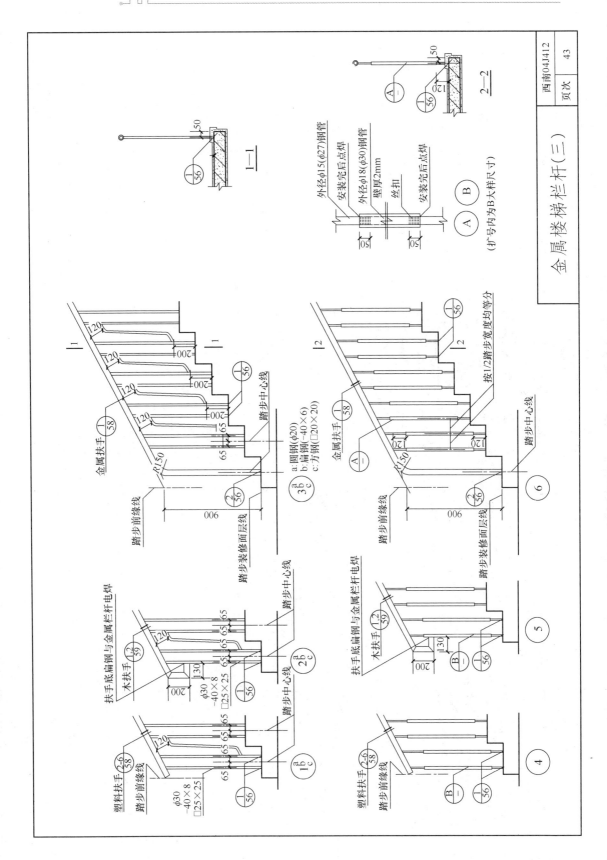

金属楼梯栏杆（三）

西南04J412　43

页次

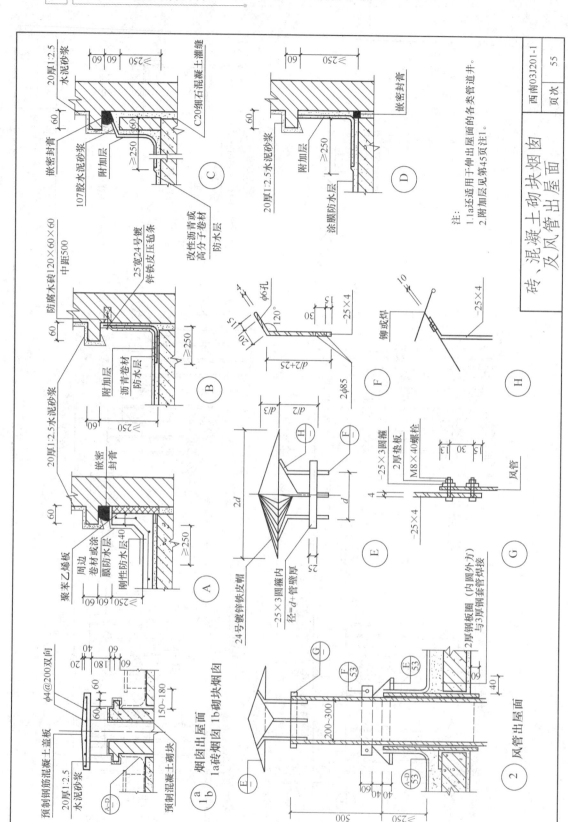

砖、混凝土砌块烟囱
及风管出屋面

注：
1.1a还适用于伸出屋面的各类管道井。
2.附加层见第45页注1。

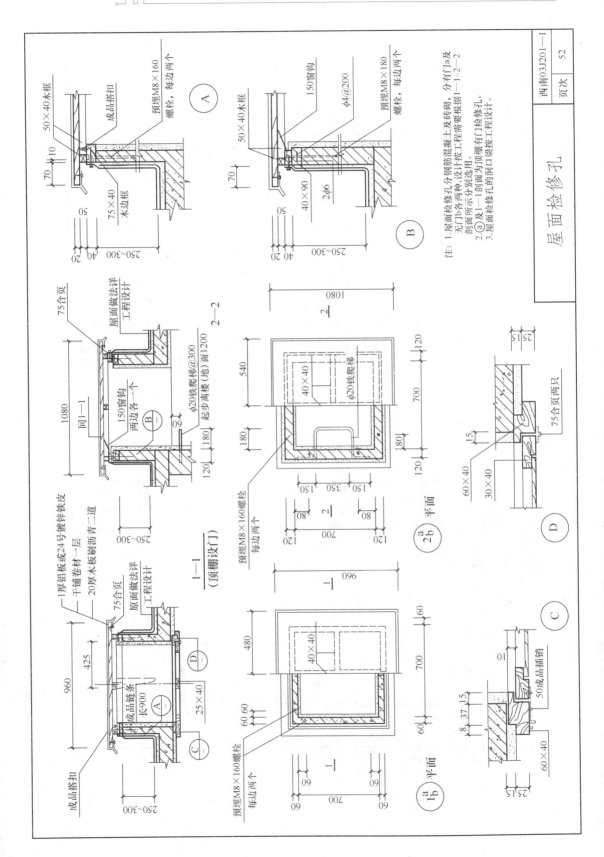

西南03J201—1

页次 52

屋面检修孔

注：1.屋面检修孔分钢筋混凝土及砖砌，分有门a皮无门b各两种，设计时按工程需要根据1—1、a皮2—2剖面所示分别选用。
2.a皮1—1剖面为顶棚有门之检修孔。
3.屋面检修孔的洞口尺寸按工程设计。

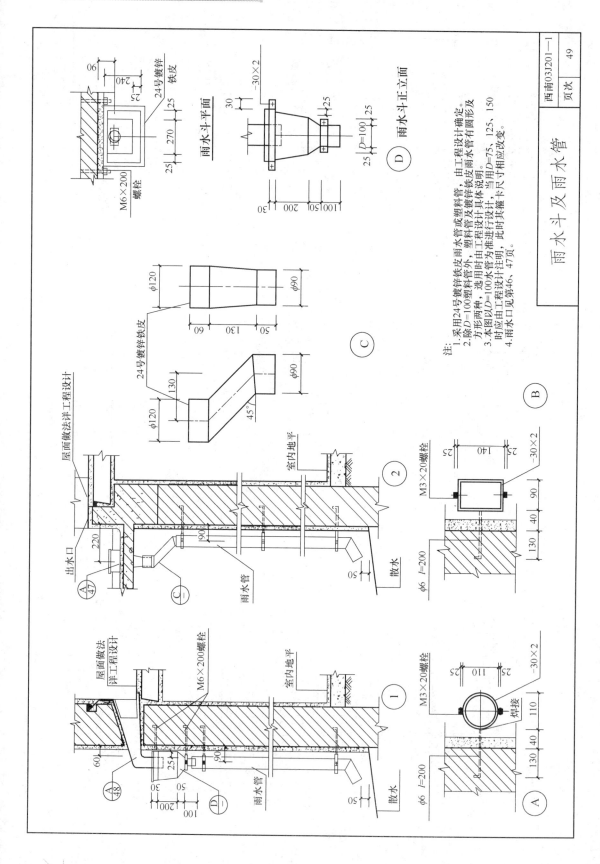

雨水斗及雨水管

注：
1. 采用24号镀锌铁皮雨水斗或塑料管，由工程设计确定。
2. 除D=100塑料管外，适用时由工程设计进行设计，塑料管及镀锌铁皮方形雨水管有圆形及方形两种。
3. 本图以D=100水管为准进行设计，当用D=75、125、150时应由工程设计注明，此时其箍卡尺寸相应改变。
4. 雨水口见第46、47页。

雨水斗平面

雨水斗正面

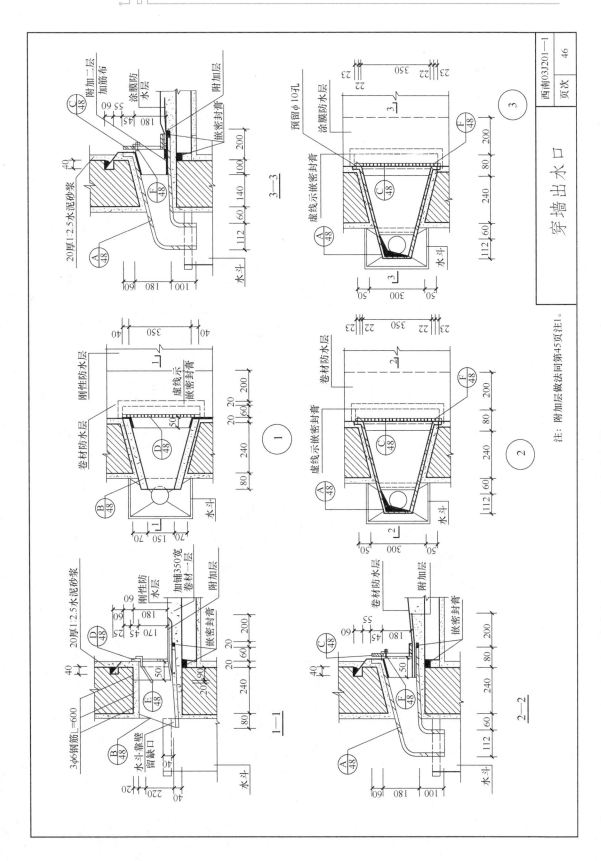

西南03J201—1

页次 46

穿墙出水口

注：附加层做法同第45页注1。

207

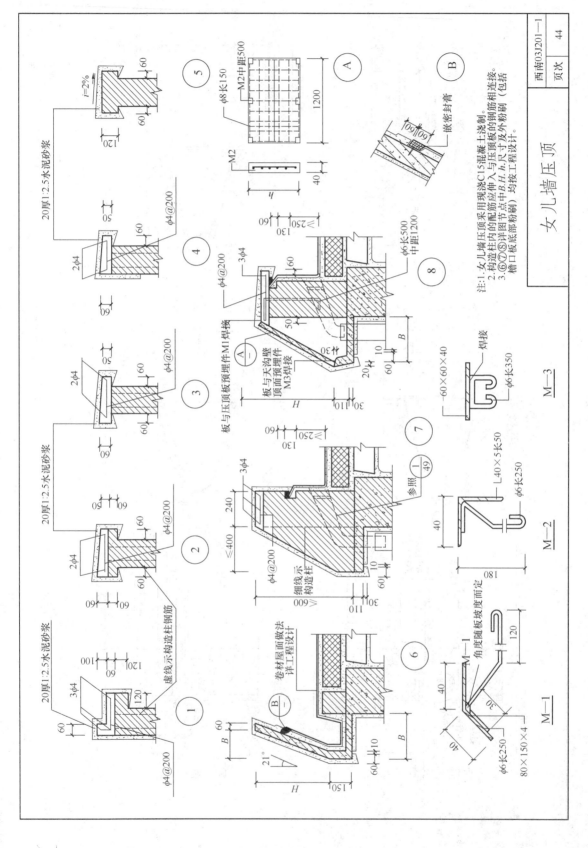

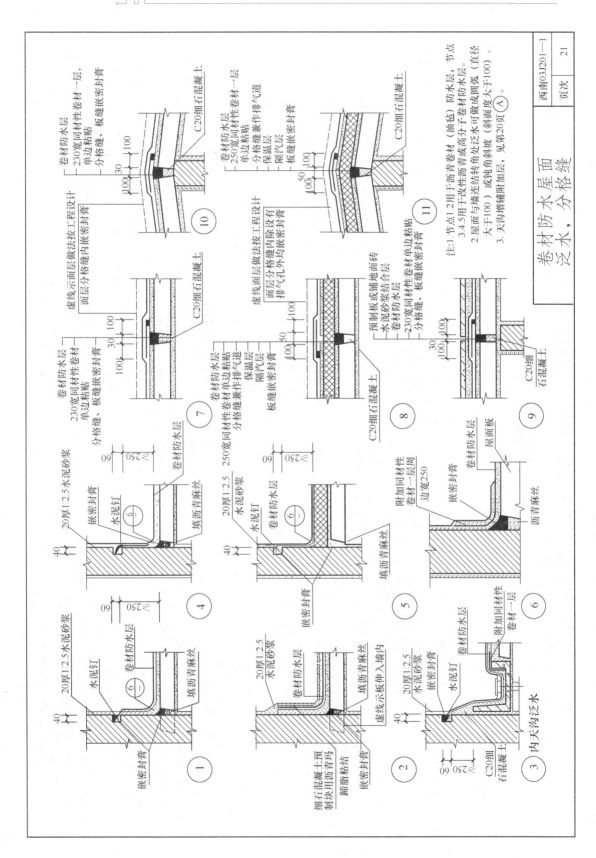

卷材防水屋面
泛水、分格缝

西南03J201—1

页次 21

# 附录三 厂房（车间）工程建筑、结构、给水排水、电照施工图

## 车间建筑施工图

建筑设计说明

一、工程概况

新建 车间工程。

本工程为机械加工车间，总建筑面积2807.6m²。建筑高度19.490m，两台75/20t行车。

本工程建筑为单层单跨厂房，结构类型为混凝土排架结构。设计合理使用年限为50年。

屋面防水等级为三级，建筑设防烈度为6度。耐火等级为二级。

本工程车间使用性质为金属件加工、车间内无易燃易爆、易腐蚀物品。

依《建筑防火设计规范》的生产火灾危险性分类为戊类。

工程选用图集：西南地区通用民用建筑配件图集、国标通用民用建筑配件图集。

二、设计依据

1.《建筑设计防火规范》GBJ 1687（2001修订本）
2.《工业企业总平面设计规范》GB 50187—93
3. 德阳市建设规划局规划批准红线及计委立项批复
4. 德阳市建设规划局规划批准建筑设计方案图

三、本工程室内外高差150，相对标高0.000，详总平面图，同原车间；高程为499.500m

四、分项工程

1. 主体工程：主体工程砖墙与钢筋混凝土搅拌墙体采用240厚素砼墙。

注：主体工程砖墙外围护墙体采用240厚混凝土拉接砌筒，墙体内之拉接筋要求，砌块和砌筑砂浆的标号均详结施。

2. 屋面工程：按现行屋面工程技术规范，构造做法详西南 SBC120聚乙烯丙纶防水卷材（1.2厚）。防水等级为三级。

3. 室内装修工程：（1）车间墙面为混合砂浆抹面刷内墙面涂料，做法详西南04J515-N08/5。

（2）车间地面做法：
a. 250厚C20混凝土面层。
b. 200厚连砂石（3：7）连砂石。
c. 素土夯实。其压实系数不小于0.94。

（3）工程墙砖及涂料有特殊要求的地面，由现场实际定位处理。

（4）工程设备有特殊要求的放射防护安全标准应取得省市（或等级别）环境辐射监测中心的安全证书。

（5）工程墙砖、涂料等应有产品的安全证书。

（6）室内装修各项做法的燃料性能等级应符合《建筑内部装修设计防火规范》的要求。

4. 室外装修工程：1.5m以下为彩色外墙面砖，详西南04J516 5407/68；

1.5m以上为外墙漆，颜色参考本工程立面图，由具备国家相关资质的单位设计并经设计方认可后方能施工；所有室内外之装饰材料色泽应在施工前方能进行大面积施工。做法见04J516 P64 5313。

5. 散水及坡道：散水详西南04J1812-1/4 宽1000，$i>5\%$；

坡道详西南04J1812 B/6。

6. 油漆工程：工程涉及所有木作内外刷浅黄色油性调和漆，详西南04J312-3289/43；

所有外露铁件均先刷红丹防锈漆两遍、后刷银灰色油性调和漆三遍。

7. 门窗工程：本工程制作门质不得有变形、裂缝。

车间门均采用夹芯板推拉门（带小门）。由生产厂家设计、安装。

车间窗采用70型塑钢窗（5mm厚白玻璃）。

本图所示门窗尺寸均为洞口尺寸，塑钢窗下料应根据施工现场实际尺寸进行加工。土建施工应与木、电工种密切配合，不得随意修改本工程设计内容。

五、未经设计方认可，不得擅自改变工程设计内容。

六、未尽之处，以国家现行验收规范和质检评定标准执行。

门窗统计表

| 序号 | 门窗名称 | 洞口尺寸 | 门窗数量 | 备 注 |
|---|---|---|---|---|
| 1 | C3630 | 3600×3000 | 28 | 铝合金推拉窗 C70 系列 1.2厚铝合金 5厚白玻 |
| 2 | C3627 | 3600×2700 | 32 | 铝合金固定窗 C70 系列 1.2厚铝合金 5厚白玻 |
| 3 | C3624 | 3600×2400 | 32 | 铝合金固定窗 C70 系列 1.2厚铝 合金 5厚白玻实芯板平开门 01J925-1-P72 图标 |
| 4 | M4260 | 4200×6000 | 2 | 01J925-1-P72 改5=75 |
| 5 | M6060 | 6000×6000 | 2 | 夹芯板拉门 国标01J925-1-P72 改5=75 （上挂改下挂式） |

| 图别 | 建施 |
|---|---|
| 图号 | 1 9 |
| 日期 | |

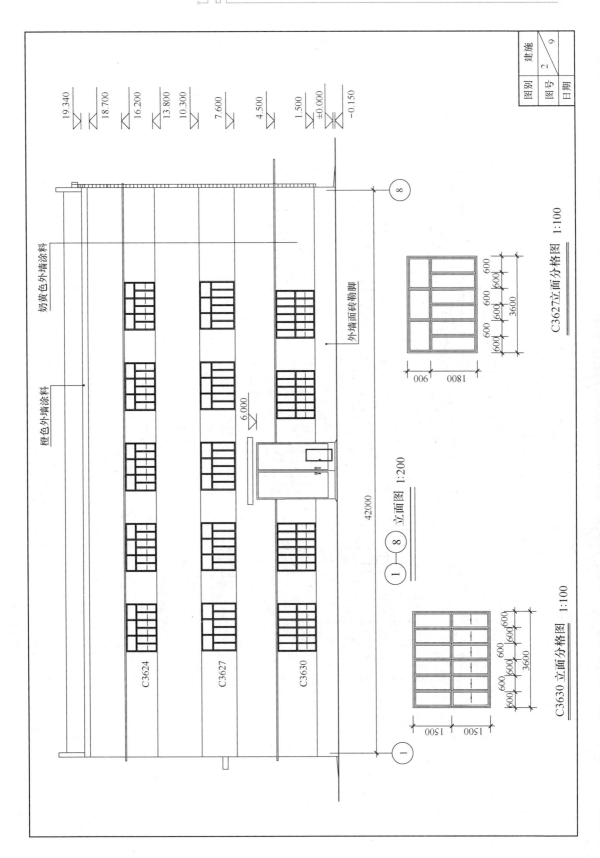

奶黄色外墙涂料

橙色外墙涂料

外墙面砖勒脚

19.340
18.700
16.200
13.800
10.300
7.600
4.500
1.500
±0.000
−0.150

⑧

①

6.000

42000

C3624
C3627
C3630

⑧／①　立面图 1:200

C3627立面分格图 1:100

600 600 600 600 600
3600
900 1800

C3630立面分格图 1:100

600 600 600 600 600 600
3600
1500 1500

图别　建施
图号　2
日期　9

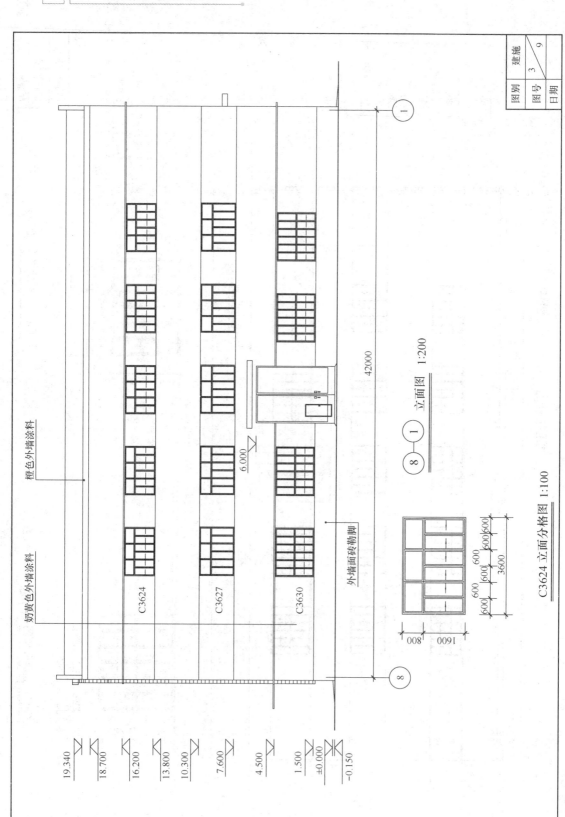

C3624 立面分格图 1:100

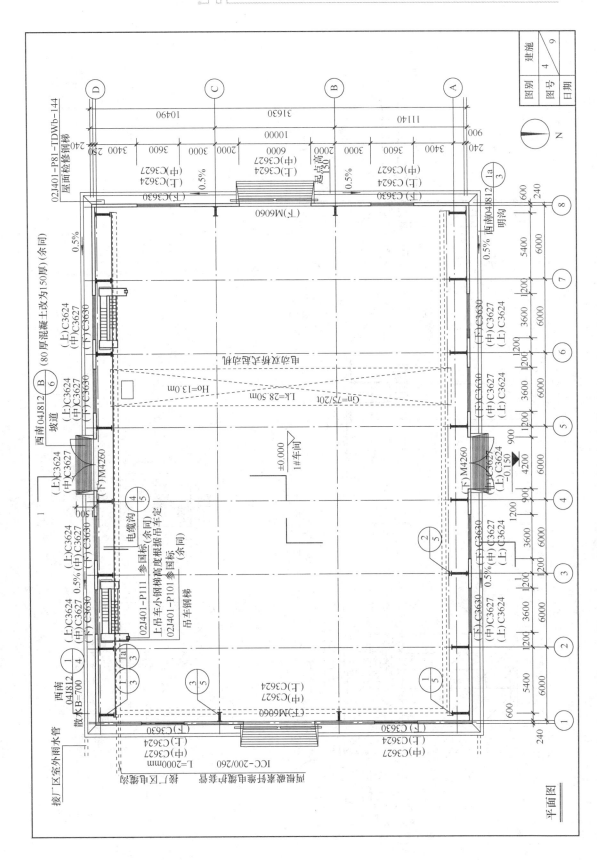

平面图

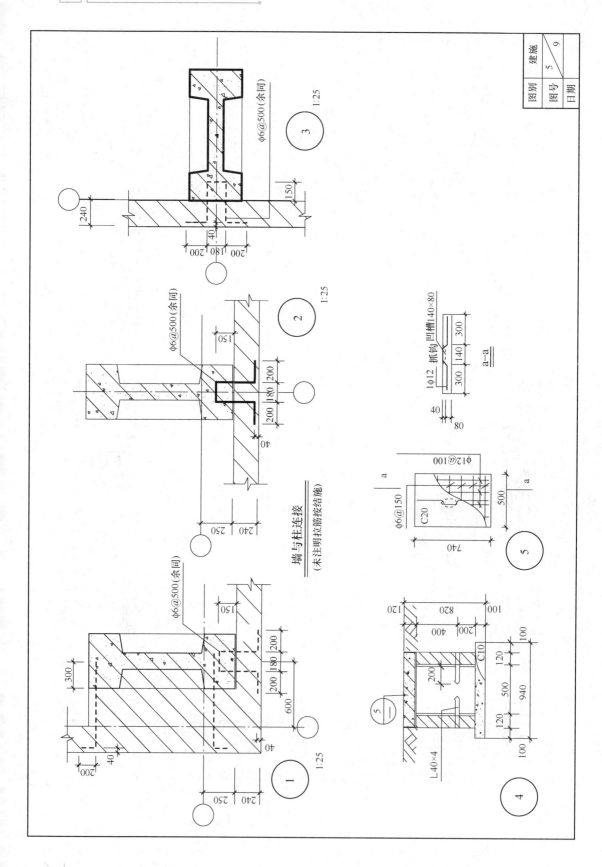

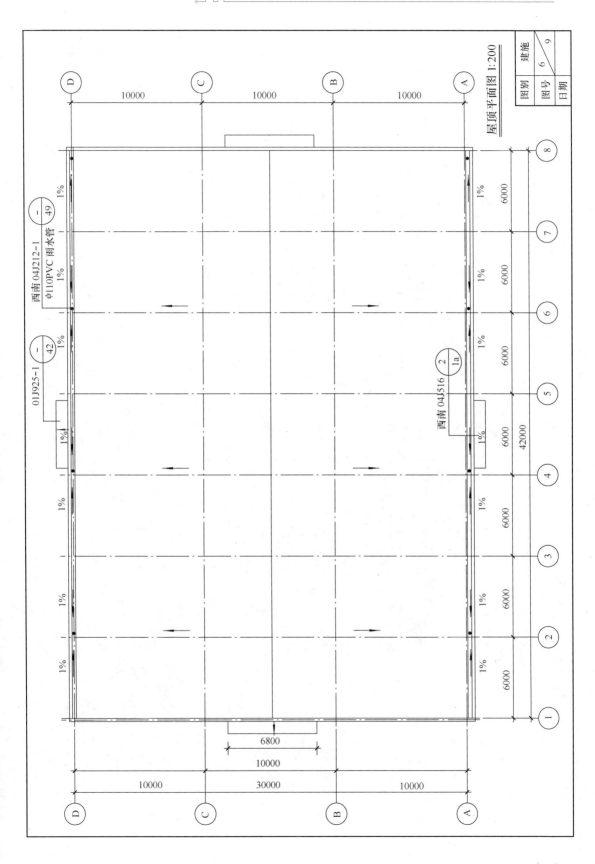

屋顶平面图 1:200

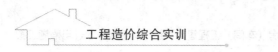

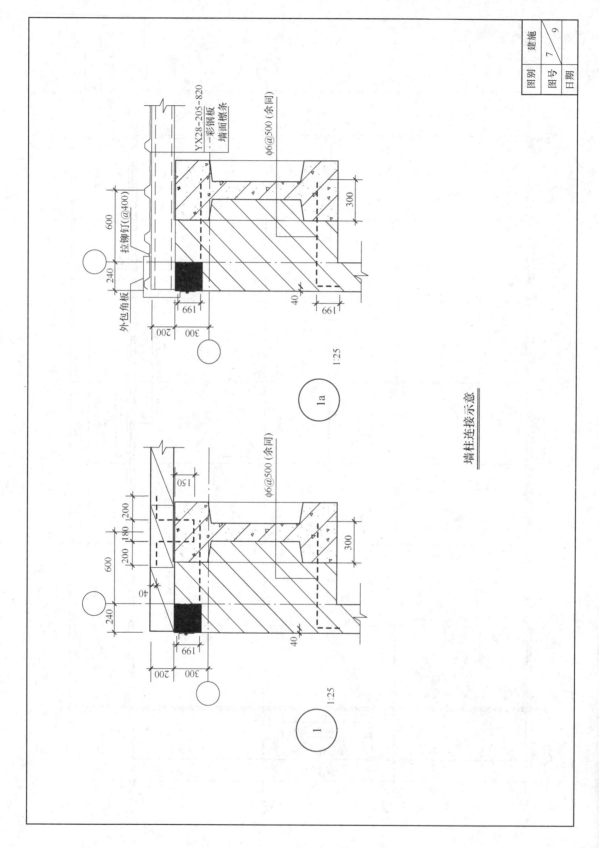

墙柱连接示意

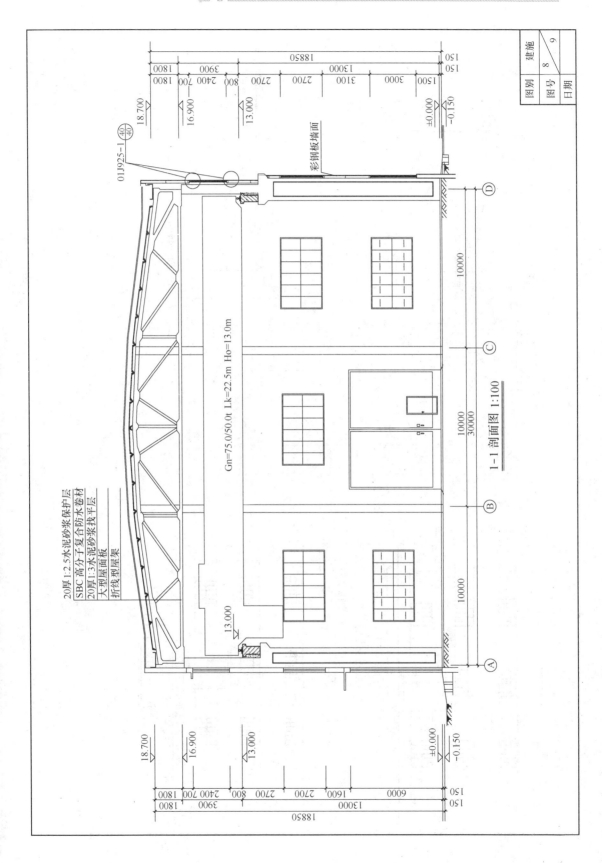

1-1 剖面图 1:100

20厚1:2.5水泥砂浆保护层
SBC 高分子复合防水卷材
20厚1:3水泥砂浆找平层
大型屋面板
折线型屋架

彩钢板墙面

Gn=75.0/50.0t Lk=22.5m Ho=13.0m

| 图别 | 建施 | |
|---|---|---|
| 图号 | 8 | 9 |
| 日期 | | |

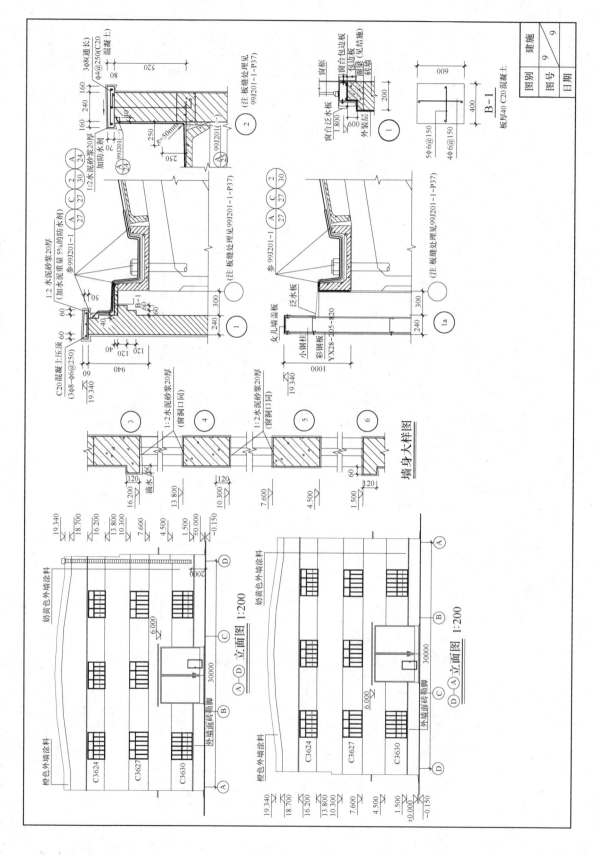

墙身大样图

A—D 立面图 1:200

D—A 立面图 1:200

# 车间结构设计总说明

## 一、总则

1. 本工程施工时应严格遵守国家颁发的建筑工程各类现行施工验收（技术）规范、规程。并应与建筑、给排水、电气、动力等专业有关图纸密切配合。

2. 本工程为钢筋混凝土排架结构，设75/20t吊车2台；本工程设计时考虑了向北扩建的要求。

3. 本工程建筑结构安全等级为二级,设计使用年限为50年。

4. 本工程标高以m为单位，尺寸以mm为单位。

5. 本工程的±0.000标高同建施图。

6. 本工程结构设计采用中国建筑科学研究院编制PKPM计算程序。

7. 本说明未尽事宜应遵守国家现行规范和规程。

8. 本说明为结构设计总说明，凡设计图纸另有交待者以设计图纸为准。

## 二、设计依据

1. 本工程设计主要遵循规范如下：

《建筑结构可靠度设计统一标准》 GB50068-2001　　　　《砌体结构设计规范》　　　GB50003-2001

《厂房建筑模数协调标准》　 GBJ6-86　　　　　　　《钢结构设计规范》　　　GB50017-2003

《建筑结构荷载规范》　　GB50009-2001　　　　　　《建筑结构制图标准》　　GB/T50105-2001

《混凝土结构设计规范》　　GB50010-2002　　　　《混凝土结构工程施工质量验收规范》 GB50204-2002

《建筑抗震设计规范》　　GB50011-2001　　　　《建筑地基基础工程施工质量验收规范》 GB50202-2002

《建筑地基基础设计规范》　　GB50007-2002

2. 本工程的混凝土结构的环境类别：上部室内结构为一类；地下及围护结构为二a。

3. 本工程的抗震设防类别为丙类，抗震设防裂度为6度，建筑场地类别为Ⅱ类。设计基本地震加速度为0.05g,

　　设计地震分组为第一组；抗震等级为四级。

4. 荷载： 1）基本风压：Wo=0.30kN/m²，地面粗糙度类别为B类。

　　　　 2）基本雪压：So=0.1kN/m²。

　　　　 3）屋面活荷载：0.50kN/m²。（本工程为不上人屋面）

　　　　 4）起重机荷载及相关参数：

| 轴线号 | 工作制 | 起重量 (t) | 跨度 (m) | 高度 (mm) | 大车轨道中心线至起重机外端尺寸 (mm) | 重量 (t) | | 轮压 (kN) | |
|---|---|---|---|---|---|---|---|---|---|
| | | | | | | 小车重 | 总重 | Pmax | Pmin |
| A～D | A5桥式吊车 | 75/20t | 28.5 | ≤3266 | ≤300 | 26.80 | 88.10 | 296 | 112 |

```
        P     P        P     P
        ↓     ↓        ↓     ↓
        ○     ○        ○     ○
    |1700|  2700  |1700|
    |_____9200_____|

        Q=75/20t
```

## 三、材料选用

设计中选用的各种建筑材料必须有出厂合格证明并应符合国家及主管部门颁发的产品标准，主体结构所用的建材均应经试验合格和质检部门抽检合格后方可使用。

| 图别 | 结施 |
|---|---|
| 图号 | 1/25 |
| 日期 | |

1. 钢筋采用HRB400（Φ）、HRB335（Φ）、HPB235（φ），吊环采用未经冷加工的HPB235或Q235；钢筋的强度标准值应具有不小于95%的保证率。

2. 钢板、型钢采用Q235B级钢；预埋件锚筋采用HRB335(严禁冷加工)，螺栓采用普通C级螺栓。

3. 焊条采用E43X型。

4. 砌体：±0.000以下采用MU10页岩标砖M7.5水泥砂浆砌筑，±0.00以上采用MU10页岩标砖M5混合砂浆砌筑。

5. 混凝土强度等级：

| 序号 | 部位或构件 | 混凝土强度 | 序号 | 部位或构件 | 混凝土强度 |
|------|-----------|-----------|------|-----------|-----------|
| 1 | 基础垫层 | C10 | 3 | 排架柱、抗风柱 | C30 |
| 2 | 柱下杯型基础 | C25 | | 门框梁、柱、地梁、雨篷板 | |
| | | | 4 | 圈梁等未注明的构件 | C20 |

结构混凝土耐久性基本要求

| 环境类别 | 最大水灰比 | 最小水泥用量（kg/m³） | 最大氯离子含量（%） | 最大碱含量（kg/m³） |
|---------|-----------|---------------------|------------------|-------------------|
| 一 | 0.65 | 225 | 1.0 | 不限制 |
| 二a | 0.60 | 250 | 0.3 | 3.0 |

四、地基基础

1. 本工程地基基础设计等级为丙级；其他说明详见基础施工图。

2. 回填土要求分层夯实，其压实系数不小于0.94。

五、施工制作及其他：

1. 纵向钢筋混凝土保护层厚度见表

| 序号 | 部位或构件 | 保护层厚度 | 序号 | 部位或构件 | 保护层厚度 |
|------|-----------|-----------|------|-----------|-----------|
| 1 | 基础 | 40 | 3 | 圈梁、门框梁、柱 | 30 |
| 2 | 排架柱、抗风柱 | 30 | 4 | 雨篷板 | 20 |

2. 纵向钢筋锚固长度见下表

| 钢筋种类 | 抗震锚固长度 | 混凝土强度等级 | | | | |
|---------|-------------|------|------|------|------|------|
| | | C20 | C25 | C30 | C35 | ≥C40 |
| HPB235 | LaE 四级抗震等级 | 31d | 27d | 24d | 22d | 20d |
| HRB335 | LaE 四级抗震等级 | 39d | 34d | 30d | 27d | 25d |
| HRB400 | LaE 四级抗震等级 | 46d | 40d | 36d | 33d | 30d |

3. 纵向钢筋的搭接长度见下表

| 纵向钢筋搭接接头百分比率 | ≤25 | 50 | 100 |
|----------------------|------|------|------|
| 纵向受拉钢筋的搭接长度 | 1.2LaE | 1.4LaE | 1.6LaE |
| 纵向受压钢筋的搭接长度 | 0.85LaE | 1.0LaE | 1.13LaE |

注：受拉钢筋的搭接长度不应小于300mm，受压钢筋的搭接长度不应小于200mm。

4. 钢筋的连接接头应优先采用闪光对焊接头，排架柱同一连接区段内纵向钢筋接头百分率不得大于50%。

| 图别 | 结施 |
|------|------|
| 图号 | 2 / 25 |
| 日期 | |

5. 矩形截面柱的箍筋末端应做不小于135°弯钩，弯钩平直部分长度不小于箍筋直径的10倍，见（图一）。I形截面柱的焊接箍筋形式见（图二）。（柱的箍筋及拉筋下料长度以此为准）。

6. 预埋件应先放入柱钢筋骨架内就位，然后再绑预埋件附近的箍筋，严禁将箍筋割断后插入钢筋骨架内的做法。

7. 柱子的制作除应遵守《混凝土结构工程施工质量验收规范》GB50204-2002的有关规定外，还须遵守以下规定：

    1) 柱的混凝土强度等级必须达到设计要求；

    2) 当采用平卧、重叠法制作时，其重叠层数不得超过三层(B轴线的柱牛腿应错开)。并应验算柱的底模强度，待下层柱的混凝土强度等级达到5N/mm² 后方可浇注其上层柱混凝土，两层之间应有隔离措施。

8. 柱子在安装时，其混凝土强度等级必须达到设计的混凝土强度等级的100%。

9. 柱子的起吊方法，采用原地翻身起吊，其技术要求见结施12。

10. 柱子插入杯口部分的表面应凿毛，柱子与杯口之间的空隙，采用C30混凝土充填密实，当达到材料设计强度的70%，方能进行上部吊装。

11. 所有钢构件及外露铁件均应彻底除锈，除锈等级达到St2级，刷红丹油性防锈漆二遍，浅绿色调和漆二遍，涂层干膜总厚度为125μm。

12. 预埋件直锚筋与锚板的T形（穿孔焊除外）焊宜采用压力埋弧焊。

13. 本工程砌体施工质量等级为B级。

六、本设计采用的标准图见表（一），选用标准图的构件及节点时应同时按照标准图说明施工。

七、未经技术鉴定或设计许可,不得改变结构的用途和使用环境。

八、建设单位订购吊车时，其吊车的相关参数应符合本说明二.4.4的要求，否则需经设计复核认可后方可订货。

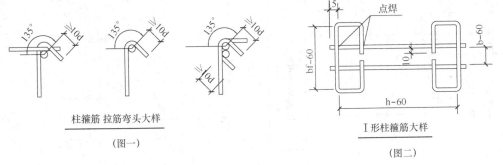

柱箍筋 拉筋弯头大样

（图一）

I形柱箍筋大样

（图二）

标准图集目录

| 序号 | 图集号 | 标准图名称 |
|---|---|---|
| 1 | 1.5m×6.0m预应力混凝土屋面板 | 04G410-1~2 |
| 2 | 预应力混凝土折线形屋架 | 04G415-1 |
| 3 | 预应力混凝土折线形托架 | 96G433（一） |
| 4 | 6m后张法预应力混凝土吊车梁 | 04G426 |
| 5 | 12m预应力混凝土鱼腹式吊车梁 | 95G428 |
| 6 | 吊车轨道联结 | 04G325 |
| 7 | 吊车梁走道板 | 04G337 |
| 8 | 钢筋混凝土连系梁 | 04G321 |
| 9 | 钢筋混凝土基础梁 | 04G320 |
| 10 | 建筑物抗震构造详图 | 04G329-8 |
| | | |

| 图别 | 结施 |
|---|---|
| 图号 | 3／25 |
| 日期 | |

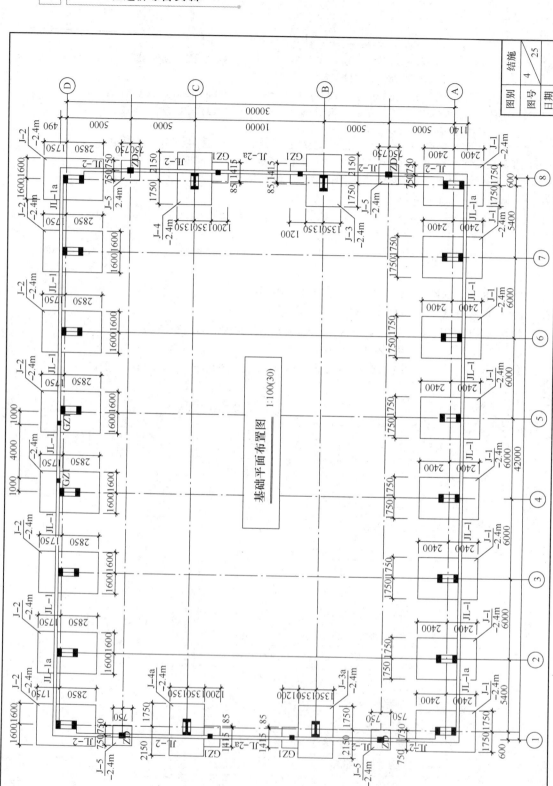

基础平面布置图 1:100(30)

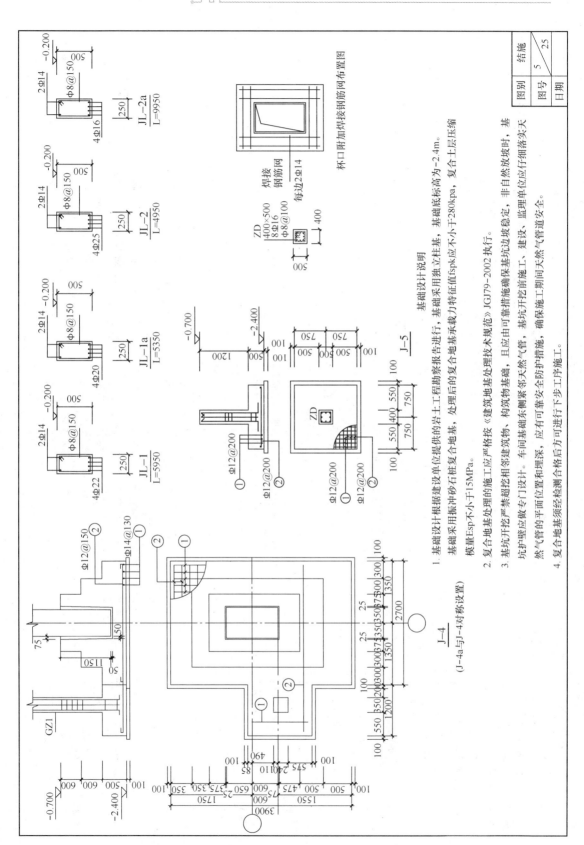

基础设计说明

1. 基础设计根据建设单位提供的岩土工程勘察报告进行，基础采用独立柱基，基础底标高为−2.4m。复合地基采用振冲砂石桩复合地基，处理后的复合地基承载力特征值fspk应不小于280kpa，复合土层压缩模量Esp不小于15MPa。

2. 复合地基处理的施工应严格按《建筑地基处理技术规范》JGJ79−2002执行。

3. 基坑开挖严禁超挖相邻建筑物、构筑物基础。车间基础东侧紧邻天然气管，基坑开挖前施工、建设、监理单位应存在采取措施确保基坑边坡稳定，非自然放坡时，应由可靠措施确保基坑边坡稳定，基坑护壁应做专门设计。车间基础东侧紧邻天然气管，应有可靠安全防护措施，确保施工期间天然气管道安全。

4. 复合地基须经检测合格后方可进行下步工序施工。

结施
5
25

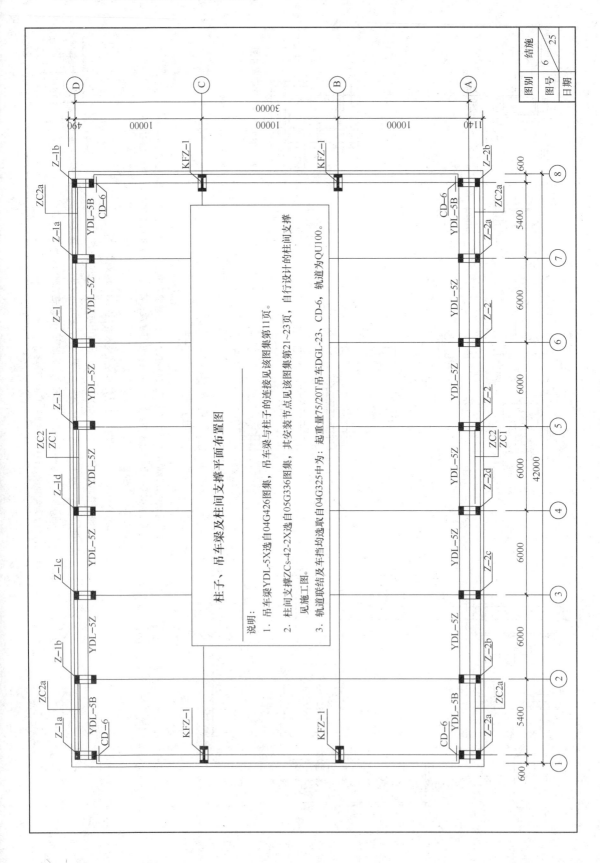

柱子、吊车梁及柱间支撑平面布置图

说明：

1. 吊车梁YDL-5X选自04G426图集，吊车梁与柱子的连接见该图集第11页。

2. 柱间支撑ZCs-42-2X选自05G336图集，其安装节点见该图集第21～23页，自行设计的柱间支撑见施工图。

3. 轨道联结及车挡均选取自04G325中为：起重量75/20T吊车DGL-23、CD-6，轨道为QU100。

| 图别 | 结施 |
| 图号 | 6 |
| 日期 | 25 |

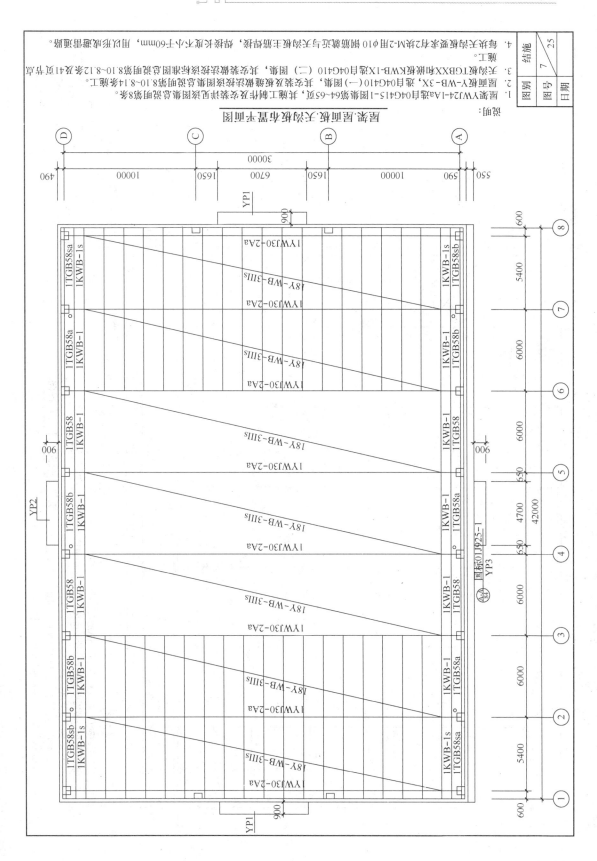

屋面、屋面板、天沟板布置平面图

说明：
1. 屋架YWJ24-1A选自04G415-1图集第64~65页，其施工细件及安装货位见图集第8页系。
2. 图中板Y-WB-3X，选自04G410(一)图集，其安装及预埋件及板底面等见图集第8.10~8.14系施工。
3. 天沟板TGBXX和堵板KWB-1X选自04G410(二)图集，其安装预埋件及板底面等见图集第8.10~8.12系及8.41页书点施工。
4. 凡在天沟板底板有2片加M-2用Φ10钢筋箍筋与天沟板主筋焊接，焊接长度不小于60mm，用以防止天沟板漏滑。

结施　图别　7　图号　25　日期

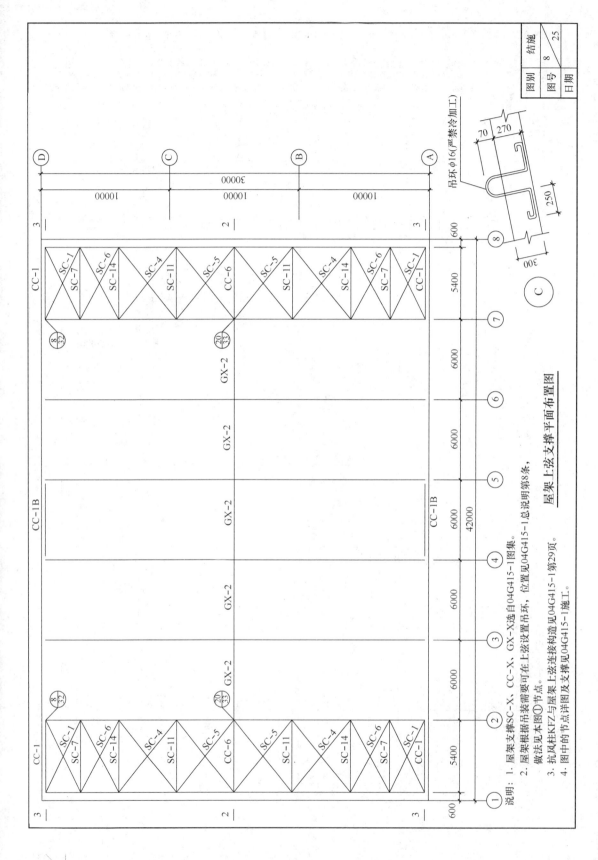

屋架上弦支撑平面布置图

说明：
1. 屋架支撑SC-X、CC-X、GX-X选自04G415-1图集。
2. 屋架根据吊装需要可在上弦设置吊环，位置见04G415-1总说明第8条，做法见本图①节点。
3. 抗风柱KFZ与屋架上弦连接构造见04G415-1第29页。
4. 图中的节点详图及支撑图见04G415-1施工。

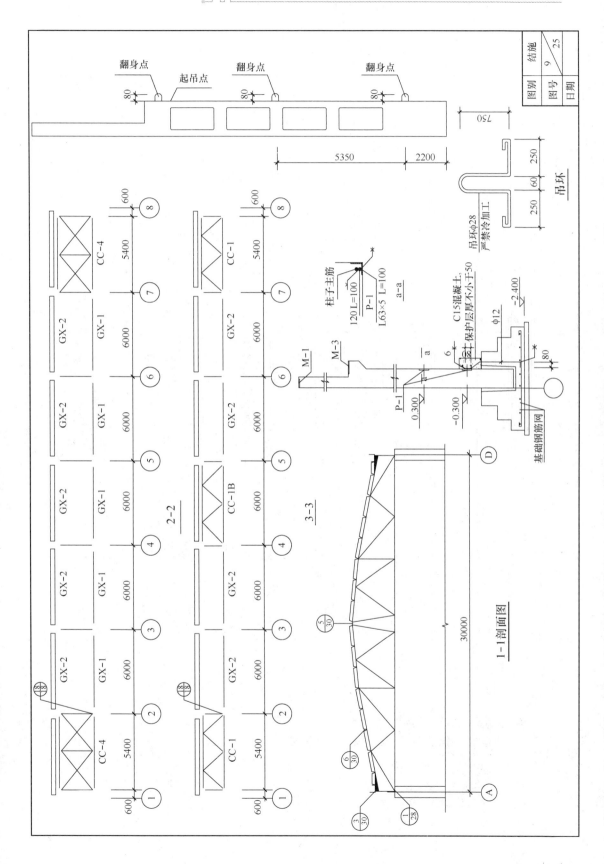

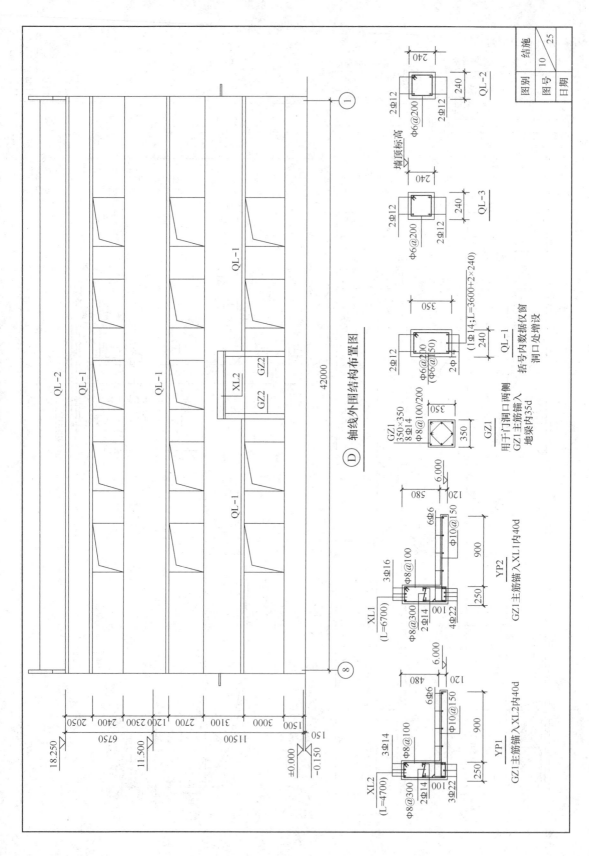

⑩ 轴线外围结构布置图

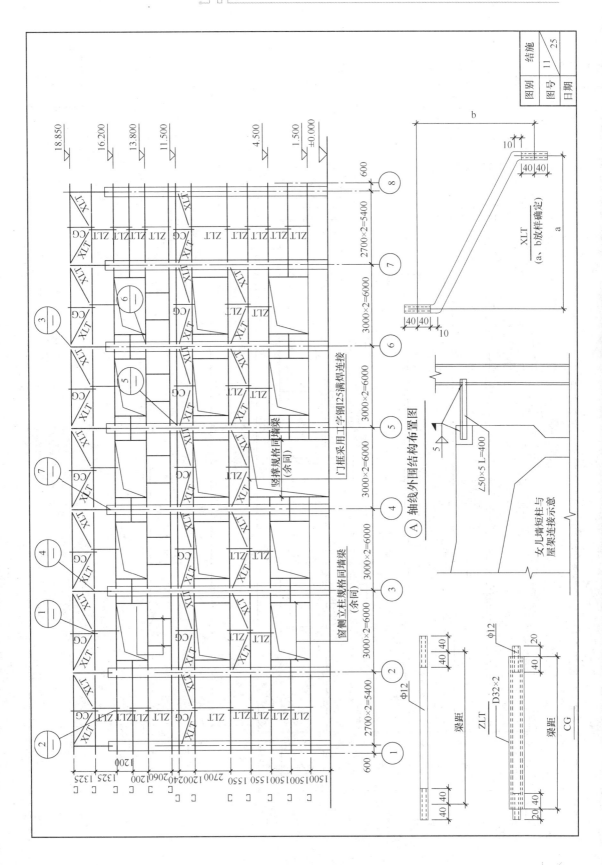

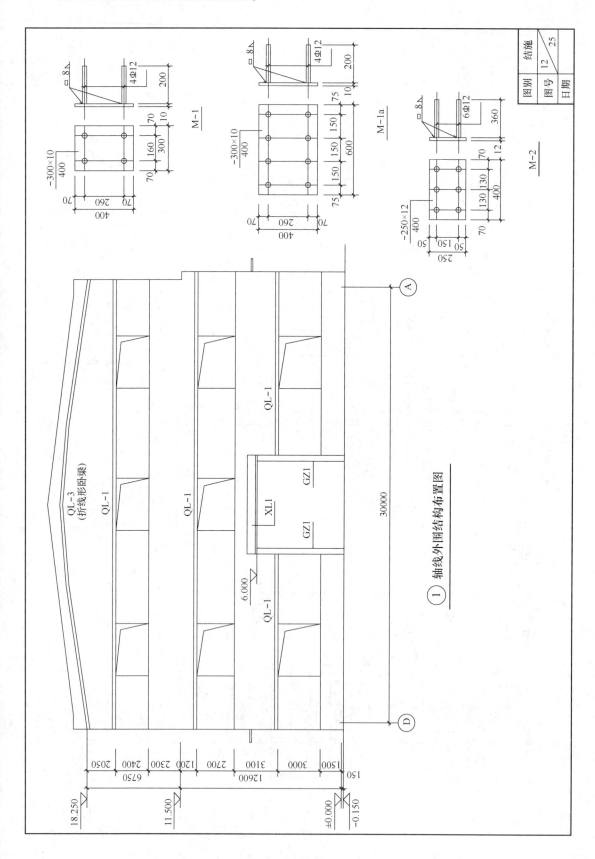

① 轴线外围结构布置图

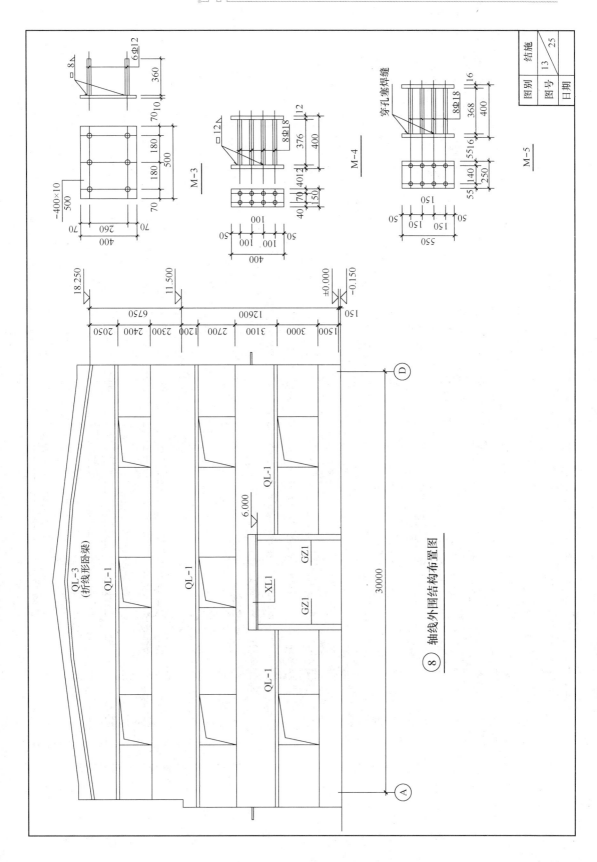

⑧ 轴线外围结构布置图

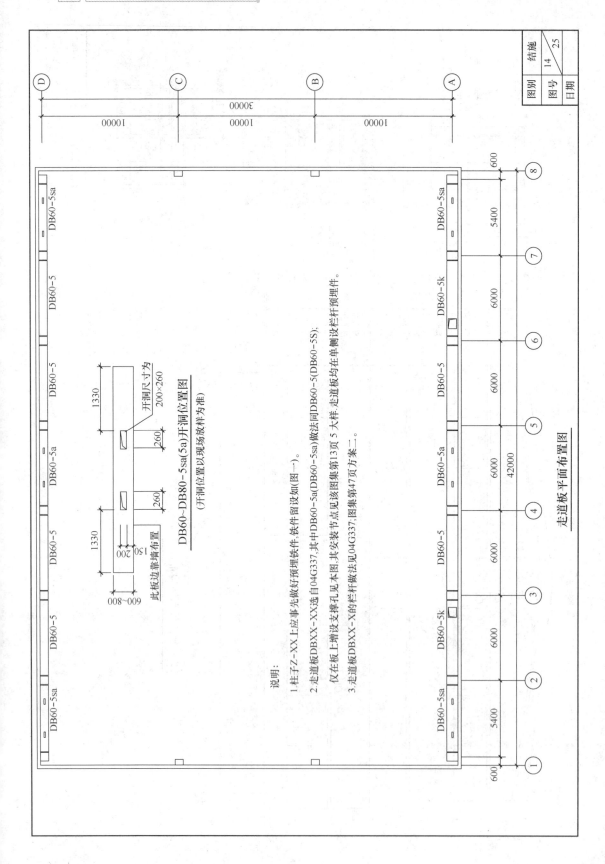

DB60~DB80-5sa(5a)开洞位置图
（开洞位置以现场放样为准）

说明：
1. 柱子Z-XX上应事先做好预埋铁件，铁件留设如（图一）。
2. 走道板DBXX-XX选自04G337，其中DB60-5a(DB60-5sa)做法同DB60-5(DB60-5S)；仅在板上增设支撑孔见本图，其安装节点见该图集第13页 5 大样，走道板均在单侧设栏杆预埋件。
3. 走道板DBXX-X的栏杆做法见04G337，图集第47页方案二。

走道板平面布置图

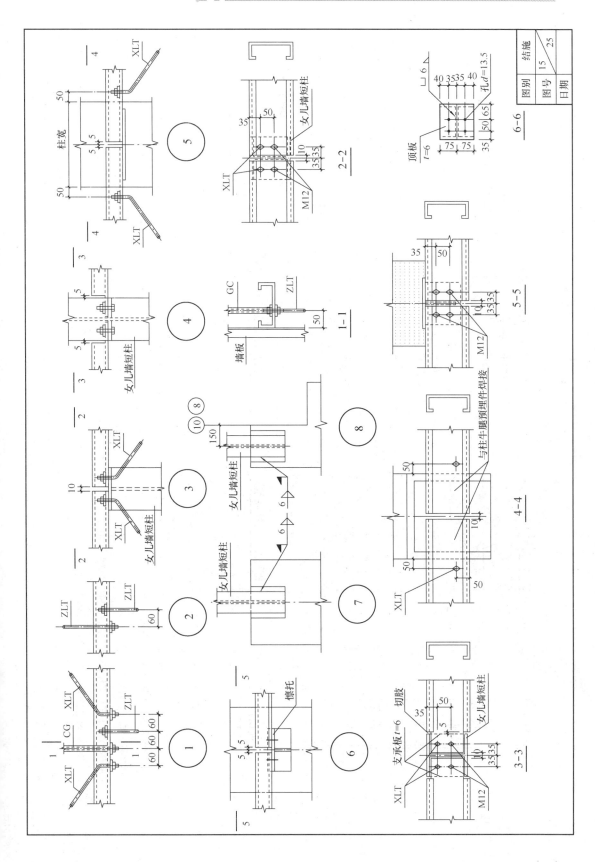

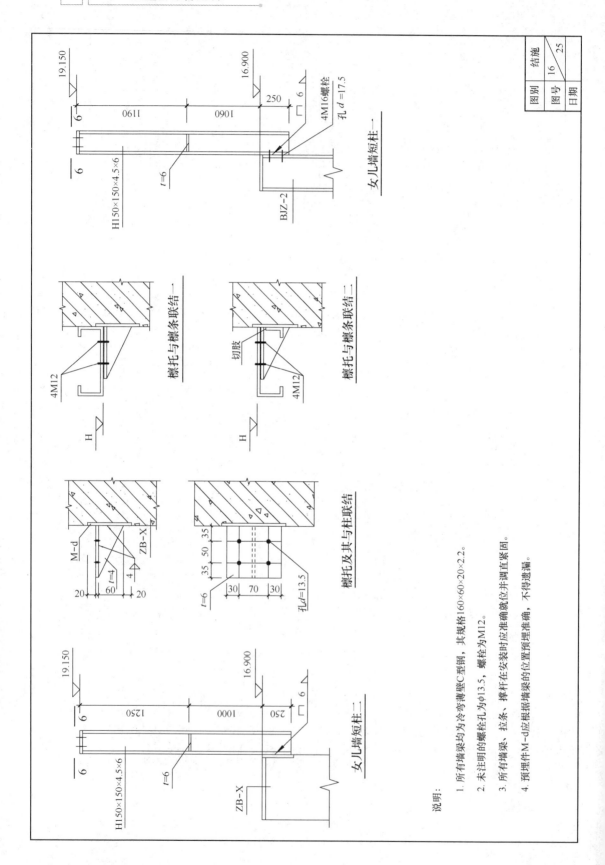

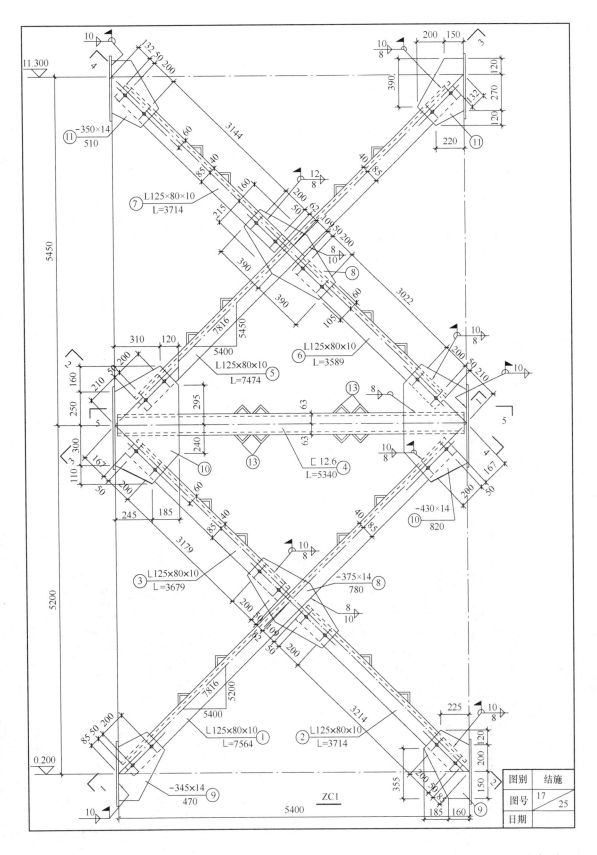

ZC1

| 图别 | 结施 | |
|---|---|---|
| 图号 | 17 | 25 |
| 日期 | | |

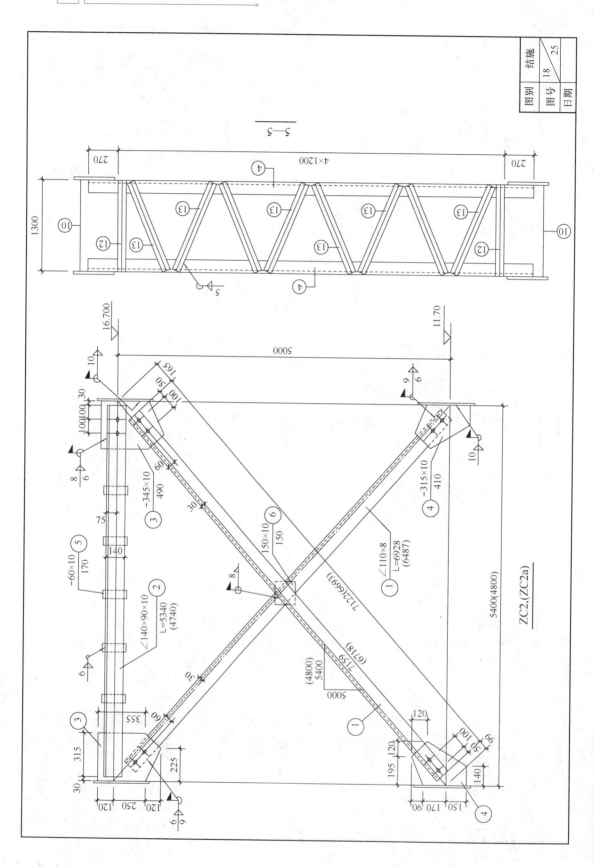

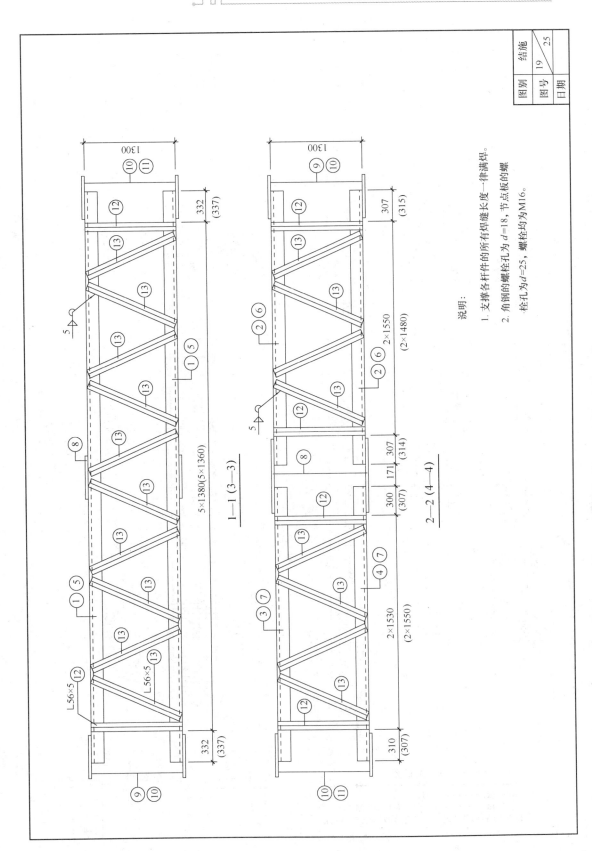

1—1 (3—3)

2—2 (4—4)

说明：
1. 支撑各杆件的所有焊缝长度一律满焊。
2. 角钢的螺栓孔为 $d=18$，节点板的螺栓孔为 $d=25$，螺栓均为 M16。

| 图别 | 结施 | |
|---|---|---|
| 图号 | 19 | 25 |
| 日期 | | |

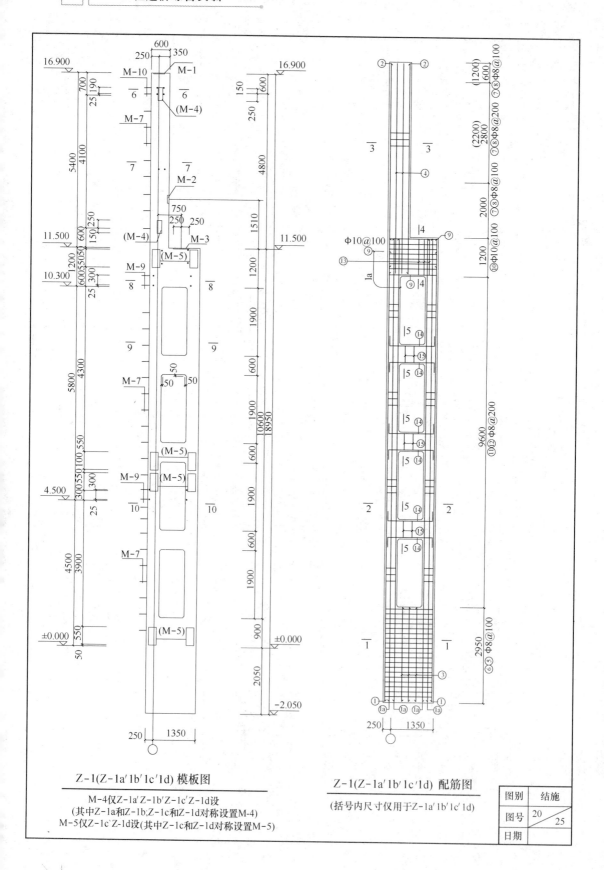

Z-1(Z-1a′1b′1c′1d) 模板图

M-4仅Z-1a′Z-1b′Z-1c′Z-1d设
(其中Z-1a和Z-1b;Z-1c和Z-1d对称设置M-4)
M-5仅Z-1c′Z-1d设(其中Z-1c和Z-1d对称设置M-5)

Z-1(Z-1a′1b′1c′1d) 配筋图

(括号内尺寸仅用于Z-1a′1b′1c′1d)

| 图别 | 结施 | |
|---|---|---|
| 图号 | 20 | 25 |
| 日期 | | |

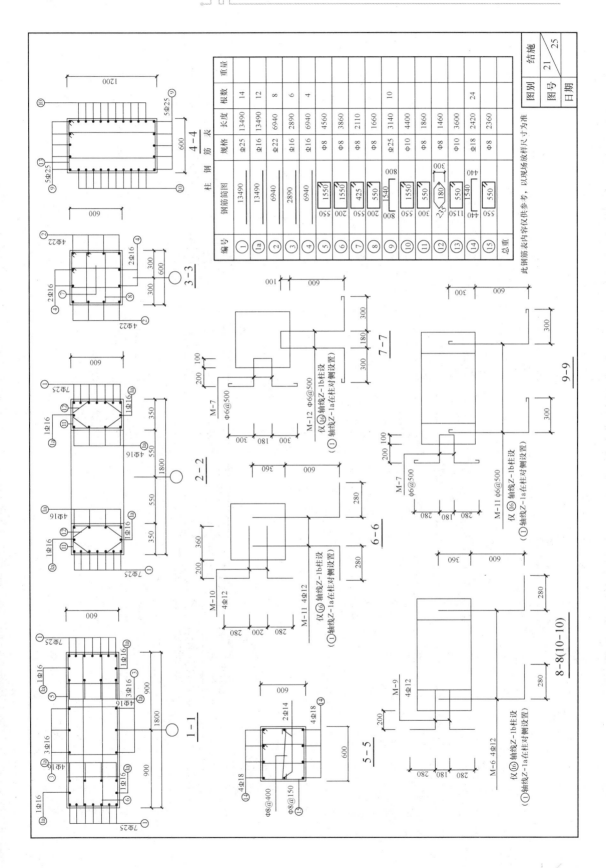

柱　筋　表

| 编号 | 钢筋简图 | 规格 | 长度 | 根数 | 重量 |
|---|---|---|---|---|---|
| ① | 13490 | Φ25 | 13490 | 14 | |
| ①a | 13490 | Φ16 | 13490 | 12 | |
| ② | 6940 | Φ22 | 6940 | 8 | |
| ③ | 2890 | Φ16 | 2890 | 6 | |
| ④ | 6940 | Φ16 | 6940 | 4 | |
| ⑤ | 550 1550 | Φ8 | 4560 | | |
| ⑥ | 200 1550 500 | Φ8 | 3860 | | |
| ⑦ | 550 425 | Φ8 | 2110 | | |
| ⑧ | 200 550 | Φ8 | 1660 | | |
| ⑨ | 800 1540 800 | Φ25 | 3140 | 10 | |
| ⑩ | 550 1550 | Φ10 | 4400 | | |
| ⑪ | 300 1550 | Φ8 | 1860 | | |
| ⑫ | 23 180 | Φ8 | 1460 | | |
| ⑬ | 1150 550 | Φ10 | 3600 | | |
| ⑭ | 440 1540 440 | Φ18 | 2420 | 24 | |
| ⑮ | 550 | Φ8 | 2360 | | |
| 总重 | | | | | |

此钢筋表内容仅供参考，以现场放样尺寸为准。

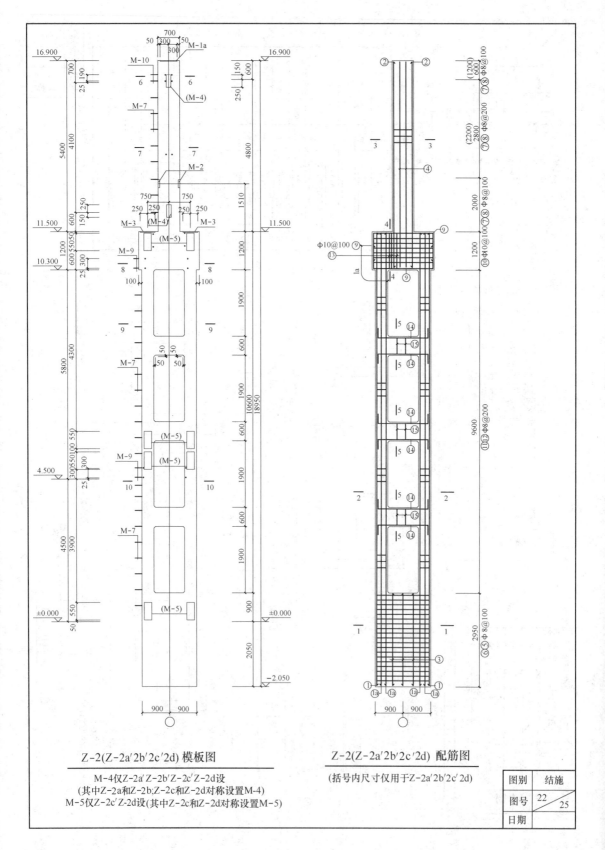

Z-2(Z-2a′2b′2c′2d) 模板图

M-4仅Z-2a′Z-2b′Z-2c′Z-2d设
(其中Z-2a和Z-2b;Z-2c和Z-2d对称设置M-4)
M-5仅Z-2c′Z-2d设(其中Z-2c和Z-2d对称设置M-5)

Z-2(Z-2a′2b′2c′2d) 配筋图

(括号内尺寸仅用于Z-2a′2b′2c′2d)

| 图别 | 结施 |
| --- | --- |
| 图号 | 22/25 |
| 日期 | |

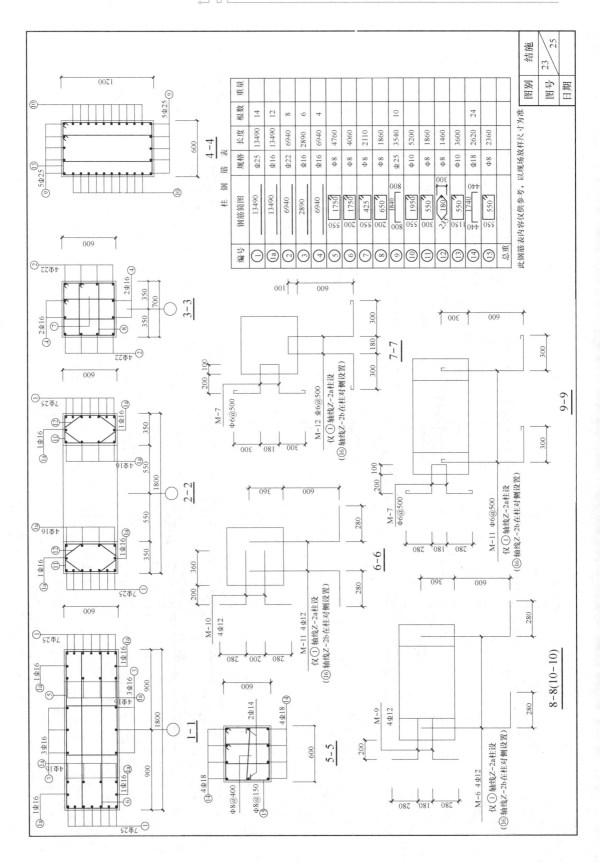

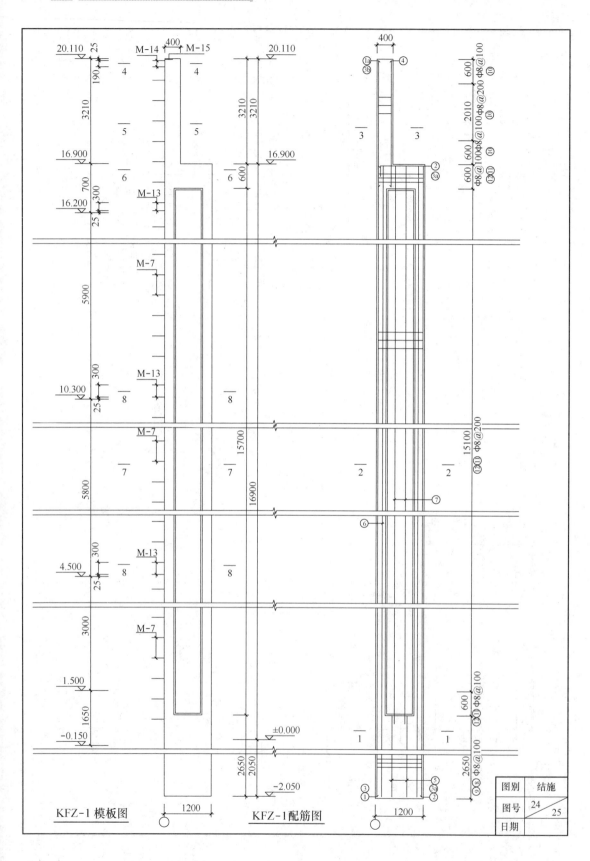

KFZ-1 模板图

KFZ-1 配筋图

| 图别 | 结施 |
|---|---|
| 图号 | 24/25 |
| 日期 | |

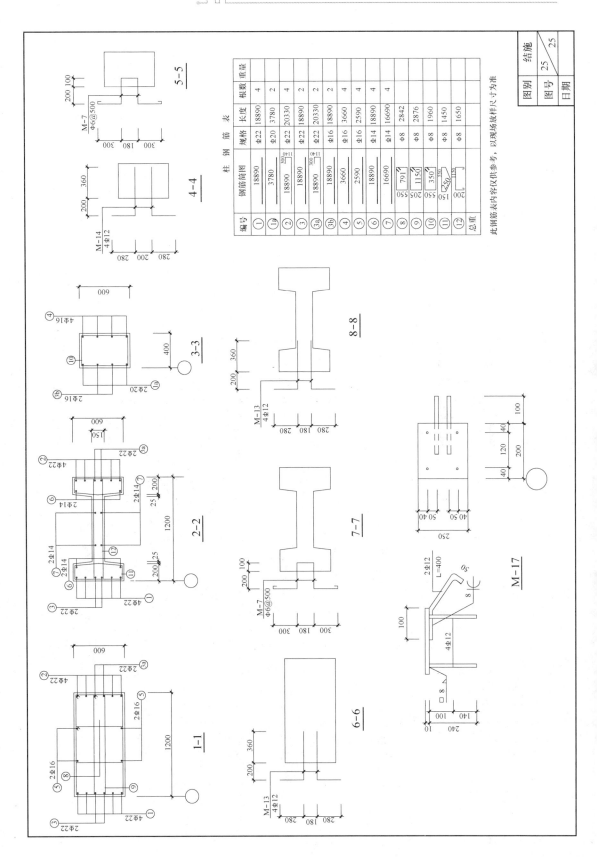

柱 钢 筋 表

| 编号 | 钢筋简图 | 规格 | 长度 | 根数 | 重量 |
|---|---|---|---|---|---|
| ① | 18890 | Φ22 | 18890 | 4 | |
| ①a | 3780 | Φ20 | 3780 | 2 | |
| ② | 18890 | Φ22 | 20330 | 4 | |
| ③ | 18890 | Φ22 | 18890 | 2 | |
| ③a | 18890 | Φ22 | 20330 | 2 | |
| ③b | 18890 | Φ16 | 18890 | 2 | |
| ④ | 3660 | Φ16 | 3660 | 4 | |
| ⑤ | 2590 | Φ16 | 2590 | 4 | |
| ⑥ | 18890 | Φ14 | 18890 | 4 | |
| ⑦ | 16690 | Φ14 | 16690 | 4 | |
| ⑧ | 550 791 | Φ8 | 2842 | | |
| ⑨ | 205 1150 | Φ8 | 2876 | | |
| ⑩ | 550 350 | Φ8 | 1960 | | |
| ⑪ | 150 | Φ8 | 1450 | | |
| ⑫ | 200 | Φ8 | 1650 | | |
| 总重 | | | | | |

此钢筋表内容仅供参考，以现场放样尺寸为准。

| 图别 | 结施 |
|---|---|
| 图号 | 25 25 |
| 日期 | |

附录四

表 1

预 算 书 表

建设工程造价预算书

工程名称： 建设地点：

取费等级： 工程类别：

工程造价： 元 单位造价： 元/平方米

施工（编制）单位：

技 术 负 责 人：

编制人资格证章：

年 月 日

建设单位：

施工单位：

工程规模： 平方米

建设（监理）单位：

技 术 负 责 人：

审核人资格证章：

年 月 日

表2

# 编 制 说 明

| 编制依据 | 施工图号 | |
| --- | --- | --- |
| | 施工合同 | |
| | 使用定额 | |
| | 材料价格 | |
| | 其 他 | |
| 说明： | | |

填表说明：1. 使用定额与材料价格栏注明使用的定额、费用标准以及材料价格来源（如调价表、造价信息等）。

2. 说明栏注明施工组织设计、大型施工机械以及技术措施费等。

## 基 数 计 算 表

表 3

第 页 共 页

工程名称：

| 序号 | 基数名称 | 代号 | 墙高（m） | 墙厚（m） | 单位 | 数量 | 计 算 式 |
|------|----------|------|----------|----------|------|------|----------|
|      |          |      |          |          |      |      |          |
|      |          |      |          |          |      |      |          |
|      |          |      |          |          |      |      |          |
|      |          |      |          |          |      |      |          |
|      |          |      |          |          |      |      |          |
|      |          |      |          |          |      |      |          |
|      |          |      |          |          |      |      |          |
|      |          |      |          |          |      |      |          |
|      |          |      |          |          |      |      |          |
|      |          |      |          |          |      |      |          |
|      |          |      |          |          |      |      |          |
|      |          |      |          |          |      |      |          |

## 门 窗 明 细 表

表 4

工程名称：

第 页 共 页

| 序号 | 门窗（孔洞）名称 | 代号 | 框扇断面（m²） | | 洞口尺寸（mm） | | 樘数 | 面积（m²） | | 所在部位 | |
|---|---|---|---|---|---|---|---|---|---|---|---|
| | | | 框 | 扇 | 宽 | 高 | | 每樘 | 小计 | | |
| | | | | | | | | | | | |
| | | | | | | | | | | | |
| | | | | | | | | | | | |
| | | | | | | | | | | | |
| | | | | | | | | | | | |
| | | | | | | | | | | | |
| | | | | | | | | | | | |
| | | | | | | | | | | | |
| | | | | | | | | | | | |
| | | | | | | | | | | | |
| | | | | | | | | | | | |
| | | | | | | | | | | | |

## 钢筋混凝土圈、过、挑梁明细表

表 5

工程名称：

第 页 共 页

| 序号 | 名 称 | 代号 | 构件尺寸及计算式（m） | 件数 | 体积（m³） | | 所在部位 | | | | |
|---|---|---|---|---|---|---|---|---|---|---|---|
| | | | | | 单件 | 小计 | | | | | |
| | | | | | | | | | | | |
| | | | | | | | | | | | |
| | | | | | | | | | | | |
| | | | | | | | | | | | |
| | | | | | | | | | | | |
| | | | | | | | | | | | |
| | | | | | | | | | | | |
| | | | | | | | | | | | |
| | | | | | | | | | | | |
| | | | | | | | | | | | |
| | | | | | | | | | | | |

# 工 程 量 计 算 表

表6

工程名称：

第 页 共 页

| 序号 | 定额编号 | 分项工程名称 | 单位 | 工程量 | 计 算 式 |
|---|---|---|---|---|---|
|  |  |  |  |  |  |
|  |  |  |  |  |  |
|  |  |  |  |  |  |
|  |  |  |  |  |  |
|  |  |  |  |  |  |
|  |  |  |  |  |  |
|  |  |  |  |  |  |
|  |  |  |  |  |  |
|  |  |  |  |  |  |
|  |  |  |  |  |  |
|  |  |  |  |  |  |
|  |  |  |  |  |  |

## 钢筋混凝土构件钢筋计算表

表 7

第 页 共 页

工程名称：

| 序号 | 构件名称 | 件数—代号 | 形状尺寸 (mm) | | 直径 | 根数 | 长度 (m) | | 分规格 | | | |
|---|---|---|---|---|---|---|---|---|---|---|---|---|
| | | | | | | | 每根 | 共长 | 直径 | 长度 | 单件重 | 合计重 |
| | | | | | | | | | | | | |
| | | | | | | | | | | | | |
| | | | | | | | | | | | | |
| | | | | | | | | | | | | |
| | | | | | | | | | | | | |
| | | | | | | | | | | | | |
| | | | | | | | | | | | | |
| | | | | | | | | | | | | |
| | | | | | | | | | | | | |
| | | | | | | | | | | | | |

# 工 程 单 价 换 算 表

表 8

第 页 共 页

工程名称：

| 序号 | 分项工程名称 | 换算情况 | 定额编号 | 计 算 式 | 单位 | 金额 |
|---|---|---|---|---|---|---|
| | | | | | | |
| | | | | | | |
| | | | | | | |
| | | | | | | |
| | | | | | | |
| | | | | | | |
| | | | | | | |
| | | | | | | |

## 定额直接工程费计算、工料分析表（建筑）

表 9-1

工程名称：

第　页　共　页

| 序号 | 定额编号 | 项目名称 | 单位 | 工程量 | 定额直接费（元） | | | | | | | | | 主要材料用量 | | |
| --- | --- | --- | --- | --- | --- | --- | --- | --- | --- | --- | --- | --- | --- | --- | --- |
| | | | | | 单价 | 合计 | 人工费 | | 机械费 | | 材料费 | | | | | |
| | | | | | | | 单价 | 小计 | 单价 | 小计 | 单价 | 小计 | | | | |
| | | | | | | | | | | | | | | | | |
| | | | | | | | | | | | | | | | | |
| | | | | | | | | | | | | | | | | |
| | | | | | | | | | | | | | | | | |
| | | | | | | | | | | | | | | | | |
| | | | | | | | | | | | | | | | | |
| | | | | | | | | | | | | | | | | |
| | | | | | | | | | | | | | | | | |
| | | | | | | | | | | | | | | | | |

## 定额直接工程费计算、工料分析表（装饰、安装）

表 9-2

第 页 共 页

工程名称：

| 序号 | 定额编号 | 项目名称 | 单位 | 工程量 | 定额基价 | | | 合　计 | | | 未计价材料费 | | | |
|---|---|---|---|---|---|---|---|---|---|---|---|---|---|---|
| | | | | | 人工费 | 材料费 | 机械费 | 人工费 | 材料费 | 机械费 | 材料名称 | 数量 | 单价 | 合价 |
| | | | | | | | | | | | | | | |
| | | | | | | | | | | | | | | |
| | | | | | | | | | | | | | | |
| | | | | | | | | | | | | | | |
| | | | | | | | | | | | | | | |
| | | | | | | | | | | | | | | |
| | | | | | | | | | | | | | | |
| | | | | | | | | | | | | | | |
| | | | | | | | | | | | | | | |
| | | | | | | | | | | | | | | |
| | | | | | | | | | | | | | | |

# 直接工程费计算、工料分析表（实物金额法）

表 9-3

第 页 共 页

工程名称：

| 序号 | 定额编号 | 项目名称（工料机名称） | 单位 | 工程量（数量） | 工程单价 | 直接工程费（元） | | | | | | | | | | | |
| | | | | | | 合计 | 人工费单价 | | | 机械费单价 | | | 材料费单价 | | | |
| | | | | | | | 工日数 | 人工单价 | 人工费单价 | 台班量 | 台班费单价 | 机械费单价 | 材料量 | 单位 | 材料单价 | 材料费单价 |
| | | | | | | | | | | | | | | | | |
| | | | | | | | | | | | | | | | | |
| | | | | | | | | | | | | | | | | |
| | | | | | | | | | | | | | | | | |
| | | | | | | | | | | | | | | | | |
| | | | | | | | | | | | | | | | | |
| | | | | | | | | | | | | | | | | |
| | | | | | | | | | | | | | | | | |

# 材 料 汇 总 表

表 10

第 页 共 页

工程名称：

| 序号 | 材料名称 | 规格、型号 | 单位 | 数量 | 序号 | 材料名称 | 规格、型号 | 单位 | 数量 |
|------|----------|-----------|------|------|------|----------|-----------|------|------|
|      |          |           |      |      |      |          |           |      |      |
|      |          |           |      |      |      |          |           |      |      |
|      |          |           |      |      |      |          |           |      |      |
|      |          |           |      |      |      |          |           |      |      |
|      |          |           |      |      |      |          |           |      |      |
|      |          |           |      |      |      |          |           |      |      |
|      |          |           |      |      |      |          |           |      |      |
|      |          |           |      |      |      |          |           |      |      |
|      |          |           |      |      |      |          |           |      |      |
|      |          |           |      |      |      |          |           |      |      |
|      |          |           |      |      |      |          |           |      |      |
|      |          |           |      |      |      |          |           |      |      |

# 工 程 造 价 计 算 表

## （根据本地地区造价程序计算）

表 11

工程名称：

第 页 共 页

| 序号 | 费用名称 | 计算基础 | 费率（%） | 计算式 | 金额（元） |
|------|----------|----------|----------|--------|------------|
|      |          |          |          |        |            |
|      |          |          |          |        |            |
|      |          |          |          |        |            |
|      |          |          |          |        |            |
|      |          |          |          |        |            |
|      |          |          |          |        |            |
|      |          |          |          |        |            |
|      |          |          |          |        |            |
|      |          |          |          |        |            |
|      |          |          |          |        |            |

## 工程技术经济指标

表 12

工程名称：

一、分部工程占单位直接费百分比
（以定额直接数计算） 元为基数计算）

| | |
|---|---|

二、结构特征（主要特征）

| | | | |
|---|---|---|---|
| 基础 | | 墙柱 | |
| 地面 | | 屋面 | |
| 楼面 | | 内装饰 | |
| 门窗 | | 外装饰 | |
| | | | |

三、每平方米主要材料用量：

| | | | |
|---|---|---|---|
| 钢材： | kg/m² | 中砂： | m³/m² |
| 水泥： | kg/m² | 细砂： | m³/m² |
| 木材： | m³/m² | 砾石： | m³/m² |
| 标准砖： | 匹/m² | | |

四、每平方米主要工程指标：

| | | | |
|---|---|---|---|
| 挖土方 | m³/m² | 填土方 | m³/m² |
| 现浇钢筋混凝土构件 | m³/m² | 预制钢筋混凝土 | m³/m² |
| 门窗 | m²/m² | | |

## 附录五

# 工程量清单计价表格

**16.0.1** 工程计价表宜采用统一格式。各省、自治区、直辖市建设行政主管部门和行业建设主管部门可根据本地区、本行业的实际情况，在本规范附录 B 至附录 L 计价表格的基础上补充完善。

**16.0.2** 工程计价表格的设置应满足工程计价的需要，方便使用。

**16.0.3** 工程量清单的编制应符合下列规定：

　　**1** 工程量清单编制使用表格包括：封-1、扉-1、表-01、表-08、表-11、表-12（不含表-12-6～表-12-8）、表-13、表-20、表-21 或表-22。

　　**2** 扉页应按规定的内容填写、签字、盖章，由造价员编制的工程量清单应有负责审核的造价工程师签字、盖章。受委托编制的工程量清单，应有造价工程师签字、盖章以及工程造价咨询人盖章。

　　**3** 总说明应按下列内容填写：

　　　　1）工程概况：建设规模、工程特征、计划工期、施工现场实际情况、自然地理条件、环境保护要求等。

　　　　2）工程招标和专业工程发包范围。

　　　　3）工程量清单编制依据。

　　　　4）工程质量、材料、施工等的特殊要求。

　　　　5）其他需要说明的问题。

**16.0.4** 招标控制价、投标报价、竣工结算的编制应符合下列规定：

　　**1** 使用表格：

　　　　1）招标控制价使用表格包括：封-2、扉-2、表-01、表-02、表-03、表-04、表-08、表-09、表-11、表-12（不含表-12-6～表-12-8）、表-13、表-20、表-21 或表-22。

　　　　2）投标报价使用的表格包括：封-3、扉-3、表-01、表-02、表-03、表-04、表-08、表-09、表-11、表-12（不含表-12-6～表-12-8）、表-13、表-16、招标文件提供的表-20、表-21 或表-22。

　　　　3）竣工结算使用的表格包括：封-4、扉-4、表-01、表-05、表-06、表-07、表-08、表-09、表-10、表-11、表-12、表-13、表-14、表-15、表-16、表-17、表-18、表-19、表-20、表-21 或表-22。

　　**2** 扉页应按规定的内容填写、签字、盖章，除承包人自行编制的投标报价和竣工结算外，受委托编制的招标控制价、投标报价、竣工结算，由造价员编制的应有负责审核的造价工程师签字、盖章以及工程造价咨询人盖章。

　　**3** 总说明应按下列内容填写：

　　　　1）工程概况：建设规模、工程特征、计划工期、合同工期、实际工期、施工现场及变化情况、施工组织设计的特点、自然地理条件、环境保护要求等。

　　　　2）编制依据等。

**16.0.5** 工程造价鉴定应符合下列规定：

　　**1** 工程造价鉴定使用表格包括：封-5、扉-5、表-01、表-05～表-20、表-21 或表-22。

　　**2** 扉页应按规定内容填写、签字、盖章，应有承担鉴定和负责审核的注册造价工程师签字、盖执业专用章。

　　**3** 说明应按本规范第 14.3.5 条第 1 款至第 6 款的规定填写。

**16.0.6** 投标人应按招标文件的要求，附工程量清单综合单价分析表。

## 附录B　工程计价文件封面

### B.1　招标工程量清单封面

_____工程

# 招标工程量清单

招　标　人：_____
（单位盖章）

造价咨询人：_____
（单位盖章）

年　　月　　日

封-1

B. 2　招标控制价封面

_____工程

# 招标控制价

招　标　人：_____

（单位盖章）

造价咨询人：_____

（单位盖章）

年　　月　　日

封-2

## B. 3 投标总价封面

_____工程

# 投 标 总 价

投 标 人：_____

（单位盖章）

年 月 日

封-3

## 附录 C　工程计价文件扉页

### C.1　招标工程量清单扉页

_____ 工程

# 招标工程量清单

招　标　人：_____　　　造价咨询人：_____
　　　　（单位盖章）　　　　　　　　　　（单位资质专用章）

法定代表人　　　　　　　　　法定代表人
或其授权人：_____　　或其授权人：_____
　　　　（签字或盖章）　　　　　　　　（签字或盖章）

编　制　人：_____　　　复　核　人：_____
　　（造价人员签字盖专用章）　　　　（造价工程师签字盖专用章）

编制时间：　年　月　日　　　复核时间：　年　月　日

**C. 2 招标控制价扉页**

<br>

_____**工程**

# 招 标 控 制 价

招标控制价(小写)：_____

（大写）：_____

招 标 人：_____ 造价咨询人：_____

（单位盖章） （单位资质专用章）

法定代表人
或其授权人：_____ 法定代表人
或其授权人：_____

（签字或盖章） （签字或盖章）

编 制 人：_____ 复 核 人：_____

（造价人员签字盖专用章） （造价工程师签字盖专用章）

编制时间： 年 月 日 编制时间： 年 月 日

扉-2

### C.3 投标总价扉页

# 投 标 总 价

招 标 人：＿＿＿＿＿＿＿＿＿＿＿＿＿＿＿

工程名称：＿＿＿＿＿＿＿＿＿＿＿＿＿＿＿

投标总价(小写)：＿＿＿＿＿＿＿＿＿＿

（大写）：＿＿＿＿＿＿＿＿＿＿

投 标 人：＿＿＿＿＿＿＿＿＿＿＿＿
（单位盖章）

法定代表人

或其授权人：＿＿＿＿＿＿＿＿＿＿＿
（签字或盖章）

编 制 人：＿＿＿＿＿＿＿＿＿＿＿
（造价人员签字盖专用章）

时 间： 年 月 日

扉-3

# 附录 D　工程计价总说明

## 总　说　明

工程名称：　　　　　　　　　　　　　　　　　　　　　　　第　页　共　页

表-01

# 附录 E  招标控制价/投标报价汇总表

## E.2  单项工程招标控制价/投标报价汇总表

工程名称：　　　　　　　　　　　　　　　　　　　　　　　　　第　页　共　页

| 序号 | 单项工程名称 | 金额（元） | 其中：（元） | | |
| --- | --- | --- | --- | --- | --- |
| | | | 暂估价 | 安全文明施工费 | 规费 |
| | | | | | |
| | 合　计 | | | | |

注：本表适用于单项工程招标控制价或投标报价的汇总。暂估价包括分部分项工程中的暂估价和专业工程暂
　　估价。

表-03

## E.3　单位工程招标控制价/投标报价汇总表

工程名称：　　　　　　　　　　标段：　　　　　　　　　第　页　共　页

| 序号 | 汇 总 内 容 | 金额（元） | 其中：暂估价（元） |
|---|---|---|---|
| 1 | 分部分项工程 | | |
| 1.1 | | | |
| 1.2 | | | |
| 1.3 | | | |
| 1.4 | | | |
| 1.5 | | | |
| | | | |
| | | | |
| | | | |
| | | | |
| | | | |
| | | | |
| 2 | 措施项目 | | — |
| 2.1 | 其中：安全文明施工费 | | |
| 3 | 其他项目 | | |
| 3.1 | 其中：暂列金额 | | — |
| 3.2 | 其中：专业工程暂估价 | | — |
| 3.3 | 其中：计日工 | | — |
| 3.4 | 其中：总承包服务费 | | — |
| 4 | 规费 | | — |
| 5 | 税金 | | — |
| | 招标控制价合计＝1＋2＋3＋4＋5 | | |

注：本表适用于单位工程招标控制价或投标报价的汇总，如无单位工程划分，单项工程也使用本表汇总。

表-04

267

# 附录 F 分部分项工程和措施项目计价表

## F.1 分部分项工程和单价措施项目清单与计价表

工程名称： 标段： 第 页 共 页

| 序号 | 项目编码 | 项目名称 | 项目特征描述 | 计量单位 | 工程量 | 金额（元） | | |
|---|---|---|---|---|---|---|---|---|
| | | | | | | 综合单价 | 合价 | 其中 |
| | | | | | | | | 暂估价 |
| | | | | | | | | |
| | | | | | | | | |
| | | | | | | | | |
| | | | | | | | | |
| | | | | | | | | |
| | | | | | | | | |
| | | | | | | | | |
| | | | | | | | | |
| | | | | | | | | |
| | | | | | | | | |
| | | | | | | | | |
| | | | | | | | | |
| | | | | | | | | |
| | | | | | | | | |
| 本页小计 | | | | | | | | |
| 合 计 | | | | | | | | |

注：为计取规费等的使用，可在表中增设其中："定额人工费"。

表-08

## F.2 综合单价分析表

工程名称：　　　　　　　　　　标段：　　　　　　　　第　页　共　页

| 项目编码 | | | 项目名称 | | 计量单位 | | 工程量 | |
|---|---|---|---|---|---|---|---|---|

清单综合单价组成明细

| 定额编号 | 定额项目名称 | 定额单位 | 数量 | 单　价 | | | | 合　价 | | | |
|---|---|---|---|---|---|---|---|---|---|---|---|
| | | | | 人工费 | 材料费 | 机械费 | 管理费和利润 | 人工费 | 材料费 | 机械费 | 管理费和利润 |
| | | | | | | | | | | | |
| | | | | | | | | | | | |
| | | | | | | | | | | | |
| | | | | | | | | | | | |
| | | | | | | | | | | | |

| 人工单价 | | | 小　计 | | | |
|---|---|---|---|---|---|---|
| 元/工日 | | | 未计价材料费 | | | |
| 清单项目综合单价 | | | | | | |

| 材料费明细 | 主要材料名称、规格、型号 | 单位 | 数量 | 单价（元） | 合价（元） | 暂估单价（元） | 暂估合价（元） |
|---|---|---|---|---|---|---|---|
| | | | | | | | |
| | | | | | | | |
| | | | | | | | |
| | | | | | | | |
| | | | | | | | |
| | 其他材料费 | | | — | | — | |
| | 材料费小计 | | | — | | — | |

注：1. 如不使用省级或行业建设主管部门发布的计价依据，可不填定额编号，名称等。

2. 招标文件提供了暂估单价的材料，按暂估的单价填入表内"暂估单价"栏及"暂估合价"栏。

表-09

269

## F.4 总价措施项目清单与计价表

工程名称： 标段： 第 页 共 页

| 序号 | 项目编码 | 项目名称 | 计算基础 | 费率（%） | 金额（元） | 调整费率（%） | 调整后金额（元） | 备注 |
|------|----------|----------|----------|-----------|------------|----------------|------------------|------|
| | | 安全文明施工费 | | | | | | |
| | | 夜间施工增加费 | | | | | | |
| | | 二次搬运费 | | | | | | |
| | | 冬雨季施工增加费 | | | | | | |
| | | 已完工程及设备保护费 | | | | | | |
| | | | | | | | | |
| | | | | | | | | |
| | | | | | | | | |
| | | | | | | | | |
| | | | | | | | | |
| | | 合　　计 | | | | | | |

编制人（造价人员）： 复核人（造价工程师）：

注：1. "计算基础"中安全文明施工费可为"定额基价"、"定额人工费"或"定额人工费＋定额机械费"，其他项目可为"定额人工费"或"定额人工费＋定额机械费"。

2. 按施工方案计算的措施费，若无"计算基础"和"费率"的数值，也可只填"金额"数值，但应在备注栏说明施工方案出处或计算方法。

表-11

# 附录 G　其他项目计价表

## G.1　其他项目清单与计价汇总表

工程名称：　　　　　　　　　标段：　　　　　　　　　第　页　共　页

| 序号 | 项目名称 | 金额（元） | 结算金额（元） | 备注 |
|---|---|---|---|---|
| 1 | 暂列金额 | | | 明细详见表-12-1 |
| 2 | 暂估价 | | | |
| 2.1 | 材料（工程设备）暂估价/结算价 | | | 明细详见表-12-2 |
| 2.2 | 专业工程暂估价/结算价 | | | 明细详见表-12-3 |
| 3 | 计日工 | | | 明细详见表-12-4 |
| 4 | 总承包服务费 | | | 明细详见表-12-5 |
| 5 | 索赔与现场签证 | | | 明细详见表-12-6 |
| | | | | |
| | | | | |
| | | | | |
| 合　计 | | | | — |

注：材料（工程设备）暂估单价进入清单项目综合单价，此处不汇总。

表-12

271

## G.2 暂列金额明细表

工程名称： 标段： 第 页 共 页

| 序号 | 项目名称 | 计量单位 | 暂定金额（元） | 备 注 |
|---|---|---|---|---|
| 1 | | | | |
| 2 | | | | |
| 3 | | | | |
| 4 | | | | |
| 5 | | | | |
| 6 | | | | |
| 7 | | | | |
| 8 | | | | |
| 9 | | | | |
| 10 | | | | |
| 11 | | | | |
| 合 计 | | | | — |

注：此表由招标人填写，如不能详列，也可只列暂定金额总额，投标人应将上述暂列金额计入投标总价中。

表-12-1

## G.3　材料（工程设备）暂估单价及调整表

工程名称：　　　　　　　　　　　标段：　　　　　　　　　第　页　共　页

| 序号 | 材料（工程设备）名称、规格、型号 | 计量单位 | 数量 | | 暂估（元） | | 确认（元） | | 差额±（元） | | 备注 |
|---|---|---|---|---|---|---|---|---|---|---|---|
| | | | 暂估 | 确认 | 单价 | 合价 | 单价 | 合价 | 单价 | 合价 | |
| | | | | | | | | | | | |
| | | | | | | | | | | | |
| | | | | | | | | | | | |
| | | | | | | | | | | | |
| | | | | | | | | | | | |
| | | | | | | | | | | | |
| | | | | | | | | | | | |
| | | | | | | | | | | | |
| | | | | | | | | | | | |
| | | | | | | | | | | | |
| 合　计 | | | | | | | | | | | |

注：此表由招标人填写"暂估单价"，并在备注栏说明暂估价的材料、工程设备拟用在哪些清单项目上，投标人应将上述材料、工程设备暂估单价计入工程量清单综合单价报价中。

表-12-2

## G.4 专业工程暂估价及结算价表

工程名称：　　　　　　　　　　标段：　　　　　　　　　第 页 共 页

| 序号 | 工程名称 | 工程内容 | 暂估金额<br>（元） | 结算金额<br>（元） | 差额<br>±（元） | 备注 |
|------|----------|----------|--------|--------|--------|------|
|  |  |  |  |  |  |  |
|  |  |  |  |  |  |  |
|  |  |  |  |  |  |  |
|  |  |  |  |  |  |  |
|  |  |  |  |  |  |  |
|  |  |  |  |  |  |  |
|  |  |  |  |  |  |  |
|  |  |  |  |  |  |  |
|  |  |  |  |  |  |  |
|  |  |  |  |  |  |  |
|  |  |  |  |  |  |  |
| 合　计 |  |  |  |  |  |  |

注：此表"暂估金额"由招标人填写，投标人应将"暂估金额"计入投标总价中。结算时按合同约定结算金额填写。

表-12-3

## G.6 总承包服务费计价表

工程名称： 标段： 第 页 共 页

| 序号 | 项目名称 | 项目价值（元） | 服务内容 | 计算基础 | 费率（%） | 金额（元） |
|------|----------|----------------|----------|----------|-----------|------------|
| 1 | 发包人发包专业工程 | | | | | |
| 2 | 发包人提供材料 | | | | | |
| | | | | | | |
| | | | | | | |
| | | | | | | |
| | | | | | | |
| | | | | | | |
| | | | | | | |
| | | | | | | |
| | | | | | | |
| | | | | | | |
| 合 计 | | — | — | — | | |

注：此表项目名称、服务内容由招标人填写，编制招标控制价时，费率及金额由招标人按有关计价规定确定；
投标时，费率及金额由投标人自主报价，计入投标总价中。

表-12-5

## G.5 计日工表

工程名称： 标段： 第 页 共 页

| 编号 | 项目名称 | 单位 | 暂定数量 | 实际数量 | 综合单价（元） | 合价（元） | |
|---|---|---|---|---|---|---|---|
| | | | | | | 暂定 | 实际 |
| 一 | 人 工 | | | | | | |
| 1 | | | | | | | |
| 2 | | | | | | | |
| 3 | | | | | | | |
| 4 | | | | | | | |
| | 人工小计 | | | | | | |
| 二 | 材 料 | | | | | | |
| 1 | | | | | | | |
| 2 | | | | | | | |
| 3 | | | | | | | |
| 4 | | | | | | | |
| 5 | | | | | | | |
| 6 | | | | | | | |
| | 材料小计 | | | | | | |
| 三 | 施工机械 | | | | | | |
| 1 | | | | | | | |
| 2 | | | | | | | |
| 3 | | | | | | | |
| 4 | | | | | | | |
| | 施工机械小计 | | | | | | |
| 四、企业管理费和利润 | | | | | | | |
| | 总 计 | | | | | | |

注：此表项目名称、暂定数量由招标人填写，编制招标控制价时，单价由招标人按有关计价规定确定；投标时，单价由投标人自主报价，按暂定数量计算合价计入投标总价中。结算时，按发承包双方确认的实际数量计算合价。

表-12-4

# 附录 H　规费、税金项目计价表

工程名称：　　　　　　　　标段：　　　　　　　　第　页　共　页

| 序号 | 项目名称 | 计算基础 | 计算基数 | 计算费率<br>（％） | 金额<br>（元） |
|---|---|---|---|---|---|
| 1 | 规费 | 定额人工费 | | | |
| 1.1 | 社会保险费 | 定额人工费 | | | |
| （1） | 养老保险费 | 定额人工费 | | | |
| （2） | 失业保险费 | 定额人工费 | | | |
| （3） | 医疗保险费 | 定额人工费 | | | |
| （4） | 工伤保险费 | 定额人工费 | | | |
| （5） | 生育保险费 | 定额人工费 | | | |
| 1.2 | 住房公积金 | 定额人工费 | | | |
| 1.3 | 工程排污费 | 按工程所在地环境保护部门收取标准，按实计入 | | | |
| | | | | | |
| 2 | 税金 | 分部分项工程费＋措施项目费＋其他项目费＋规费－按规定不计税的工程设备金额 | | | |
| 合　计 | | | | | |

编制人（造价人员）：　　　　　　　　　　　　复核人（造价工程师）：

表-13

# 分部分项工程量清单综合单价计算表（表式二）

工程名称：                                                          第 页 共 页

| 序号 | | | | | | | | |
|---|---|---|---|---|---|---|---|---|
| 清单编码 | | | | | | | | |
| 清单项目名称 | | | | | | | | |
| 计量单位 | | | | | | | | |
| 清单工程量 | | | | | | | | |
| 综合单价分析 | | | | | | | | |
| 定额编号 | | | | | | | | |
| 定额子目名称 | | | | | | | | |
| 定额计量单位 | | | | | | | | |
| 计价（定额）工程量 | | | | | | | | |
| 工料机名称 | 单位 | 耗量 | 单价 | 耗量 | 单价 | 耗量 | 单价 | 耗量 | 单价 |
| | | 小计 | 合价 | 小计 | 合价 | 小计 | 合价 | 小计 | 合价 |
| 人工 | 人工 | 工日 | | | | | | | |
| | | | | | | | | | |
| | | | | | | | | | |
| 材料 | | | | | | | | | |
| | | | | | | | | | |
| | | | | | | | | | |
| | | | | | | | | | |
| | | | | | | | | | |
| 机械 | | | | | | | | | |
| | | | | | | | | | |
| 工料机小计 | | | | | | | | | |
| 工料机合计 | | | | | | | | | |
| 管理费 | | | | | | | | | |
| 利润 | | | | | | | | | |
| 清单合价 | | | | | | | | | |
| 综合单价 | | | | | | | | | |

注：管理费率：      %；利润率：       %

表-14

## 计价（定额）工程量计算表

工程名称：

第　页　共　页

| 序号 | 项目编码 | 项目名称 | 单位 | 工程数量 | 计　算　式 |
|------|----------|----------|------|----------|------------|
|      |          |          |      |          |            |

# 参 考 文 献

［1］ 袁建新，迟晓明. 建筑工程预算（第五版）. 北京：中国建筑工业出版社，2014.

［2］ 袁建新. 工程量清单计价（第四版）. 北京：中国建筑工业出版社，2014.

［3］ 袁建新. 工程造价概论（第二版）. 北京：中国建筑工业出版社，2011.

［4］ 袁建新，许元，迟晓明. 建筑工程计量与计价. 北京：人民交通出版社，2009.